安阳林木种质资源

侯怀增　曲现婷　主编

黄 河 水 利 出 版 社
·郑 州·

内 容 提 要

本书共分9章，主要内容包括安阳市自然社会经济条件、植被及特点、林木种质资源调查内容与方法、林木种质资源概况、针叶树种、阔叶用材树种和园林绿化树种、主栽水果类经济林树种、主栽干果及其他经济林树种、珍稀濒危树种及古树名木、林木种质资源保存管理与开发利用，以及安阳市林木种质资源名录、林木种质资源分布图、部分林木种质资源照片等。

本书可作为林木良种选育、种质创新和林木种质资源收集、保存与开发利用等方面教学、科研的参考书，也可作为林木种质资源普查技术培训和普查工作的指导性工具书。

图书在版编目(CIP)数据

安阳林木种质资源/侯怀增，曲现婷主编.—郑州：黄河水利出版社，2020.9

ISBN 978-7-5509-2821-3

Ⅰ.①安… Ⅱ.①侯… ②曲… Ⅲ.①林木-种质资源-安阳 Ⅳ.①S722

中国版本图书馆CIP数据核字(2020)第180714号

组稿编辑：王路平　电话：0371-66022212　E-mail：hhslwlp@126.com
　　　　　陈俊克　　　　66026749　　　　　hhslcjk@126.com

出 版 社：黄河水利出版社　　网址：www.yrcp.com
　　地址：河南省郑州市顺河路黄委会综合楼14层　　邮政编码：450003

发行单位：黄河水利出版社
　　发行部电话：0371-66026940、66020550、66028024、66022620(传真)
　　E-mail：hhslcbs@126.com

承印单位：河南瑞之光印刷股份有限公司

开本：787 mm×1 092 mm　1/16

印张：18　　插页：6

字数：440千字　　印数：1—1 000

版次：2020年9月第1版　　印次：2020年9月第1次印刷

定价：98.00元

《安阳林木种质资源》
编写人员

主　　编　侯怀增　曲现婷

副 主 编　刘　坦　郭中华　王　莹　刘文博　牛昉卿

编写人员　王大昀　田小宁　姬银雪　李启方　郝香璐　吴江岳　梁国栋　李晓亮　牛瑞刚　许俊国　娄丽平　李晓庆　贾红茹　刘海昌　杜　月　郑思明

前　言

林木种质资源是林木遗传多样性的载体，是良种选育和遗传改良的物质基础，是维持生态安全和林业可持续发展的基础性、战略性资源。开展安阳市林木种质资源普查是摸清资源本底、全面系统地掌握安阳市林木种质资源状况的根本途径，是开展林木种质资源管理、保护、监测评价和利用的重要前提，是关系到林业生态和林业产业建设可持续发展的一项重要基础工程。

根据《河南省林业厅关于开展全省林木种质资源普查工作的通知》（豫林种〔2016〕171 号）和《河南省林木种质资源普查工作方案》（豫林种〔2016〕20 号）的统一安排、部署，安阳市从 2016 年底开始启动全市林木种质资源普查工作。至 2019 年，安阳市林业局普查组、各县（市、区）林业局普查组，以及河南林业职业学院普查组共 100 余人完成了全市林木种质资源普查工作。

为了更好地总结普查工作，为安阳市林木种质资源保护、开发与利用提供依据，使林木种质资源更好地服务于安阳生态经济社会建设，安阳市经济林和林木种苗管理站组织编写了《安阳林木种质资源》一书。

本书主要内容包括安阳市自然社会经济条件、林木种质资源普查内容与方法、林木种质资源概况、针叶树种、阔叶用材树种和园林绿化树种、主栽水果类经济林树种、主栽干果及其他经济林树种、珍稀濒危树种及古树名木、林木种质资源保存管理与开发利用等。本书可作为林木良种选育、种质创新和林木种质资源收集、保存与开发利用等方面教学、科研的参考书，也可作为林木种质资源普查技术培训和普查工作的指导性参考书。

安阳市林木种质资源普查工作受到了省、市、县（市、区）林业部门领导的高度重视和支持，特别感谢安阳市林业局郭玉生、郭天亮两位专家从普查到该书编写给予的技术指导。本书出版由河南省林木种质资源普查资金资助。本书凝聚了数百名种苗工作者和大专院校老师的心血，在编写过程中，编写人员认真分析调查数据，辛勤笔耕，多次修稿，完成了这部专著。在此，谨向他们致以诚挚的谢意！本书为全市林业干部职工、科研工作者、基层林业技术人员提供了重要的工作参考。

由于编者水平有限，时间紧迫，疏漏和不足之处在所难免，望各位同仁在实际应用过程中及时提出宝贵的意见和建议。

编　者

2020 年 8 月

目　录

第一章　自然社会经济条件

第一节　自然条件

一、地理位置

安阳市位于河南省最北部,地处豫、晋、冀三省交界处,西倚太行山,东连濮阳,北接邯郸,南依鹤壁、新乡,素有"豫北咽喉、三省通衢"之称。位于东经113°37′~114°58′,北纬35°12′~36°22′。地域东西宽128 km,南北长约75 km。

二、地质地貌

安阳市地处太行山脉与华北平原交界的过渡地带,地势西高东低,由西部林州市的太行山区—殷都、龙安的丘陵区—中部安阳市区及周边的华北平原区—东部洼地,呈阶梯状分布。海拔在48.4~1 632 m,由山地、丘陵、平原、泊洼四种地貌类型组成,分别占土地总面积的29.7%、10.8%、53.8%和5.7%。

三、气候特征

安阳市地处北暖温带大陆性季风区,兼有山地高原向平原过渡的地方性气候特征。气候温和、日照充足、四季分明、雨量集中。多年平均降水量606.1 mm,7、8、9月三个月降水量占全年降水量的70%以上;1981年以来,年平均气温14.2 ℃,年平均降水量560.6 mm,年平均本站气压1 006.6 hPa,年平均相对湿度65%,年平均风速2.2 m/s,年平均无霜期214天。一年之中仅7、8月两个月土壤呈湿润状态,其余时间为干旱、半干旱状况,需要以地下水补充。主导风向为南风,频率占11.3%,次主导风向为北风,频率占8.8%,静风率占33.4%。

四、土壤特征

安阳市土壤类型丰富,共有土类10种,分别是棕壤、褐土、潮土、粗骨土、石质土、水稻土、新积土、风沙土、砂姜黑土和山地草甸土,其中包括28个亚类、86个土属、200多个土种。潮土是安阳第一大土类,面积约459万亩[1],占比达到48.69%,集中分布在卫河以东广大冲积平原和太行山前洪积扇下部以及林州盆地洼区和河流两侧。其次面积较大的是褐土,面积约309万亩,所占比例为32.77%,集中分布在京广线以西的山丘区和东部的洪积扇中部以及火龙岗地区。西部山丘区集中分布的是山地土,石质土类以育草、育林

[1] 1亩=1/15 hm^2≈666.67 m^2,全书同。

为主。

五、水文水系

安阳市境内的河流水系分别属于海河流域漳河、卫河水系，境内主要河流有洹河、洪河、淇河、淅河、汤河等，过境河流有漳河、卫河。安阳市河流属于雨水补给类型，水位变化仅受降水的季节变化和年际变化的影响，由于安阳市降水季节分配不均匀，年际变化大，夏秋水位高，冬春为枯水期。安阳市地表水资源缺乏，多年平均地表水资源 8.67 亿 m^3，主要河流为安阳河。境内共有水库 157 座，总库容 4.74 亿 m^3，其中主要水库有彰武水库、小南海水库、岳城水库等。

安阳市区位于洹河冲洪积扇的富水地段和太行山脉与华北平原的交接地带，地下水资源较为丰富，资源量为 14.68 亿 m^3，占全市水资源的 90%。西部林州市山区为受水泄水区，接收大气降水并转补地下，地面河谷径流稀少，为缺水地区。山区以东、京广铁路以西的中部丘陵地带，除受大气降水外，另有地下水出露，出水量稳定且多条河流与地下潜水互补，供水量有保证。东部平原区为黄河故道沙区，地势低平，为缺水地区。

六、生态建设及动植物资源

安阳是全国绿化模范城市、国家园林城市。现有林业用地面积 278.8 万亩，森林面积 196 万亩，森林覆盖率 24%，森林蓄积量 820 万 m^3。全市有国家级、省级、市级森林公园 19 处，面积 37.65 万亩，占国土面积的 4%，其中国家级森林公园 1 个，面积 3.79 万亩；省级以上森林公园 7 个，总面积 22.46 万亩。现有林州万宝山省级自然保护区 1 处，面积 13 万亩。安阳市湿地面积 13.1 万亩，有湿地公园 3 个，均为国家级，总面积 3.69 万亩。全市公益林面积 55.71 万亩。

安阳市属北暖温带气候，光照充足，降水适中，适合多种植物生长，植物资源丰富。安阳市境属暖温带落叶阔叶林区，间有亚热带和寒温带树种，有高等植物 2 000 余种，其中木本类近 700 种，国家级和省级重点保护木本野生树种有南方红豆杉（*Taxus chiuensis* Rehd. var. *mairei* (Lemee et Levl.) Cheng et L. K. Fu）、白皮松（*Pinus bungeana* Zucc. ex Endl.）、大果榉（*Zelkova sinica* Schneid.）、青檀（*Quercus spathulata* Seem.）等。

安阳市有高山深谷、浅山丘陵及广阔的平原，丰富的地貌特征为野生动物生长、繁衍、栖息提供了得天独厚的自然条件。安阳市共有野生动物 233 种，国家级、省级重点野生动物 90 种，国家级、省级重点保护野生动物有金钱豹、白鹳、黑鹳、玉带海雕、白尾海雕等。

七、旅游资源

安阳自然山水和人文景观齐具，是中国优秀旅游城市和国际知名旅游目的地，具有极其丰富的旅游资源。现有世界文化遗产 2 处（殷墟、大运河滑县段）、国家级重点文物保护单位 24 处、河南省文物保护单位 72 处；国家 A 级旅游景区 35 家，其中 5A 级景区 2 家（殷墟、红旗渠 · 太行大峡谷）、4A 级景区 6 家（羑里城、岳飞纪念馆、万泉湖、马氏庄园、洹水湾温泉旅游区、中华古板栗园）、3A 级景区 16 家、2A 级景区 11 家。殷墟、岳飞纪念馆入选国家教育部“2018 年全国中小学生研学实践教育基地”，在国内外树起研学旅游的

“安阳标杆”。林州市被评为全省旅游扶贫示范县,成功举办了殷墟考古发掘 90 周年纪念活动、河南省研学旅游大会、全省文物保护工作推进会。2019 年接待国内外游客 4 967. 82万人次,较去年同期略有下降;旅游总收入 603. 1 亿元,同比增长 19. 1% 。

第二节　社会经济条件

一、历史沿革

安阳是中国八大古都之一,是早期华夏文明的中心之一,是国家历史文化名城和豫、晋、冀三省交界地区区域性中心城市,是京津冀周边协同发展区城市,是省委、省政府支持建设的重要区域中心城市。早在 25 000 年前旧石器时代晚期,先民就在此生活。远古传说时期“三皇五帝”中的颛顼(zhuān xū)、帝喾(dì kù)二帝先后在帝丘(今濮阳)和亳(今商丘)建都,并葬于此(均在内黄县梁庄镇)。公元前 1300 年,商王盘庚迁都于殷(今安阳市区小屯一带),在此传八代十二王,历时 278 年。三国两晋南北朝时,先后有曹魏、后赵、冉魏、前燕、东魏、北齐等在此建都,故安阳素有“七朝古都”之称。

安阳之名,始于战国末期。公元前 257 年,秦将王龁(hé)攻克魏“宁新中”邑,后因宁、安意近,淇水(原黄河故道分支)之北太行余脉之南曰阳,乃定名为“安阳”。公元 401 年,北魏在邺城设相州,是为相州名称之始。公元 580 年,北周灭北齐,杨坚焚毁邺城,邺民全迁安阳,安阳遂称相州。隋、唐、宋沿用相州一名。公元 1192 年(金代),升相州为彰德府,此为彰德府名称之始,明、清一直沿用。1913 年,中华民国政府废彰德府,复置安阳县。1932 年 10 月,中华民国政府在省下设区,安阳为河南省第三区行政督察专员公署治所,领 11 县,直到 1949 年 5 月 6 日安阳解放。1949 年 8 月 1 日,平原省成立,安阳为省辖市。1952 年 11 月 30 日,平原省撤销建制,安阳市划归河南省,现为省辖市。

安阳人杰地灵。盘庚迁都于殷、商王武丁中兴、奴隶傅说拜相、女将军妇好请缨、文王拘而演《周易》、西门豹投巫治邺地、蔺相如降生古相村、信陵君窃符救赵、项羽破釜沉舟、曹操邺城发迹、三朝宰相韩琦三治相州、抗金名将岳飞精忠报国等名人轶事层出不穷。1952 年 11 月 1 日,毛泽东同志曾亲临岳飞故乡汤阴,并视察殷墟和安阳老城,亲口称赞“安阳是个好地方”。著名历史学家、诗人郭沫若同志 1959 年来安阳时,留下了“洹水安阳名不虚,三千年前是帝都;中原文化殷创始,观此胜于读古书”的著名诗句。

二、行政区划和人口

安阳市总面积 7 413 km^2,其中市区面积 655. 8 km^2,中心城区建成区面积 110 km^2,下辖 1 个县级市(林州市)、4 个县(安阳县、滑县、内黄县、汤阴县)、4 个市辖区(文峰区、北关区、殷都区、龙安区),2019 年全市总人口 594. 79 万人。共有 23 个乡、66 个镇、46 个街道,3 285 个行政村。

三、经济发展状况

初步核算,2019 年全市生产总值 2 229. 3 亿元,比上年增长 2. 7% ,其中,一产增加值

198 亿元,下降 2.3%;二产增加值 998.4 亿元,增长 1.5%;三产增加值 1 032.9 亿元,增长 5.4%。三次产业结构为 8.9:44.8:46.3。2019 年规模以上工业企业增加值比上年增长 0.8%。

四、区位交通条件

安阳是区域性综合交通枢纽城市,全市公路通车总里程达到 12 994 km,公路密度每百平方千米达到 175.3 km。京港澳高速、南林高速穿境而过,西北绕城高速建成通车,沿太行高速林州段前期工作基本完成,高速公路通车里程达到 293 km,实现高速公路、国道、城市道路无缝衔接。新 S301 东北外环、S306 滑县境工程建成通车;G341 安阳永和乡至许家沟乡改建工程、S502 安内快速通道、S227 加快建设;S302(汤阴段)前期工作已经完成,干线公路网不断完善。京广高铁、京广铁路贯穿南北,晋豫鲁铁路横贯东西,形成"两纵一横"铁路网。安阳机场、林州通用航空机场建设加快推进。安阳立体综合交通网络不断完善。

安阳是国家二级物流布局城市,是陆港型国家物流枢纽承载城市,是中原经济区 5 个区域物流枢纽之一,已被纳入中原经济区、京津冀协同发展区,成为"一带一路"、河南"三区一群"、环渤海经济圈国家战略辐射带动的重要节点。全市围绕建设区域性现代物流中心的目标,着力推进安阳机场、安阳铁路口岸等基础设施建设;不断完善安阳国际物流港、汤阴万庄、汤阴安运现代、林州大通等物流园区功能,汤阴万庄成功申创"安阳—山东半岛"铁海公省级多式联运示范工程;探索建立"互联网 + 高效物流"的发展模式,"八挂来网""万庄农资物流电子商务平台"成功申创无车承运人试点;积极推进绿色货运配送,成为全国 22 个绿色货运配送示范工程创建城市之一。2019 年,交通运输、仓储及邮政业实现增加值 126.2 亿元,比上年增长 7.1%;公路货运周转量 373.9 亿 t · km,比上年增长 9.2%。

五、矿产资源

安阳是河南省最重要的矿产资源市之一,开发利用条件较好。截至目前,已发现建材非金属矿产、化工原料非金属矿产、能源矿产、黑色金属矿产等 9 大类 50 余种(含亚种),载入《河南省矿产资源储量简表》的矿产地 60 个,查明资源储量的矿种有 14 种。煤、铁、水泥用灰岩、熔剂用灰岩、冶金用白云岩、玻璃用石英岩、霞石正长岩、含钾砂页岩等矿藏均是安阳市的优势矿藏。其中,冶金用白云岩、含钾砂页岩、霞石正长岩居全省第一,玻璃用石英岩居全省第三,水泥配料用黏土居全省第四。煤、铁及石灰岩已形成安阳矿业的三大支柱。

第二章　林木种质资源普查内容与方法

为确保安阳市林木种质资源普查（以下简称“普查”）质量，统一全市普查标准与方法，方便各地工作开展，根据《河南省林木种质资源普查工作方案》《河南省林木种质资源普查技术规程》《河南省林木种质资源普查实施细则》，结合安阳市实际，安阳市林业局研究制定了《安阳市林木种质资源普查方案》《安阳市林木种质资源普查实施细则》，成立了安阳市林木种质资源普查工作领导小组，提出了具体的组织与开展方法，明确了普查目标与任务，确定了调查内容与方法步骤，统一了调查标准、工作程序与技术要求，为准确查清全市林木种质资源的种类、数量与分布情况，正确分析林木种质资源现状等做了充分的准备工作。

第一节　机构与队伍组建

一、组建机构

安阳市林业局成立以局长任组长、主管副局长任副组长，由种苗、造林、绿化办、林技站、规资科科（站）长组成的林木种质资源普查领导小组，设立了普查办公室，设在市经济林和林木种苗管理站；市林业局还成立专家咨询组，由河南农业大学、河南省林科院、河南林业职业学院专家及安阳市植物分类和林木种质资源研究专家郭玉生、郭天亮等组成。

各县（市、区）林业主管部门成立县（市、区）普查工作领导小组及办公室，由主要负责人任组长，并确定一名副局长主抓，负责本县（市、区）林木种质资源普查的组织协调工作，并抽调熟悉当地林木种质资源的技术人员作为专职普查人员，负责本区域的调查工作。

二、成立调查队伍

县（市、区）林业主管部门，要根据资源分布情况和普查工作量，选择参加普查人员，成立调查队（组）。调查队（组）人员要做到精干、专业、配置合理、分工明确。参加调查的人员应身体健康、责任心强、吃苦耐劳、工作认真，并拥有一定的专业技术知识，了解树木分类、土壤、测树、计算机等的知识。

调查队（组）要统一调查标准和方法，全面了解并掌握《河南省林木种质资源普查工作方案》《河南省林木种质资源普查技术规程》和《河南省林木种质资源普查实施细则》的各项内容，以利开展工作。普查以县（市、区）为基本单位开展。

河南林业职业学院负责太行山区各县（市、区）野生林木种质资源的调查，在安阳市包括林州、龙安、殷都三个县（市、区）。

第二节　普查准备工作

一、明确普查任务与区域

各县(市、区)在普查工作开始前,应明确普查目的与任务,确定普查工作负责人,并根据普查目的、任务及普查对象,确定普查工作所涉及的区域或范围。

二、收集相关资料

根据《河南省林木种质资源普查技术规程》的要求,收集各类基本资料,主要包括:

(1)森林资源调查资料,林业区划资料,经济林、木本花卉等单项类种质资源普查资料,如造林树种及各树种所占比例、分布范围、适应性等。

(2)野生乡土树种的现有调查资料,如优树、农家品种、珍稀濒危树种、古树名木等调查成果。

(3)新引进和新选育树种(品种)种质资源方面的资料。

(4)林木良种繁育中心、良种基地、采种基地、自然保护区、森林公园、树木园、植物园、种质资源库(收集圃)等建设资料。

(5)地方志、树木志、植物志、植物图鉴及有关方面的资料等。

(6)树木或有关植物的考察报告等。

(7)本辖区造林档案资料。

(8)气候(气候带、年及月平均气温、降水)、地理(地貌、坡向、坡位、坡度、海拔)、土壤(类型、土壤厚度、腐殖质厚度)和社会经济等资料。

三、制订普查工作方案和年度工作计划

(一)制订普查工作方案

各县(市、区)林业主管部门和有关单位根据实际情况,制订普查工作方案。普查(或专项调查)工作方案应包括:

(1)普查(或专项调查)任务及区域范围。

(2)技术方案和实施细则。

(3)普查(或专项调查)人员组织。

(4)普查(或专项调查)时间安排。

(5)普查(或专项调查)工具及设备。

(6)医疗急救包及安全预案等。

(7)保障措施。

(8)经费预算。

(二)制订普查年度工作计划

(1)外业普查时间表。

(2)具体完成方法与措施。

(3)内业汇总。

(4)普查总结。

四、准备调查工具和设备

有关高校和各县(市、区)根据技术规程要求,结合实际及工作量大小,通过调用或购置,为调查队伍配备相应的调查工具和野外防护设备。信息管理系统信息录入设备由省普查办统一配备。

(1)器材:数码相机(不低于800万像素或分辨率不小于3 264×2 448)、电脑、平板、围尺、钢卷(围)尺、皮尺(50 cm)、测高器、罗盘仪、GPS、海拔仪、计算器、望远镜等。

(2)表格与文具:调查用表、调查用图、铅笔、粉笔或蜡笔、文具盒、工作包。

(3)标本采集器械:采集箱(袋)、标本夹、高枝剪、枝剪、放大镜、吸水纸、台纸、透明纸等。

(4)其他:药品、防护服、安全用具等。

五、技术培训

全省普查技术骨干培训班由省普查办统一组织,其他普查人员培训分别由各市、县(市、区)和高校普查办统一组织。

全省普查技术骨干培训班培训对象为各省辖市及直管县林业主管部门和高校分管普查工作的负责人、普查办主任和调查队(组)负责人;各市、县(市、区)和高校培训班培训对象为本单位调查队(组)人员。

培训内容主要包括:《河南省林木种质资源普查工作方案》《河南省林木种质资源普查技术规程》和《河南省林木种质资源普查实施细则》中规定的方法与内容;普查相关学科知识要点;各种调查表格的填写,《河南省林木种质资源普查信息管理系统》及信息录入软件等。

第三节　普查对象、内容与方法

普查目的为摸清安阳市林木种质资源的种类、分布、数量、面积、单株或群体信息、生长和保护现状等情况。

一、普查对象

普查对象为行政区域内所有的林木种质资源,包括:

(1)野生林木种质资源:原始林、天然林、天然次生林内处于野生状态的林木种质资源,包括乔木和灌木树种的种、变种和主要树种的优良林分、优良单株。

(2)栽培利用林木种质资源:造林工程、城乡绿化、庭院绿化、经济林果园等种植的种质资源,包括乡土树种和引进树种的种、品种,实生林中的优良林分、优良单株,无性化栽培林分中的优良变异单株。

(3)重点保护和珍稀濒危树种与古树名木资源:重点保护和珍稀濒危树种包括列入

国务院1999年批准发布的《国家重点保护野生植物名录》并在河南省分布的树种，以及列入《河南省重点保护植物名录》的树种。古树是指在人类历史过程中保存下来的年代久远或具有重要科研、历史、文化价值，树龄在100年以上的树木；3株以上且成片生长的古树，划定为“古树群”。名木指在历史上或社会上有重大影响的中外历代名人、领袖人物所植或者具有极其重要的历史、文化价值、纪念意义的树木。

（4）新引进和新选育林木种质资源：包括从省外（含国外、境外）引进和自主选育，处于试验阶段或试验基本结束，或已通过技术鉴定或新品种登记，但未审定推广的树种和品种（已推广应用的，列入栽培利用林木种质资源调查登记范围）。

（5）已收集保存林木种质资源：种子园、采穗圃、母树林、采种林、遗传试验林、植物园、树木园、种质资源保存林（圃）、种子库等专门场所保存的种质资源。

二、普查内容

（1）查清区域内所有木本植物资源的种类、数量（面积、株数）、分布及生长情况，记录分布地点的群落类型及生长环境。

（2）调查树种种内的品种、品系、优良单株、变异类型等林木种质资源的来源、经济性状、抗逆性、种植面积与区域、保存状况等。

三、普查方法

在资料查询、召开座谈会、知情人访谈、制订工作计划的基础上，各县（市、区）主要采取以乡（镇）、办事处为调查单元，逐村开展调查。实行一村一套表，拉网式排查。具体操作包括踏查、线路调查、样方调查、单株调查、群落调查等。

四、普查成果

林木种质资源普查成果主要包括林木种质资源普查报告（《河南省林木种质资源普查技术规程》上有具体要求和格式），林木种质资源名录、影像、凭证标本，林木种质资源数据库和信息管理系统，调查过程中收集和编制的各类文字技术资料及图件档案等。

第四节　外业调查

一、野生林木种质资源调查

（一）调查目的

摸清安阳市区域范围内野生树种种质资源的种类、分布、数量、面积、单株或群体信息、生长和保护现状等情况。

（二）调查方法

在查阅资料、召开座谈会、制订工作计划的基础上，采取踏查、线路调查、样方调查、单株调查相结合的方式进行。

调查线路或调查样方要根据调查内容以及调查区域的地形、地貌、海拔、生境等确定，调查线路或调查样方的设立应注意代表性、随机性、整体性及可行性相结合；样方的布局要尽可能全面，分布在整个调查地区内的各代表性地段。重点沟谷调查不得少于沟谷总数的1/2，一般沟谷调查不得少于沟谷总数的1/3，避免在一些地区产生漏空。同时，也要注意到被调查区域的不同地段的生境差异，如山脊、沟谷、阳坡、阴坡、海拔等；样方根据地形地貌布设并进行调查记录。

1. 线路调查

根据现有资料和了解的情况，利用森林资源分布图和行政区划图，按一定的线路进行调查。在线路调查行进中，要不断记录新见的树种（100 m 以内不重复记载）。目测能见范围内（每侧 20 m）各树种因子，了解资源分布区树种、林分的起源、组成、林龄、生长情况、地形地势、立地条件等，调查结束时按实际调查数量进行汇总。在线路调查中见到偶见种时要采集标本。

2. 样方调查

在山区，到海拔每 100 m 整数位时（以 GPS 与海拔仪定位），需做样方调查。样方面积依据种质多样性来确定，一般样方面积设为 400 m^2；林木种质资源较少、地形比较开阔的地段样方面积可设为 600 m^2；全部为灌木类型的样方面积设为 25 m^2（5 m×5 m）。

在丘陵和平原地区，采用线路踏查和样方调查相结合，按南北向或东西向平行、均匀布设调查线路。在野生林木种质资源分布的沿湖或沿河等确定踏查线路，沿线路进行调查，视情况每 1~3 km 设置一个代表性样方进行样方调查。

（三）有关要求

线路调查要沿踏查线路记录观察到的所有木本植物，并选择标准株拍摄照片。对于不能准确识别的树种，要采取枝、叶、花、果等器官，压制成凭证标本，并拍摄形态照片，以便鉴定。

样方不能跨越河流、道路，且应远离林缘。长方形样方最短边不能小于 5 m。所有的样方调查，在选择样方位置时，应以 GPS 定位样方西北角点。每个样方填写调查表。

二、优良林分、优良单株（类型）调查

（一）调查目的

以没有进行系统选优或良种数量不能满足生产需要的树种为重点，从现有林分中选择一批优良林分和优良单株（或优良类型），并初步评价其利用现状和潜在的开发利用前景，为良种生产基地建设和林木种质资源收集保存与利用提供基础和依据。

（二）调查对象

优良林分和优良单株（类型）是指在相同立地条件下，生长量（或产量）、材质（或果品品质）以及适应性、抗逆性等某一方面或多方面明显超过同种同龄的其他林分和单株。优良林分的选择与调查，在野生林分和实生苗（或点播）造林形成的林分中进行；优良单株（类型）的选择与调查除以上林分外，还包括无性繁殖苗木营造的各类林分和实生起源的成年散生木。

（三）调查方法

调查小组结合野生林木和栽培利用林木种质资源调查，深入到各乡（镇）、村和林场，

召集乡(镇)林业站干部职工、林场干部及技术人员、护林员、村干部和村护林员等有关人员,召开座谈会,了解当地优良林分、优良单株(类型)种质资源分布情况,并到现场实地调查,具体调查方法见普查技术规程。

(四)有关要求

调查全面,地点准确,来源清楚,优株数量和生长指标测定准确,形态描述恰当,抗逆性和适应性评价恰当,对每处优良林分和每个优株要进行拍照,照片清晰。对有重要利用价值或科研价值的优株,可请有关专家一同进行实地调查。每个县(市、区)应根据实际选出一定数量的优良林分和优良单株(类型)。

三、栽培利用林木种质资源调查

(一)调查目的

全面掌握安阳市区域范围内栽培利用的树种(品种)种质资源(包括用材林、生态防护林、经济林、园林观赏树木及木本花卉、藤本林木种质资源)的种类、数量、面积、分布范围等情况。

(二)调查对象

人工种植并在生产中利用的树种或品种,包括农家品种(地方品种),不包括新引进和新选育的正在进行区域性试验的树种或品种,应重视对农家品种的调查。

(三)调查方法

以县为基本单位,组织调查人员,根据查询和收集的资料,依据《河南省林木种质资源普查技术规程》和工作方案的要求,弄清各目的树种(品种)的具体栽培地点、面积、株数、主要栽培目的等情况。分树种(品种)填写调查表格。

(四)有关要求

调查范围要全面,树种和品种齐全,是品种的要填到品种,来源要清楚,栽培面积准确,评价恰当。同时,拍摄能够突出品种特点的代表性照片。

四、重点保护和珍稀濒危树种与古树名木调查

(一)调查目的

全面掌握安阳市区域范围内重点保护树种、珍稀濒危树种和古树名木及古树群的种类、数量(面积、株数)、保护等级、树龄、胸径、树高、地理位置及生长与保护状态等,为资源保护利用提供依据。

(二)调查方法

在查询现有的调查成果及其他权威资料的基础上,进行补充调查和现场核实。原则上每株调查,但数量较多、树龄及生长无明显差别的可以进行样株调查(不少于10株),古树群要记录数量、面积、分布特点等。

(三)有关要求

调查种类及数量清楚,树龄及生长量测定准确,地理位置详细准确,立地条件及小气

候描述恰当。对古树名木要利用 GPS 进行定位，拍摄整株及花、果的照片。

五、新引进和新选育林木种质资源调查

（一）调查目的

全面调查新引种树种（品种）的名称、引种材料种类、引种时间、试验或保存地点与数量、适生条件与范围、特征性状、生长发育情况、繁殖方法等；新选育树种（品种）的名称、选育方式、亲本来源、选育时间、试验地点与面积、主要特性指标与优点、适生条件与范围、繁殖方法等，为制定林木种质资源收集保护和利用规划提供依据。

（二）调查对象

新引进树种（品种）是指从省外（含国外、境外）引进，经过栽培试验在安阳市适生，但未审（认）定推广的树种（品种）。新选育品种指经科研人员多年选育的、试验阶段基本结束，或已经通过技术鉴定、新品种登记，但尚未审（认）定推广的树种或品种。

（三）有关要求

新引进树种（品种）要调查种类（包括树种、品种或无性系等）名称、原产地、引种单位、引种试验地点、主要特征特性、优缺点、适应性等情况。对于基本成功并具有推广价值的树种、品种要评价适应范围。填写调查表并分别拍摄形态照片。

新选育品种调查包括树种或品种名称、选育方式、亲本及亲本来源、选育时间及育成年份、主要中试地区和中试面积、品种主要特征特性、优缺点等，填写调查表并分别拍摄形态照片。

六、已收集保存林木种质资源调查

（一）调查目的

查清安阳市区域范围内已收集保存林木种质资源的种类、数量、保存方式、生长状态、保护情况及存在问题，为下一步种质资源保存库建设和制定保护利用规划提供依据。

（二）调查方法

对各类自然保护区、林木良种基地（种子园、采穗圃、母树林）、林木采种基地、原地与异地种质资源保存库（圃）、试验林、植物园、树木园等保存的种质资源及省以下各级科研院所、大专院校、各级各类林业单位、涉林企业结合科研生产，收集保存的林木种源、优良家系、品种（无性系、类型）、优良单株、优良亲本等种质资源，分别由市、县林业主管部门组织相关单位负责调查登记，调查结果由市、县林业主管部门负责审核汇总。省以上科研教学单位收集保存的林木种质资源，由省种苗站组织有关单位调查登记和汇总。

（三）有关要求

调查内容包括建设保存单位、保存地类别（包括自然保护区、树木园、植物园；种子园、采穗圃、母树林等良种基地和采种基地；种质资源库、资源收集圃、试验林等）、保存方式（原地、异地）、建设地点与时间、保存的种质资源种类、数量、生长与保存现状等，分别填写调查表，并拍摄每种资源的形态照片。

七、影像拍摄和标本采集要求

(一)影像拍摄

各调查队(组)均须配备高性能的数码相机,照片拍摄者需经过学习或具有较高水平,拍摄对象为林相、整株和叶、花、果实等器官以及具有识别特征的部位,要求拍摄物主体突出,图像清晰,照片像素不低于800万(图像分辨率不小于3 264 ×2 448),采用jpg格式存储,并准确记录种质名称、地点、拍摄者(姓名和单位)、拍摄时间、照片原始编号。每天调查结束后,要对当天所拍摄的照片进行分类整理。

市及各县(市、区)和高校要有计划地拍摄反映普查工作过程及实况的影像资料。

(二)标本采集

调查过程中,对现场无法鉴定的树种要尽可能采集枝、叶、花、果等器官制作完整的标本,并进行记录和拍照,记录时应尽可能记录各树种所有能观察到的形态、生物学性状和生态环境等信息,以备室内应用工具书进行鉴定或报请专家咨询组进行鉴定。

第五节　内业整理

一、每日调查整理

每日外业调查工作结束后,当天要进行必要的内业整理,查阅相关资料,完善调查表格的填写,拷贝并整理照片,完成外业调查工作日志,并对第二天的调查工作进行必要准备。

二、标本整理和鉴定

林木种质资源调查的一项重要内容就是对不确定树种的鉴定。因此,对外业调查现场无法鉴定的树种,要尽可能采集制作完整的标本以便鉴定,采集的标本要鉴定到种。调查人员可利用工具书进行树种鉴定,对利用工具书仍不能鉴定的树种,填写"树种鉴定表"一式两份,连同标本、照片和调查记录,报请专家咨询组进行鉴定。鉴定后的标本应及时进行处理,制作蜡叶标本,并妥善保存备查。

三、资料报表的编制、绘图

省普查办公室组织编制林木种质资源普查软件,各地按软件的要求录入数据。依据调查结果,结合其他可靠的文献记载,制定各地区林木种质名录。名录还应注明标本的采集地点或资料来源、分布点和分布范围、GPS定位信息等,并绘制林木种质资源的分布示意图、区划图。

四、普查成果报告的编写

普查任务完成后,必须及时整理普查成果。普查报告按照《河南省林木种质资源普查技术规程》的有关要求撰写,要求内容全面、客观、真实,文字简洁、清晰、准确。

五、普查成果

(一)普查报告

市、县(市、区)二级分别撰写普查报告,报告名称为《河南省××市××县(市、区)林木种质资源普查报告》。

(二)普查技术资料

(1)管理与文书资料:文件、会议纪要、工作方案、实施细则、领导讲话、培训照片、管理规章制度、技术合同等。

(2)外业调查资料:调查簿、调查记录、外业调查登记表等。

(3)图件资料:林木种质资源分布图、照片。

(4)上述材料、图片和文字的电子文档。

(5)为普查工作准备的各类档案材料。

(6)其他成果材料。

(三)其他预期成果

(1)编辑《安阳市可供利用的林木种质资源名录》。

(2)编辑《安阳市林木种质资源》。

(3)建立《安阳市林木种质资源数据库》。

(4)制定《安阳市林木种质资源保护与利用中长期规划》。

第六节　质量管理

一、自查

外业调查和内业整理实行月自查制度,各县(市、区)要对当月外业调查资料和内业整理结果进行全面检查,根据情况进行必要的现场核实,发现错误应及时纠正,问题严重的要进行补充调查,不可随意改动外业调查的基本数据和基本文字资料,并于下月5日前将普查进度和自查结果上报安阳市林木种质资源普查办公室。

二、监督检查

安阳市林木种质资源普查办公室每月不少于一次到有关县(市、区)进行监督检查,重点做好技术指导,及时发现普查工作中存在的问题,并督促整改纠正。

三、工作汇报

为确保普查工作按时顺利完成,建立普查工作汇报制度。

(1)2017年4~12月,各县(市、区)每月5日前向安阳市林木种质资源普查办公室上报一期普查信息(普查进度、存在问题、下月工作安排等),普查(或专项调查)完成过半时,进行中期总结汇报。

(2)2017年12月,各县(市、区)向安阳市林木种质资源普查办公室上报年度普查工作总结。

(3)2018 年 1 ~ 12 月,各县(市、区)每月向安阳市林木种质资源普查办公室上报一期普查信息(内业汇总、外业补充调查等)。

(4)2017 ~ 2018 年,各县(市、区)及时向省普查办汇报普查(或专项调查)工作进度安排和普查进度,实现月月有信息,半年一小结,年终有总结。

四、验收

(一)验收内容

(1)普查(或专项调查)成果。

(2)经费决算情况。

(二)验收依据

普查(或专项调查)工作计划、协议书或任务书、工作方案、技术规程、实施细则所做的规定。

(三)验收办法

1. 自查

各县(市、区)按照各自的年度实施计划和普查结果进行自查,自行评价后,申请安阳市林木种质资源普查办公室验收。

2. 验收

完成对全市普查工作后,申请省普查办组织验收。县(市、区)由安阳市林木种质资源普查办公室组织验收,并形成书面验收结论。

未完成普查(或专项调查)工作,或与验收依据有明显差距,或质量评定不合格的不予验收,责令限期修改、提高完善后重新组织验收。

(四)验收时间

验收时间为所有外业调查和内业整理工作结束,撰写普查(或专项调查)成果报告送审稿之后。

(五)验收报告

验收报告内容包括:

(1)任务及其来源。

(2)组织领导机构与普查(或专项调查)人员组成。

(3)普查(或专项调查)区域的自然地理概况。

(4)调查点的布设。

(5)调查方法和时间。

(6)调查结果整理与分析。

(7)任务完成情况。

(8)重要成果。

第三章　安阳市林木种质资源概况

按照河南省林业厅全省林木种质资源普查工作安排，安阳市林业局于 2016 年 11 月开始，用两年多时间完成了全市种质资源普查工作，本次普查共调查 3 285 个行政村，调查表格数量 8 145 张，82 623 个 GPS 点，拍摄照片 25 364 张，基本摸清了安阳市林木种质资源情况。据调查统计，安阳市林木种质资源共 80 科 222 属 676 种 336 品种（见附表 1）。其中，栽培利用林木种质资源，共调查统计 78 科 201 属 546 种 334 品种（见附表 2）；野生树种共 63 科 137 属 318 种（见附表 3）；散生古树名木共 28 科 49 属 70 种 756 株（见附表 4），古树群 17 个，11 个树种（见附表 5）；选出优良单株 28 种 11 品种 51 株（见表 3-3），优良林分 8 种 9 处。这些林木资源中，有乔木、小乔木、灌木、小灌木及藤本，野生林木种质资源主要分布在西部太行山区，栽培利用林木种质资源主要分布在全市，绿化树种多集中于城区，用材林和经济林树种多集中于乡村。普查摸清了全市林木种质资源家底，为良种选育和林木遗传改良、科学保护与保存、积极开发和合理利用林木种质资源打下基础。

第一节　野生林木种质资源

通过调查统计，本次普查共统计野生树种 63 科 137 属 318 种（见附表 3），主要树种有栓皮栎、黄连木、山桃、毛梾、白榆、毛白杨、苦楝、山杏、元宝枫、黄栌、小叶白蜡、栾树、鹅耳枥、鼠李、构树、盐肤木、蚂蚱腿子、胡枝子、弓背悬钩子、栒子、荚蒾、连翘、黄荆、酸枣、野皂荚等。野生林木种质资源主要分布于安阳市西部林州市、殷都区、龙安区的山区区域，处于自然生长状态，由河南林业职业学院进行调查。其他几个县区野生林木种质资源较少，主要包括构树、酸枣、枸杞、榆树、柽柳等。

第二节　栽培利用林木种质资源

栽培利用林木种质资源是指造林工程、城乡绿化、庭院绿化、经济林果园等种植的种质资源，包括乡土树种和引进树种的种与品种，实生林中的优良林分、优良单株，无性化栽培林分中的优良变异单株，通过调查统计，目前全市主要栽培利用林木种质资源，共调查统计有 78 科 201 属 546 种 334 品种（见附表 2），主要包括用材林树种、经济林树种及园林绿化类树种等，其中蔷薇科树种较多，有 22 属 111 种 152 品种，集中于经济林水果类树种，如桃属、苹果属、梨属、李属、杏属、山楂属、樱属等。

一、主栽用材林树种

主栽用材林树种主要分为针叶用材树种和阔叶用材树种。通过普查，安阳市主栽用材林树种涉及 24 科 32 属 73 种 26 品种，见表 3-1，主栽针叶用材树种为油松（*Pinus tabu-*

laeformis Carr.)、侧柏(*Platycladus orientalis*(L.)Franco.)、雪松(*Cedrus deodara*(Roxb.)G. Don)、圆柏(*Sabina chinensis*(L.)Ant.)等;阔叶用材树种为杨属、柳属、榆属、槐属、刺槐属、楝属、白蜡树属、臭椿属等。

表 3-1 安阳市主栽用材林树种(品种)资源

科	属	树种个数	树种名称(品种名称)	
杨柳科	杨属	21	银白杨	种
			新疆杨	种
			河北杨	种
			毛白杨	种
			北林雄株 1 号	品种
			‘黄淮 1 号’杨	品种
			‘黄淮 2 号’杨	品种
			毛白杨 30 号	品种
			毛白杨 CFG34	品种
			毛白杨 CFG351	品种
			毛白杨 CFG37	品种
			毛白杨 CFG9832	品种
			毛白杨 CFGo301	品种
			‘小叶 1 号’毛白杨	品种
			‘中豫 2 号’杨	品种
			山杨	种
			响叶杨	种
			大叶杨	种
			小叶杨	种
			垂枝小叶杨	种
			菱叶小叶杨	种
			小青杨	种
			欧洲大叶杨	种
			青杨	种
			滇杨	种
			黑杨	种
			46 杨	品种
			钻天杨	种
			加杨	种
			北杨	品种
			欧美杨 107 号	品种
			欧美杨 108 号	品种
			欧美杨 2012	品种
			沙兰杨	种
			意大利 214 杨	种
			新生杨	种
			大叶钻天杨	种

续表 3-1

科	属	树种个数	树种名称(品种名称)	
杨柳科	柳属	10	腺柳	种
			腺叶腺柳	种
			旱柳	种
			‘豫新’柳	品种
			龙爪柳	种
			馒头柳	种
			垂柳	种
			金丝垂柳	品种
			小叶柳	种
			中华柳	种
			中国黄花柳	种
			皂柳	种
榆科	榆属	3	榆树	种
			‘豫杂 5 号’白榆	品种
			黑榆	种
			榔榆	种
悬铃木科	悬铃木属	3	三球悬铃木	种
			‘少球 1 号’悬铃木	品种
			‘少球 2 号’悬铃木	品种
			‘少球 3 号’悬铃木	品种
			一球悬铃木	种
			二球悬铃木	种
无患子科	栾树属	3	栾树	种
			复羽叶栾树	种
			黄山栾树	种
槭树科	槭属	2	元宝槭	种
			五角枫	种
紫葳科	梓树属	2	梓树	种
			楸树	种
玄参科	泡桐属	3	泡桐	种
			毛泡桐	种
			‘白四’泡桐	品种
			‘兰四’泡桐	品种
			楸叶泡桐	种
豆科	槐属	1	国槐	种
			金枝国槐	品种
	刺槐属	1	刺槐	种
			红花刺槐	品种
	皂荚属	2	皂荚	种
			野皂荚	种
	合欢属	1	合欢	种

续表 3-1

科	属	树种个数	树种名称(品种名称)	
胡桃科	枫杨属	1	枫杨	种
	胡桃属	1	胡桃楸	种
壳斗科	栎属	1	栓皮栎	种
	栗属	1	板栗	种
桑科	构属	1	构树	种
苦木科	臭椿属	1	臭椿	种
楝科	楝属	1	苦楝	种
梧桐科	梧桐属	1	梧桐	种
山茱萸科	梾木属	1	毛梾	种
木樨科	白蜡树属	1	白蜡树	种
松科	松属	1	油松	种
柏科	侧柏属	1	侧柏	种
漆树科	漆树属	1	漆树	种
	黄连木属	1	黄连木	种
胡桃科	胡桃属	1	胡桃楸	种
	山核桃属	1	黑核桃	种
楝科	香椿属	1	香椿	种
银杏科	银杏属	1	银杏	种
柏科	圆柏属	1	圆柏	种
		1	龙柏	种
杜仲科	杜仲属	1	杜仲	种

杨属树种主要包括河北杨、毛白杨、加杨、北杨、欧美杨(107 号、108 号),此属广泛分布全市,栽培量大,其中以“速生杨品种”为主,面积大,分布广,主要分布于平原区、廊道两侧、农村“四旁”等。

二、主栽经济林树种

主栽经济林树种主要包括水果类、干果类及其他经济树种。通过普查,安阳市主栽经济林树种主要涉及 11 科 19 属 19 种 242 品种,主栽水果类经济林树种包括桃、梨、苹果、葡萄、杏、李、山楂等;主栽干果类经济树种有枣、核桃、柿、板栗等;其他经济林树种主要是花椒、黄连木、连翘等。经济林类引进选育的新品种较多,主要有‘清香’核桃、‘香玲’核桃、辽核系列、中林系列、林州市的‘林州红’花椒、内黄县的兴农红桃、‘内选 1 号’杏、凯特杏、金太阳杏等,安阳市主栽经济林树种(品种)资源见表 3-2。

三、园林绿化类树种

园林绿化类树种较多,主要包括乡土树种和近年来引进推广的树种及品种,主要有落叶大乔木国槐、刺槐、银杏、五角枫、白蜡、泡桐;观花树种紫薇、海棠、木槿、紫荆、紫穗槐、木芙蓉、石榴、樱花、杜鹃等。同时,也引进彩叶树种、常绿树种来提高观赏性,比如紫叶李、'花叶'复叶槭、'金叶'复叶槭、红叶石楠、大叶女贞、金森女贞、金边冬青卫矛、洒金桃叶珊瑚等。

表 3-2 安阳市主栽经济林树种(品种)资源

树种	品种(个)	品种名称
桃	47	安农水蜜、白凤、'报春'桃、北农早艳、仓方早生、'春美'桃、'春蜜'桃、大红桃、大久保、'红菊花'桃、红雪桃、华光、'黄金蜜桃 3 号'桃、黄水蜜桃、金童 5 号、锦绣黄桃、莱山蜜、'秋甜'桃、日本大沙红、'洒红龙柱'桃、曙光、五月鲜、新川中岛、'兴农红'桃、映霜红、雨花露、豫白、豫桃 1 号(红雪桃)、早凤王、中华寿桃(风雪桃)、'中蟠桃 10 号'、'中蟠桃 11 号'、中秋王桃、'中桃 21 号'桃、'中桃 22 号'桃、'中桃 4 号'桃、'中桃 5 号'桃、千年红油桃、中油桃 10 号、'中油桃 12 号'、'中油桃 13 号'桃、'中油桃 14 号'、中油桃 4 号、中油桃 5 号、'中油桃 8 号'油桃、'中油桃 9 号'、兴农红桃、兴农红桃 2 号
苹果	26	帝国嘎啦、短枝华冠苹果、'富嘎'苹果、'富华'苹果、富士、富士将军、红将军、'华丹'苹果、华冠、'华佳'苹果、华美苹果、'华瑞'苹果、'华硕'苹果、'华玉'苹果、皇家嘎啦、金冠、金帅、'锦秀红'苹果、丽嘎啦、灵宝短富、美国八号、乔纳金、秦冠、藤牧 1 号、新红星、烟富系列
柿	25	博爱八月黄柿、盖柿、'黑柿 1 号'柿、'黄金方'柿、斤柿、九月青、罗田甜柿、绵柿、'面'柿、磨盘柿、牛心柿、'七月燥'柿、前川次郎、'四瓣'柿、小方柿、'小红'柿、小柿、新秋、血柿、'羊奶'柿、'早甘红'柿、中农红灯笼柿、'中柿 1 号'柿、'中柿 2 号'柿
葡萄	17	'黑巴拉多'葡萄、红巴拉多、红宝石无核、红地球、'红美'葡萄、户太八号、'金手指'葡萄、京亚、巨峰、巨玫瑰、可瑞森无核、美人指、藤稔、维多利亚、'夏黑'葡萄、'夏至红'葡萄、'阳光玫瑰'葡萄
梨	17	爱宕梨、奥冠红梨、巴梨、砀山酥梨、丰水梨、'红宝石'梨、皇冠梨、黄金梨、库尔勒香梨、七月酥梨、秋黄、晚秋黄梨、雪花梨、早酥梨、'早酥香'梨、中华玉梨、'中梨 2 号'梨
核桃	17	'薄丰'核桃、辽核 4 号、辽宁 1 号、'辽宁 7 号'核桃、'绿波'核桃、'宁林 1 号'核桃、'清香'核桃、西扶、'香玲'核桃、新疆薄壳、'豫丰'核桃、元丰、'中核 4 号'核桃、'中核短枝'核桃、中林 1 号、中林 3 号、'中宁奇'核桃
枣	16	扁核酸(酸铃、铃枣、婆枣、串干、鞭干)、扁核酸枣、冬枣(庙上福、雁来红、苹果枣)、灰枣(若羌枣)、'灰枣新 1 号'枣、鸡心枣(小枣)、'尖脆'枣、九月青(十月青、冬枣、长红)、灵宝大枣(灵宝圆枣、豚豚枣、疙瘩枣)、桐柏大枣、新郑灰枣、'新郑早红'枣、豫枣 1 号(无刺鸡心枣)、长红枣、'中牟脆丰'枣
石榴	14	薄皮石榴、大白甜、大果青皮酸、大红甜、'冬艳'石榴、范村软籽、河阴软籽、红如意、'绿丰'石榴、牡丹花、泰山红、突尼斯软籽石榴、小红果酸、以色列软籽
杏	13	超仁杏、'大红'杏、贵妃杏、金太阳、凯特杏、麦黄八达杏、麦黄杏、密香杏、南乐白杏、'内选 1 号'杏、'濮杏 1 号'、仰韶杏、'中仁 1 号'杏

续表 3-2

树种	品种(个)	品种名称
李	12	安哥雷洛、大玫瑰、大石早生、黑宝石、红美丽、红肉李、黄甘李、‘黄甘李 1 号’李、玫瑰皇后、美丽李(盖县大李)、太阳李、早生月光
山楂	10	大红子、大金星、大山楂、大五楞、丹峰、短枝金星、林县山楂(北楂)、磨盘、双红、小糖球
樱桃	9	黑珍珠、‘红宝’樱桃、红灯、红艳、‘红叶’樱花、‘红樱’樱桃、美早、‘赛维’樱桃、‘万寿红’樱桃
桑	8	白桑、大黑桑、大红皮桑、红果 1 号、江椹 10 号、蒙桑、桑树新品种 7946、无籽大 10
花椒	5	大红椒(油椒、二红袍、二性子)、大红袍(大红椒、狮子头、疙瘩椒、六月椒、麦椒、伏椒)、大红袍花椒、‘林州红’花椒、小红袍(小椒子、米椒、马尾椒、枸椒)
木瓜	2	金苹果木瓜、圆香木瓜
枇杷	1	枇杷
板栗	1	板栗
香椿	1	‘豫林 1 号’香椿
金银花	1	‘金丰 1 号’金银花

第三节　重点保护和珍稀濒危树种与古树名木资源

本次普查的重点保护和珍稀濒危树种包括列入国务院 1999 年批准发布的《国家重点保护野生植物(木本)名录》《国家珍稀濒危保护植物(木本)名录》《国家珍贵树种名录》并在河南省分布的树种,以及列入《河南省重点保护植物(木本)名录》的树种。古树指在人类历史过程中保存下来的年代久远或具有重要科研、历史、文化价值,树龄在 100 年以上的树木;3 株以上且成片生长的古树,划定为“古树群”。名木指在历史上或社会上有重大影响的中外历代名人、领袖人物所植或者具有极其重要的历史价值、文化价值、纪念意义的树木。

一、重点保护和珍稀濒危树种

经调查,《河南省国家重点保护野生植物(木本)名录》(国务院 1999 年颁布)中安阳市有野生树种 4 种,包括连香树、领春木、青檀、南方红豆杉;《河南省国家珍稀濒危保护植物(木本)名录》(1984 年国家环保局颁布)中安阳市有 14 种,包括银杏、猥实、连香树、翅果油树、杜仲、山白树、核桃楸、鹅掌楸、红椿、秤锤树、野生领春木、黄檗、青檀、珙桐;《河南省重点保护植物(木本)名录》(2005 年公布)中安阳市有 19 种,包括白皮松、中国粗榧、河南鹅耳枥、核桃楸、大果榉、青檀、太行榆、领春木、望春花、山白树、杜仲、河南海棠、飞蛾槭、七叶树、大果冬青、刺楸、河南杜鹃、玉铃花、猥实;《国家珍贵树种名录》(中华人民共和国林业部1992年颁布)中安阳市有10种,包括南方红豆杉、珙桐、刺楸、连香树、杜仲、蒙古栎、核桃楸、山槐、鹅掌楸、红椿。

二、古树名木与古树群

通过本次普查,古树名木共70种,散生古树756株(见附表4)。树种有国槐、侧柏、皂荚、大果榉、黄连木、栓皮栎、白皮松、元宝枫、油松、黄栌、酸枣、桑树、紫薇、白榆、小叶朴、五角枫、青檀、银杏、山楂、红豆杉、枣树、臭椿、核桃、毛白杨、板栗、旱柳、香椿、槲树、荆条、流苏、栾树、沙棘、槲栎、杜梨、苦皮藤、君迁子、卫矛、毛梾、雀梅、柘树、枳树、紫藤、雪松、海棠、龙爪槐、石榴、柿树、白蜡、构树、桧柏、梨树、杏树等。最古老的古树是位于龙安区龙泉镇西上庄村的古侧柏,树龄已有2 000年,该树生于土丘上,四周空旷无遮挡,树干粗大,主枝扭曲强壮,顶部略平,人称"平头柏"。

全市共调查古树群17个,其中,林州市古树群9个,殷都区3个,汤阴县3个,内黄县1个,滑县1个。

第四节　新引进和新选育林木种质资源

本次调查新引进和新选育林木种质资源是指从省外(含国外、境外)引进和自主选育,处于试验阶段或试验基本结束,或已通过技术鉴定或新品种登记,但未审定推广的树种和品种(已推广应用的,列入栽培利用林木种质资源调查登记范围)。

一、安阳市新引进或新选育的林木种质资源

本次普查安阳市新选育的种质资源有3种,包括内黄县枣园从伏脆蜜品种中选育的新品种,该品种果个比伏脆蜜大,平均果个达15 g左右,口感脆甜,含糖量高,成熟期早,该品种在内黄县较适宜;安阳市园林绿化研究所王永周等选育的毛梾新品种:花叶毛梾和红叶毛梾。花叶毛梾为毛梾芽变,其叶外缘黄白色;红叶毛梾从毛梾实生株中选育,春秋季叶是红色的。

二、近年来引进的树种或品种

安阳市新引进的林木种质资源主要集中在经济林树种的桃、苹果、葡萄、核桃、杏、柿等品种,见表3-2,引进品种具有独特优势,带来了很好的经济效益,例如清香核桃,生长势健壮,丰产,坚果外形美观,种仁品质优异,耐储存,大小年现象不明显,经济结果寿命较长,是优质的商品核桃。另外,在园林绿化中也新引进有观赏树种,如常绿观叶类的女贞、红叶石楠等,生长较快的行道树速生白蜡等,极大地提高了绿化的观赏效果与成荫效果。

三、安阳市自主选育并通过审(认)定的树种或品种

安阳市近年来自主选育并通过审定的林木种质资源主要集中在内黄县、林州市,内黄县选育出来的新品种有扁核酸枣、内选1号杏、兴农红桃、兴农红桃2号;林州市选育出的

新品种主要是林州红花椒，审定的乡土树种优良种源有栓皮栎。

扁核酸枣树势强健，树体较大，树姿开张，干性不强，发枝力较高，枝条中度密，树冠自然半圆形。具有果皮较厚，深红色，果面平滑；果点小，近圆形，分布较稀，不明显；果肉厚，绿白色，肉质粗松，稍脆，味甜酸，酸度较高，汁液少，适宜制干和加工枣汁，制干率56.2%等优良特性。

兴农红桃属‘超早红’桃芽变品种。树姿半开张，树势健壮，直立性强，顶端优势明显，萌芽率、成枝力均强。自花结实，成花容易，花芽量大，坐果率高，生理落果轻，无采前落果现象。果实成熟后，果皮着浓红色，完全成熟时近表层有红色素沉淀，果个大，平均单果重200 g，最大单果重350 g，果实硬度大，采收时平均硬度为8.28 kg/cm^2，可在树上挂15～20天不落。果实有香味，半离核。

兴农红桃2号由兴农红桃芽变而成，肉质细脆，不溶质，硬度大，风味甘甜爽口，有香味，单果重150～300 g，着色全部浓红，鲜食品质极佳。果实耐储运，货架期一般10～15天。硬度越大，储运期越长，6月10日左右成熟（日光温室栽培4月25日成熟）。

内选1号杏树冠圆形或椭圆形，芽子饱满，枝条粗壮，生长势强，枝条较一般品种杏实生苗增粗2 mm，叶色墨绿、质厚，叶片比一般品种杏实生苗大1/3，当年实生苗有花芽且多，芽子饱满。当年自花授粉坐果率24%，属中熟品种。果实成熟后，外观金黄色，果面有光泽。果个大（平均单果重141 g，最大果重250 g），丰产（产量可达33 750 kg/hm^2以上），果硬度大，离核，种仁大而饱满，口味香甜，单核双仁率30%，单核种仁平均重0.9 g，可食用。果实6月上中旬成熟。

林州红花椒树冠为圆头开心形。当年生新梢褐紫色，枝条硬、直立，节间短，果枝粗壮。果实球形，直径5～6 mm，果穗密集、丰产性强，一般有30～60粒，多可达113粒，千粒重100 g，果柄较短。成熟的果实为大红色，疣状突起明显，有光泽，少数果粒开裂。果粒大，果皮厚，味浓，营养丰富，抗逆性强，适生范围广。

安阳市通过审定的优良乡土树种种源栓皮栎，根系发达，主根明显，细根少，萌芽力强，至老龄不衰退，经3次砍伐的根株，仍能更新成林，群众多采用矮林作业，经营薪炭林。栓皮栎具有抗旱、抗火、抗风的特性，是价值较高的林木种质资源。

第五节　已收集保存的林木种质资源

已收集保存的林木种质资源是指种子园、采穗圃、母树林、采种林、遗传试验林、植物园、树木园、种质资源保存林（圃）、种子库等专门场所保存的种质资源。

安阳市建有栓皮栎原地保存林、黄连木、花椒采种林，核桃良种采穗圃、大枣良种收集圃、榆属资源收集圃，其中在林州市西部林虑山有栓皮栎原地保存林，东岗镇黄连木采种林，林科所院内保留有胡桃（香玲核桃）采穗圃，面积5亩；任村镇石柱村‘林州红’花椒采种林30亩；姚村镇水河村、采桑镇南采桑村保存有核桃（胡桃）采穗圃，面积分别为45亩、110亩。内黄县林科所建有大枣良种收集圃。共收集品种有九月青、铃铃枣、核桃纹枣、金丝新四号、七月鲜、伏脆蜜、姜闯2号、胎里红、葫芦枣、骏枣、子弹头枣、冬枣、冬枣2号等20余个；殷都区安阳县苗圃建有榆属资源收集圃，收集有白榆、黑榆、榔榆、太行榆、大果榆、长枝榆、中华金叶榆等榆属种(品种)。

第六节　优良林分和优良单株选择情况

根据优良林分的确定方法,安阳市共选出具有代表性的优良林分11处,分别是刺槐、栓皮栎、山桃、毛梾、五角枫、侧柏、枣(扁核酸)、楸树、复羽叶栾树等,分布于林州市6处、文峰区2处、安阳县1处、殷都区1处、汤阴县1处。

根据优良单株的确定方法,安阳市共选出具有代表性的优良单株28种11品种共51株(见表3-3),树种主要有胡桃楸、臭椿、油松、板栗、黄连木、槐、刺槐、栾树、油桃、樱桃、杏(金太阳)、桑、桃、苹果、皂荚、合欢、银杏、桂花、杨树等,涵盖用材林、经济林及园林绿化树种。

表3-3　安阳市优良单株分布情况

序号	县(市、区)	乡(镇)	村	小地名	中文名	拉丁学名
1	汤阴县	城关镇	北关	张庄	银杏	*Ginkgo biloba*
2	内黄县	田氏乡	郑小屯	国忠果树研究所	库尔勒香梨	*Pyrus bretschneideri* Rehd. cv.
3	内黄县	田氏乡	郑小屯	国忠果树研究所	‘红宝石’梨	*Pyrus pyrifolia* ‘Hong-baoshi’
4	内黄县	田氏乡	郑小屯	国忠果树研究所	密香杏	*Armeniaca vulgaris* cv.
5	殷都区	铁西办	任家庄	钢二路	二球悬铃木	*Platanus × acerifolia*
6	滑县	枣村乡	禹村	城关七街	樱桃	*Cerasus pseudocerasus*
7	滑县	上官镇	李阳城	李阳城	欧美杨107号	*Populus × canadensis*
8	林州市	石板岩	东垴		胡桃楸	*Juglans mandshurica*
9	林州市	石板岩	桃花洞	太极山	油松	*Pinus tabulaeformis*
10	龙安区	龙泉镇	龙泉村	乡政府	金桂	*Osmanthus fragrans*
11	安阳县	北郭乡	龙凤村		臭椿	*Ailanthus altissima*
12	文峰区	高庄乡	汪流屯		臭椿	*Ailanthus altissima*
13	安阳县	北郭乡			欧美杨107号	*Populus × canadensis*
14	安阳县	都里乡	许家滩		黄连木	*Pistacia chinensis*
15	安阳县	都里乡	许家滩		黄连木	*Pistacia chinensis*
16	汤阴县	宜沟镇	江王庄		槐	*Sophora japonica*
17	汤阴县	宜沟镇	江王庄		栾树	*Koelreuteria paniculata*
18	安阳县	许家沟	西子针		槐	*Sophora japonica*
19	文峰区	宝莲寺	张薛庄		油桃	*Amygdalus persica* var. *nectarine*
20	文峰区	宝莲寺	张薛庄		樱桃	*Cerasus pseudocerasus*
21	文峰区	宝莲寺	张薛庄		杏(金太阳)	*Armeniaca vulgaris* cv.

续表 3-3

序号	县（市、区）	乡（镇）	村	小地名	中文名	拉丁学名
22	文峰区	宝莲寺	梁家庄		桑	*Morus alba*
23	安阳县	柏庄镇	辛店南		桃	*Amygdalus persica*
24	安阳县	柏庄镇	辛店南		桃	*Amygdalus persica*
25	安阳县	柏庄镇	辛店南		苹果	*Malus pumila*
26	安阳县	柏庄镇	辛店南		苹果	*Malus pumila*
27	安阳县	柏庄镇	辛店南		苹果（美国八号）	*Malus pumila* cv.
28	汤阴县	宜沟镇	江王庄		臭椿	*Ailanthus altissima*
29	汤阴县	宜沟镇	江王庄		槐	*Sophora japonica*
30	汤阴县	宜沟镇	江王庄		槐	*Sophora japonica*
31	汤阴县	宜沟镇	江王庄		毛白杨 CFGo301	*Populus tomentosa* cv.
32	汤阴县	宜沟镇	江王庄		臭椿	*Ailanthus altissima*
33	汤阴县	宜沟镇	江王庄		槐	*Sophora japonica*
34	林州市	城郊乡	魏家庄	宋家庄	刺槐	*Robinia pseudoacacia*
35	汤阴县	宜沟镇	江王庄		楸叶泡桐	*Paulownia catalpifolia*
36	汤阴县	宜沟镇	江王庄		皂荚	*Gleditsia sinensis*
37	安阳县	蒋村	小坟		合欢	*Albizzia julibrissin*
38	汤阴县	宜沟镇	江王庄		槐	*Sophora japonica*
39	安阳县	曲沟乡	东下寨		加杨	*Populus × canadensis*
40	安阳县	曲沟乡	北曲沟	北曲沟	榆树	*Ulmus pumila*
41	文峰区	高庄乡		京港澳高速两侧	‘金楸 1 号’楸树	*Catalpa bungei* cv.
42	文峰区	高庄乡			黄山栾树	*Koelreuteria bipinnata* ‘Integrifoliola’
43	文峰区	高庄乡	大官庄段	1 号京港澳高庄	中华金叶榆	*Ulmus pumila* ‘Jinye’
44	滑县	上官镇	谢寨	老 106 路西	桃（五月鲜）	*Amygdalus persica* cv.
45	林州市	城郊乡	黄华		侧柏	*Platycladus orientalis*
46	林州市	城郊乡	黄华		油松	*Pinus tabulaeformis*
47	林州市	城郊乡	黄华		毛白杨	*Populus tomentosa*
48	林州市	城郊乡	黄华		毛白杨	*Populus tomentosa*
49	林州市	原康镇	牛窑沟	庙口	槐	*Sophora japonica*
50	林州市	城郊乡	黄华	觉仁寺	银杏	*Ginkgo biloba*
51	林州市	城郊乡	桑园		板栗	*Castanea mollissima*

第四章　针叶树种

第一节　云杉属

云杉属 *Picea Dietr*,常绿乔木。枝轮生,无长短枝之分,小枝上有显著隆起的叶枕,叶枕下延,彼此间有凹槽;冬芽卵圆形或圆锥状,有或无树脂,芽鳞宿存于小枝基部。叶生于叶枕上,在枝上螺旋状排列,常辐射伸展,四棱状条形或扁平条形,四面或仅表面中脉两侧有气孔线;内有边生树脂道2条。雄球花单生叶腋,椭圆状圆柱形,黄色或红色,花粉有气囊;雌球花单生枝顶,红紫色或绿色,苞鳞很小。球果斜下垂,近圆柱形,当年成熟;种鳞木质或革质,宿存,腹面基部具2种子;苞鳞短小,不外露。种子上部具膜质长翅;子叶4~15,发芽时出土。

中国有20种5变种。安阳本次普查3种。

青杄 *Picea wilsonii* Mast.

别名　刺儿松、华北云杉、魏氏云杉

形态特征　乔木,高达50 m,胸径达1.3 m。树皮灰色至暗灰色,不规则鳞片状剥落;树冠塔形。枝梢平展,1年生枝黄灰色,无毛,稀疏生短毛,2~3年生枝灰色、灰白色或褐灰色,无毛;冬芽卵圆形,无树脂,芽鳞排列紧密,不反曲,淡褐色,小枝基部宿存芽鳞的先端紧贴小枝。叶四棱状条形,稍扁,直或微弯,长0.8~1.5 cm,宽1.2~1.7 mm,先端尖,横切面扁菱形,四面各有4~6条气孔线,白粉不明显。球果多为卵状圆柱形,长5~8 cm,径2.5~4 cm,成熟后黄褐色;中部种鳞倒卵形,长1.4~1.7 cm,宽1~1.4 cm,先端圆或圆钝三角状,时有急尖,基部宽楔形,鳞背露出部分较平滑;苞鳞匙状长圆形,长约4 mm,先端钝圆。种子倒卵圆形,长3~4 mm;种翅长约1 cm,淡褐色,先端圆;子叶4~9。花期4月,球果成熟期9~10月。

分布　我国特有树种,产内蒙古、河北、山西、陕西、湖北、四川、青海等省区。安阳市区有栽培。

生态学特性　较耐阴,耐寒,喜较冷凉湿润气候,适生于湿润肥沃壤土;幼树耐阴性较强,但生长缓慢,20~60年生为速生期,天然更新良好;种子繁殖。

利用价值及利用现状　青杄木材可供建筑、土木工程、枕木、电杆、家具及包装箱等用。树姿优美,叶细而密,是优良的园林观赏树种。可供城市街道、园林绿化选用。

安阳市区园林绿化树种,常见栽于城市公园绿地。

第二节　雪松属

雪松属 *Cedrus Trew*，常绿乔木。枝有长枝和短枝。冬芽小，卵圆形。叶针状，三棱形，坚硬，在长枝上螺旋状散生，在短枝上呈簇生状。雄球花和雌球花分别单生于短枝顶端，直立。雄球花具多数雄蕊，花丝短，花药 2 室；雌球花具多数珠鳞，珠鳞具 2 胚珠。球果翌年（稀第三年）成熟，直立；种鳞多数，排列紧密，木质，宽大，成熟时与种子一同从宿存的中轴上脱落；苞鳞小，不露出。种子上部有宽大膜质的种翅，子叶 6～10 枚，发芽时出土。

中国引种栽培 2 种。安阳市本次普查有 1 种。

雪松 *Cedrus deodara*（Roxb.）G. Don

别名　香柏、喜马拉雅杉、喜马拉雅松

形态特征　常绿乔木，高达 75 m，胸径达 4.3 m。树皮深灰色，裂成不规则的鳞状块片；树冠塔形。大枝不规则轮生，平展，小枝细长，微下垂，1 年生长枝淡灰黄色，密生短茸毛，微有白粉，2～3 年生长枝灰色或褐灰色。针叶长 2.5～5.0 cm，宽 1～1.5 mm，先端锐尖，常呈三棱形，表面两侧各有 2～3 条气孔线，背面有 4～6 条气孔线，幼叶气孔线被白粉，后渐脱落。雄球花长卵圆形，长 2～3 cm；雌球花卵圆形，长约 8 mm。球果卵圆形、宽椭圆形或近球形，长 7～12 cm，径 5～9 cm，熟前淡绿色，微被白粉，熟时褐色；种鳞扇状倒三角形，长 2.5～4 cm，宽 4～6 mm，顶端宽平，边缘微内曲，背面密生短茸毛。种子近三角形，种翅宽大，连同种子长 2.2～3.7 cm。花期 10～11 月，球果成熟期翌年 10 月。

分布　我国北京以南地区园林广泛栽培。安阳地区广泛栽培。

生态学特性　喜光，喜温和、凉爽、湿润气候，对湿热气候适应能力较差，抗寒性较强，大苗能耐 −25 ℃低温，但幼苗抗寒性较差，在太原以南海拔 1 000 m 以下，土壤深厚肥沃条件下，人工栽培可以生长。太原以北地区在室外难以越冬。对土壤要求不严，不耐水涝，较耐干旱瘠薄，但以土层深厚肥沃、疏松、排水良好的酸性土上生长最好；性畏烟尘、二氧化硫等有害气体，幼叶极为敏感；生长速度中等至速生；雌雄异株，雌雄同株较少，雌株通常 30 年以上才开花结籽，雄株开花通常在 20 年以后，结球果有大小年现象；种子千粒重 124～180 g。

利用价值及利用现状　著名的观赏树种，与巨杉、日本金松、南洋松、金钱松一起被称为"世界五大园林树种"，其木材坚实，纹理致密，供建筑、桥梁、枕木、造船等用。

安阳市城市园林绿化重要树种，广泛栽培于公园、绿地、学校、小区、单位，也常见于草坪中央、建筑前庭中心、广场中心或主要建筑物的两旁及园门的入口等处。苗圃培育量较大。

第三节　松属

松属 *Pinus* L.，常绿乔木，稀灌木状。枝轮生，每年生一至多节。冬芽显著，芽鳞多数，覆瓦状排列。叶有鳞叶和针叶两型，鳞叶为原生叶，单生，螺旋状排列，在幼苗时期为

扁平条形，绿色，后渐退化成膜质苞片状，基部下延或不下延生长；针叶为次生叶，螺旋状着生，常2针、3针或5针1束，生于鳞叶的腋部，着生于极不发育的短枝顶端，每束针叶基部由8～12枚芽鳞组成的叶鞘所包；叶鞘脱落或宿存；针叶边缘全缘或有细齿，背部有或无气孔线，腹面两侧具气孔线，内有1～2条维管束和2至多个树脂道。球花单性，雌雄同株；雄球花生于新枝下部的苞片腋部，多集成穗状花序状，无梗，雄蕊多数，螺旋状着生，花药2，药室纵裂，花粉具气囊；雌球花单生或2～4个生于新枝近顶端，由多数螺旋状着生的珠鳞和苞鳞所组成，珠鳞基部腹面着生2枚倒生胚珠；苞鳞着生于珠鳞背面基部。球果有梗或无梗，直立或下垂；种鳞木质，宿存，上部露出部分为鳞盾，有横脊或无横脊，鳞盾的先端或中央呈瘤状凸起部分为鳞脐，脐上有刺或无刺；球果在第二年（稀第三年）成熟，熟时种鳞张开，种子散出，稀不张开，种子不散出，发育的种鳞具2粒种子；种子上部具长翅，种翅与种子合生，或有关节与种子脱离，或具短翅或无翅；子叶3～18枚，发芽时出土。

中国约22种10变种，几乎遍布全国，另引进16种2变种。其中如红松、华山松、云南松、马尾松、油松、樟子松等为我国森林中的主要树种，同时在今后造林更新上仍占重要地位。其中湿地松、火炬松、加勒比松、长叶松、刚松、黑松等生长较快，均为有发展前途的造林树种。安阳市本次普查有10种，栽培和野生。

一、油松 *Pinus tabulaeformis* Carr.

别名　短叶马尾松、短叶松、平顶树、松树

形态特征　乔木，高达25 m，胸径达1 m以上。树皮灰褐色，不规则鳞片状剥落；大枝平展或稍下倾，老树树冠平顶；小枝较粗，褐黄色，无毛；冬芽矩圆形，顶端尖，芽鳞红褐色，边缘丝状缺裂。针叶2针1束，长7～15 cm，粗硬，边缘具不明显细锯齿，树脂道5至多个，边生。雄球花圆柱形，长1～2 cm，集生于新枝下部。球果卵形至卵圆形，长4～9 cm，鳞盾肥厚，隆起，扁菱形或菱状多角形，横脊显著，鳞脐具刺尖。种子卵形，长6～7 mm，翅长约1 cm，黄白色，具褐色条纹。花期4～5月，翌年10月球果成熟。

分布　中国特有种，天然分布很广，分布于东北、华北、西北、西南、华东等地。安阳太行山区分布，海拔600 cm以上多见飞播纯林。

生态学特性　喜光，深根性，喜干冷气候，在土层深厚、排水良好的酸性、中性或钙质黄土上均能生长良好；耐干旱瘠薄，不耐水湿及盐碱，在土壤黏重、积水及通透条件差的土壤上生长不良。

利用价值及利用现状　木材坚硬细密，是建筑优良用材；树干可割取松脂，提取松节油和松香；叶及花粉入药；树形优美，树干挺拔苍劲，为传统园林树种和荒山绿化造林树种。

安阳太行山区飞播造林、荒山造林、公路两侧绿化重要树种，近年来安阳市绿化大苗栽植、大树移植、造型油松应用较多，苗圃油松大苗培育量较大。

二、白皮松 *Pinus bungeana* Zucc. ex Endl.

别名　白骨松、虎皮松、三针松

形态特征　乔木，高达30 m，胸径可达3 m。树皮灰绿色至灰褐色，内皮灰白色；小枝

淡绿色,无毛;冬芽卵形,褐色。针叶 3 针 1 束,长 5 ~ 10 cm,粗硬,边缘具细锯齿,两面均有气孔线,树脂道 6 ~ 7,边生;叶鞘早落。雄球花卵圆形或椭圆形,长约 1 cm,多数集生于新枝基部,成穗状。球果通常单生,初直立,后下垂,长 5 ~ 7 cm,成熟时淡黄褐色;种鳞先端厚,鳞盾宽,有横脊,鳞脐有刺尖。种子卵形,长约 1 cm,褐色至深褐色,种翅短,有关节,易脱落;子叶 9 ~ 11。花期 4 ~ 5 月,球果翌年 10 ~ 11 月成熟。

分布　中国特产。产山西、河南、河北、陕西、甘肃、四川、湖北等省区。安阳地区有分布,园林有栽培。

生态学特性　喜光,耐瘠薄土壤,在气候温凉,土层深厚、肥沃、湿润的钙质土和黄土上生长良好。

利用价值及利用现状　树形优美,树形奇特。为优良庭园树种。木材花纹美,有光泽,可供建筑、家具、文具等用材。种子可食用。

安阳市城乡绿化、廊道绿化重要树种,安阳龙泉、殷都区等地有白皮松育苗基地。

三、华山松 *Pinus armandii* Franch.

别名　五叶松

形态特征　大乔木,高达 35 m,胸径 1 m。幼树树皮灰绿色或淡灰色,平滑,老时裂成方形或长方形厚块片。针叶 5 针 1 束,长 8 ~ 15 cm,边缘具细锯齿,仅腹面两侧各具 4 ~ 8 条白色气孔线;树脂道 3 个,中生或背面 2 个边生、腹面 1 个中生;叶鞘早落。雄球花黄色,卵状圆柱形,基部围有数枚卵状匙形鳞片,集生于新枝下部成穗状。球果圆锥状长卵圆形,长 10 ~ 20 cm,幼时绿色,成熟时淡黄褐色;种鳞无毛,露出部斜方形或近宽三角形,先端钝圆或微尖,不反曲或微反曲;鳞脐不明显。种子黄褐色、暗褐色至黑色,无翅,两侧及顶端具棱脊。花期 4 ~ 5 月,翌年 10 月球果成熟。

分布　我国主要分布于宁夏、甘肃、陕西、山西、河南等地以南至四川、湖北、青海、西藏、贵州、云南等省区。安阳地区有栽培。

生态学特性　喜温凉湿润气候,不耐严寒及湿热,喜深厚肥沃土壤,稍耐干燥瘠薄,在酸性、中性及石灰岩山地均能生长。种子繁殖。

利用价值及利用现状　可供建筑、家具及木纤维工业原料等用材;树干可割取树脂;树皮可提取栲胶;针叶可提炼芳香油;种子可食用,也可榨油供食用或工业用;优良的庭园观赏树种。

安阳市园林绿化有栽培树种。

第四节　水杉属

水杉属 *Metasequoia* Miki ex Hu et Cheng,落叶乔木。大枝近轮生,小枝对生或近对生,枝条有 2 种:主枝和有冬芽的侧枝,冬季不脱落;侧生无冬芽的小枝冬季脱落。叶条形,柔软,交叉对生,基部扭转,羽状排列。雄球花单生叶腋或枝顶,排成总状或圆锥花序状,雄蕊多数,各具 3 花药。雌球花单生于去年生枝顶或近枝顶,珠鳞多数,交叉对生,每珠鳞具 2 ~ 9 胚珠。球果当年成熟,近球形,有长梗,下垂;种鳞木质,盾形,顶部扁菱形,有凹槽,发育的种鳞有2～9枚种子；种子扁平，周围有翅，先端凹缺；子叶2。

中国特产。天然分布于四川石柱、湖北利川和湖南龙山等地。安阳本次普查1种。

水杉 *Metasequoia glyptostroboides* Hu et Cheng

形态特征　树高35 m，胸径2.5 m。树皮灰褐色，浅纵裂成长条片剥落；大枝斜展，小枝下垂；幼树树冠尖塔形，老则成广圆形；顶芽发达，侧芽对生或单生。叶片长8～35（常13～20）mm，宽1～2 mm，淡绿色，表面中脉凹下，背面中脉隆起，沿中脉有两条气孔带，几无柄。球果长1.8～2.5 cm，直径1.6～2.5 cm，梗长2～4 cm，种子倒卵形，或圆形和矩圆形，长约5 mm，宽4 mm。花期4月，球果成熟期11月。

分布　水杉为世界著名古生树种，国家一级保护植物。太行山地区有栽培。全国广为栽培，北起辽宁、南达广州、东至江苏、西到成都等地。安阳地区有栽培。

生态学特性　喜光，喜温暖湿润气候，喜深厚肥沃微酸性土，耐轻度盐碱，耐水湿，不耐旱，不耐涝。寿命长，生长快。

利用价值及利用现状　著名园林绿化的树种。材质淡红褐色，心材紫红，轻软，美观，可供建筑、板料等用。

安阳市公园绿化树种。

第五节　侧柏属

侧柏属 *Platycladus* Spach，乔木或灌木，生鳞叶的小枝扁平，排成一平面，两面同型。叶鳞形，二型，交叉对生，排成4列，基部下延生长，背面有腺点。雌雄同株，球花单生于小枝顶端，雄球花有6对交叉对生的雄蕊，各有花药2～4；雌球花有4对交叉对生的珠鳞，仅中间2对珠鳞各生1～2枚直立胚珠，最下一对珠鳞短小，有时退化而不显著。球果当年成熟，熟时开裂，种鳞4对，木质，厚，近扁平，背部顶端的下方有一弯曲的钩状尖头，中部的种鳞发育，各有12粒种子；种子无翅，稀有极窄之翅。子叶2枚，发芽时出土。

中国产于北部及西南部，栽培遍布全国。安阳本次普查3种。

侧柏 *Platycladus orientalis*（L.）Franco.

别名　扁柏

形态特征　乔木，高达20余m，胸径达1 m。树皮淡灰褐色，细条状纵裂；幼树树冠卵状塔形，老则广圆形。生鳞叶小枝两面均为绿色；鳞叶先端微钝，长1～3 mm，中央叶的露出部分呈菱形或斜方形，背部有条状腺槽，两侧的叶船形，先端微内曲，背部有钝脊，尖头下方有腺点。雌雄球花皆生于小枝顶部；雄球花黄色，卵圆形，长约2 mm；雌球花近球形，径约2 mm，蓝绿色，有白粉。球果近卵球形，长1.5～2.5 cm，幼时肉质，成熟时木质，红褐色；种子长46 mm，灰褐或紫褐色，无翅或稍有棱脊。花期3～4月，球果成熟期10月。

分布　产于东北、华北至江南地区和西南地区。安阳分布较为广泛，有天然林、人工林和古树名木等。

生态学特性 喜光,幼树稍耐阴。耐干冷,喜暖湿气候。对土壤要求不严,喜钙质土,在酸性、中性、微碱性土壤上均能生长,为钙质土指示植物。能生于悬崖峭壁的石缝中,不耐水涝。在母岩为石灰岩干旱瘠薄的低海拔山地,侧柏比油松、臭椿、刺槐的造林效果好。根系发达,萌芽力强,唯生长较慢,寿命可达千年以上。病虫害极少,好管理。种子繁殖。

利用价值及利用现状 侧柏是中国应用最广泛的园林绿化树种之一,自古以来就常栽植于寺庙、陵墓和庭园中,侧柏木材致密坚重,有香气,耐腐,可供建筑、家具、棺木等用材;种子和带磷叶的小枝可入药。

安阳地区乡土树种,西部山区荒山荒坡主要造林绿化树种,也是城乡道路绿化、游园、广场等主要绿化树种。苗圃培育量非常大,有大田育苗、容器苗、大规格苗。

第六节 圆柏属

圆柏属 *Sabina* Mill. ,乔木或灌木,直立或匍匐;有叶小枝不排成一平面。叶二型,刺形或鳞形,幼树之叶均为刺形,老树之叶全为刺形或鳞形,或同一树上二者兼有;刺叶 3 枚轮生,稀交叉对生,基部无关节,下延,腹面有气孔带;鳞叶交叉对生,稀 3 叶轮生,背面常有腺体。雌雄异株或同株,球花单生枝顶;雄球花有雄蕊 4 ~ 8 对,交叉对生;雌球花有珠鳞 2 ~ 4 对,交叉对生或 3 枚轮生;每珠鳞有胚珠 1 ~ 2。球果近球形,翌年成熟,稀当年或 3 年成熟;种鳞合生,肉质,浆果状;苞鳞与种鳞结合而生,仅顶端尖头分离;熟时不开裂,稀种子裸露;种子 1 ~ 6,无翅,常有树脂槽;子叶 2 ~ 6。

中国多数分布于西北、西部及西南部的高山地区,少数种产于东北、东部、中部和南部,安阳本地普查有 10 种。

一、圆柏 *Sabina chinensis* (L.) Ant.

别名 桧柏

形态特征 乔木,高达 30 m,胸径达 3.5 m。树皮灰褐色,条状纵裂;幼树冠尖塔形,老树冠广圆形。生鳞叶的小枝圆柱形或近四棱形,径约 1 mm。叶二型,幼树全为刺叶,老树全为鳞叶,壮龄树二者兼有;刺叶 3 叶轮生,稀对生,长 6 ~ 12 mm,先端渐尖,基部下延,表面微凹,有两条白色气孔带;鳞叶交叉对生,斜方形或菱状卵形,长 1.5 ~ 2 mm,先端钝尖,背面近中部有椭圆形微凹腺体。雄球花黄色,椭圆形,雄蕊 5 ~ 7 对。球果近球形,径 6 ~ 8 mm,熟时暗褐色,有白粉,种子 1 ~ 4 粒;种子卵圆形,长约 6 mm,有棱脊;子叶 2。花期 4 月,球果成熟期翌年 10 ~ 11 月。

分布 华北、华东、西南、西北等地。安阳地区常见栽培。

生态学特性 喜光,幼时较耐阴,深根性,耐干旱。喜温凉、温暖气候和湿润土壤,中性土、钙质土和微酸性土上均能生长。生长缓慢,寿命长,萌芽力强,耐修剪。对多种有害气体有一定抗性,是针叶树中对氯气和氟化氢抗性较强的树种;对二氧化硫的抗性显著超过油松。阻尘和隔音效果良好。用种子、插条、嫁接繁殖。

利用价值及利用现状 园林绿化树种;优良用材树种。材质致密,坚硬,桃红色,美观而有芳香,极耐久,耐腐力强。故宜供作图板、棺木、铅笔、家具、房屋建筑材料、文具及工艺品等用材；树根、树干及枝叶可提取柏木脑的原料及柏木油；种子可榨油，或入药。

安阳地区园林绿化树种，道路两侧等生态廊道、南水北调生态带常绿树种之一。苗圃培育量较大。

变种

蜀桧（塔柏）'Pyramidalis'　本变种树冠塔状圆柱形。

龙柏'Kaizuca'　本变种树冠圆柱状或柱状塔形；枝条向上直展，常有扭转上升之势，小枝密，在枝端成几相等长之密簇；鳞叶排列紧密，幼嫩时淡黄绿色，后呈翠绿色；球果蓝色，微被白粉。

二、叉子圆柏 *Sabina vulgaris* Ant.

别名　沙地柏、新疆圆柏

形态特征　匍匐灌木，或为直立灌木或小乔木。树皮灰褐色，裂成不规则薄片脱落。枝密集，1 年生枝圆柱形，径约 1 mm。叶二型；幼树上常为刺叶，交叉对生或 3 叶轮生，长 3 ~7 mm，表面凹，背面拱圆，中部有长椭圆形或条状腺体；壮龄树上多为鳞叶，交叉对生，斜方形或菱状卵形，长约 1.5 mm，背面有椭圆形或卵形腺体。球果着生于下弯的小枝顶端，倒三角球形或叉状球形，长 5 ~8 mm，径 5 ~9 mm，成熟前蓝绿色，成熟时褐色、紫蓝色或黑色，多少被白粉。种子 1 ~5，多为 2 ~3，微扁，卵圆形，长 4 ~5 mm，顶端钝或微尖，有纵脊和树脂槽。

分布　分布于我国西北地区的新疆、宁夏、内蒙古、青海北部、甘肃及陕西北部。安阳地区有栽培。

生态学特性　耐旱性强，生于多石山坡和固定沙丘，或针阔叶树林内。

利用价值及利用现状　匍匐有姿，是良好的地被树种，常植于坡地观赏及护坡，或作为常绿地被和基础种植，增加层次。为固沙造林和园林绿化树种。木材供农具、家具、文具等用。

安阳地区园林有栽培。

三、铺地柏 *Sabina procumbens*（Endl.）Iwata et Kusaka

别名　矮桧、偃柏

形态特征　匍匐灌木，高达 75 cm。枝条贴近地面伏生，枝梢向上斜展。叶全为刺形，3 叶轮生，条状披针形，长 6 ~8 mm，先端角质锐尖，基部下延，表面凹，两条白色气孔带常于上部会合，绿色中脉仅下部明显，背面蓝绿色，沿中脉有细纵槽。球果近球形，径 8 ~9 mm，熟时紫黑色，被白粉。种子 2 ~3，长约 4 mm，有棱脊。花期 4 月，球果成熟期翌年 10 月。

分布　黄河流域至长江流域各地城市引种栽培。安阳地区绿化常见。

生态学特性　喜光，在干燥沙地上生长良好，喜石灰质肥沃土壤，忌低湿地。扦插繁殖。

利用价值及利用现状　庭园绿化，盆景观赏，高速公路两侧坡地绿化。

安阳地区园林绿化栽培，丛植于房屋窗下、门旁；常用于游园、假山等造林景观中。

第七节　刺柏属

刺柏属 *Juniperus* L.，常绿乔木或灌木；冬芽显著。叶有刺形，3 叶轮生，基部有关节，不下延，披针形或近条形，表面平或下凹，有 1 ~ 2 条气孔带。雌雄异株或同株，球花单生叶腋；雄球花有雄蕊 5 对，交叉对生；雌球花有珠鳞 3，轮生，胚珠 3，生于珠鳞之间，花后珠鳞发育，包被胚珠。球果浆果状，近球形，2 年或 3 年成熟。种鳞合生，肉质，苞鳞与种鳞结合而生，仅顶端尖头分离，成熟时不张开或仅顶端微张开。种子通常 3，卵圆形，有棱脊，有树脂槽，无翅。

中国产 3 种，引入栽培 1 种。主要分布于河北和青岛、南京、上海、杭州等地。安阳本地普查 2 种。

刺柏 *Juniperus formosana* Hayata

形态特征　乔木，高达 12 m，胸径 2.5 m；树皮褐色，条状纵裂；树冠窄塔形。小枝下垂。叶条形或条状披针形，长 1.2 ~ 2 cm，稀达 3.2 cm，宽 1 ~ 2 mm，先端锐尖，表面微凹，绿色中脉隆起，两侧各有一条白色、稀紫色或淡绿色气孔带，在先端会合成一条，背面绿色，有钝脊。球果近球形，径 6 ~ 10 mm，熟时淡红色或淡红褐色。种子 3，三角状椭圆形。球果翌年 10 月成熟。

分布　中国特产。分布很广，产于华东、中南、西南、华南等地。安阳地区有栽培。

生态学特性　喜光，耐寒，常散生于林中，或成小片稀疏纯林。种子或用侧柏嫁接繁殖。

利用价值及利用现状　材质致密而有芳香，耐水湿，心材红褐色，纹理直，结构细，可做船底、铅笔、家具、桥柱及工艺品等用材。小枝下垂、树形美观，可栽培做庭院树种。优良用材树种。

安阳地区园林绿化常用树种，常修剪成刺柏球等造型，也是高速公路绿化、生态廊道、南水北调生态带常绿树种之一。

第八节　三尖杉属

三尖杉属 *Cephalotaxus* Sieb. et Zucc. ex Endl，常绿灌木或小乔木，高达 12 m。树皮灰色或灰褐色，呈薄片状脱落。叶条形，通常直，很少微弯，端渐尖，长 3.5 cm，宽约 3 mm，先端有微急尖或渐尖的短尖头，基部近圆或广楔形，几无柄，上面绿色，下面气孔带白色，较绿色边带宽 3 ~ 4 倍，花期 4 月，种子翌年 10 月成熟。

我国特有树种，产于长江流域及以南地区。产宜兴深山区；南京、南通等城市有引种栽培；分布于长江流域以南及河南、陕西和甘肃等省区。安阳本次普查 1 种。

粗榧 *Cephalotaxus sinensis* (Rehd. et Wils.) Li

别名　中国粗榧、中华粗榧杉

形态特征　灌木或小乔木,高达12 m;树皮灰色或灰褐色,呈薄片状脱落。叶条形,通常直,很少微弯,长2~5 cm,宽约3 mm,先端渐尖或微凸尖,基部近圆或宽楔形,质地较厚,几无柄,表面绿色,背面有两条白色气孔带,较绿色边带宽2~4倍。种子2~5,生于总梗的上端,卵圆形、椭圆状卵圆形或近球形,长1.8~2.5 cm,顶端中央有尖头。花期3~4月,种子成熟期10~11月。

分布　我国特有树种,主要产于我国长江流域及以南地区。安阳市区园林有栽培。

生态学特性　喜光,喜温凉湿润气候及富含有机质的壤土;生长缓慢,但有较强的萌芽力;有一定的耐寒力。播种或扦插繁殖。

利用价值及利用现状　可作耐阴园林树种,耐修剪,其园艺品种又宜做切花装饰材料。其叶、枝、种子及根可提取多种植物碱,对治疗白血病等有一定疗效。种子可榨油,可用于制皂、润滑油。

安阳公园绿地有栽培。

第九节　红豆杉属

红豆杉属 *Taxus* L.,乔木,树皮裂成薄条片脱落。小枝不规则互生,冬芽具有覆瓦状鳞片。叶条形,螺旋状着生,基部扭转排成假2列,叶内无树脂道。雌雄异株,球花单生叶腋;雄球花球形,有梗,雄蕊6~14,每雄蕊有花药4~9;雌球花近无梗,珠托圆盘状。种子坚果状,当年成熟,生于红色杯状肉质假种皮中;子叶2,发芽时出土。

中国南北各地均适宜种植。安阳本次普查1种。

南方红豆杉 *Taxus mairei* (Leme. et Levl.) S. Y. Hu ex Liu

别名　红豆杉、美丽红豆杉

形态特征　常绿乔木,高可达10 m以上。叶条形或披针状条形,常呈弯镰状,长1.5~3.5 cm,宽2.5~4 mm,上部常渐窄,先端渐尖,中脉隆起,明晰可见,下面中脉带上局部有成片或零星的角质乳头状突起点,稀无角质乳头状突起点,叶面绿色,背面浅绿色。种子通常较大,倒卵圆形或柱状长圆形,长6~8 mm,径4~5 mm,微扁,上部较宽,具2纵脊,种脐椭圆形或近三角形。

分布　我国特有树种,产于甘肃、陕西、四川、云南、贵州、湖北、湖南、安徽、广西、河南等省区。林州石板岩有星散分布。

生态学特性　亚热带树种,喜温暖湿润气候,以及深厚肥沃、排水良好的酸性土壤,在中性土、钙质土山地也能生长。

利用价值及利用现状　为国家一级重点保护野生植物,为优良珍贵树种。集药用、材用、观赏于一体,具有极高的开发利用价值。

第五章　阔叶用材树种和园林绿化树种

第一节　杨属

杨属 *Populus* L.，乔木。树干端直；有顶芽，稀无顶芽，芽鳞多数。有长枝和短枝之分；萌枝髓心近五角状。叶互生，较宽大；叶柄较长。雌雄花序均下垂，先叶开花；苞片膜质，先端不规则条裂，早落；花盘杯状；雄蕊4至多数，花药暗红色，花丝较短，离生；子房着生于花盘基部，花柱短，柱头2~4裂。蒴果2~4裂。

喜光，速生，适应性强，经济效益好，很受国内外重视。

木材易加工，供建筑、板材、火柴杆、卫生筷和造纸等用；叶为牛、羊饲料；为用材林、防护林和"四旁"绿化的优良树种。

安阳市本次普查有16种15品种。

Ⅰ、白杨组 Sect. Populus

形态特征　树皮常灰白色，光滑；老树基部粗糙或暗褐色纵裂。长枝叶背有茸毛；短枝叶毛较少或无；叶柄侧扁或近圆柱形。苞片条状分裂，边缘有长毛，柱头2~4裂；雄蕊5~20。蒴果长椭圆形，常2裂。

中国产有10种13变种7变型。

一、毛白杨 *Populus tomentosa* Carr.

别名　大叶杨、响杨

形态特征　乔木，高达30 m，胸径2 m。树冠卵圆形或卵形；树干高大通直；树皮幼时暗灰色，壮时灰绿色至灰白色，皮孔菱形，散生或横向连生，雌株较光滑，雄株较粗糙，老树皮暗褐色，深纵裂。长、短枝初被灰白色茸毛，后渐无毛。叶芽卵形，花芽卵圆形或近球形，紫褐色。长枝上叶片三角状卵形或宽卵形，长10~15 cm，宽8~13 cm，先端短渐尖，基部心形或平截，边缘有不规则缺刻或波状齿，表面深绿色，背面密被灰白色茸毛，后渐脱落；叶柄上部侧扁，长3~7 cm，初有毛，顶端常有2~4腺点；短枝上叶通常较小，三角状卵形或卵圆形，长5~12 cm，宽4~10 cm，先端渐尖，表面深绿色有光泽，背面渐无毛，边缘波状齿；叶柄侧扁，先端无腺点。雄花序长10~17 cm；雄蕊6~12，花药深红色；雌花序长7~14 cm；苞片深褐色，先端尖裂，边缘被长毛；子房长椭圆形，柱头2裂，各又2浅裂，粉红色。果序长7~22 cm；蒴果长卵形，2裂。花期3月，果期4月。

分布　中国特产，分布广泛，主要分布于我国北部和西北部，以黄河流域中下游为中心分布区。常生于海拔700 m以下的山区和平原。安阳地区平原绿化常见树种，广泛栽培。

生态学特性　喜光，要求凉爽湿润气候，较耐寒冷；对土壤要求不严，适生于黏土、壤土、沙壤土或轻盐碱地，其中以中壤土最好，在干旱瘠薄和积水低湿地生长不良。抗烟性和抗污染能力强，深根性，较耐旱。生长快，尤其在15～20年高生长最快，此后逐渐变慢，而加粗生长变快，一般15年生树高可达18 m，胸径22 cm。寿命可达200年以上，但一般在40年左右后即开始衰退。主要用埋条、留根、插条（须加处理）、嫁接、播种等繁殖。

利用价值及利用现状　树姿雄伟，树干光滑通直，材质优良，生长快，适应性强，是重要的优良用材林、防护林、城乡"四旁"绿化树种。木材白色，纹理细，易加工，油漆及粘胶性能好，雄株木纤维比雌株好；供建筑、家具、胶合板、木模、箱板、造纸和人造纤维等用。

安阳地区广泛栽培，是营造用材林、防护林、城乡"四旁"及通道绿化的重要树种，栽培表现良好。内黄县等地区毛白杨育苗量较大。

二、山杨 *Populus davidiana* Dode

别名　红心杨

形态特征　落叶乔木，高达25 m，胸径达60 cm。树冠圆形或卵形；树皮灰绿色，光滑，老树基部黑色粗糙。小枝圆柱形，灰绿色至棕色，无毛，萌条被柔毛。叶芽卵状圆锥形，花芽近球形，无毛，微有黏脂。叶片三角状卵圆形或近圆形，长宽近相等，长3～6 cm，先端钝尖或短尖，基部圆形、平截或浅心形，边缘有密波状浅齿，初被疏柔毛，后变光滑；萌枝叶片较大，三角状卵圆形，背面被柔毛；叶柄侧扁，长2～6 cm。花序轴被毛；苞片棕褐色，掌状条裂，边缘密被白色长毛；雄花序长5～9 cm，雄蕊5～12，花药紫红色；雌花序长4～7 cm，子房圆锥形，柱头2深裂，每裂又2深裂，呈红色。蒴果卵状圆锥形，长约5 mm，具短柄，2裂。花期4～5月，果期5～6月。

分布　主要分布于东北、华北、西北地区。林州太行山区有分布。

生态学特性　喜光，耐侧方庇阴，耐寒，对土壤要求不严，在微酸性至中性土壤上皆能生长。无主根，水平根系发达，根的分蘖能力很强，为采伐迹地和火烧迹地天然更新的先锋树种，形成山杨纯林或与桦木等组成混交林。插条不易成活，分根、分蘖和种子繁殖。

利用价值及利用现状　木材白色，质轻而软，纹理通顺，富弹性，可作为建筑、家具、筷子、造纸和火柴杆等用；树皮入药，主治肺脓肿，也可提取栲胶；萌枝条可编筐；幼枝及叶为动物饲料。是绿化荒山和水源涵养林树种。

三、响叶杨 *Populus adenopoda* Maxim.

形态特征　乔木，高达30 m，胸径1 m。树冠卵形；树皮灰白色，光滑，老时深灰色，浅纵裂。嫩枝淡绿色，被柔毛，老枝灰色，无毛。冬芽圆锥形，灰褐色，无毛，有黏质。长枝上的叶片卵形至卵状三角形，长5～15 cm，宽4～7 cm，先端长渐尖，基部截形或心形，稀近圆形，边缘有内曲圆锯齿，齿端有腺点，表面无毛，或沿脉有柔毛，背面幼时密被柔毛，后脱落；短枝上的叶片较小，卵形至卵圆形，长5～8 cm，宽4～6 cm；叶柄侧扁，长2～8 cm，顶端有2个大腺点。雄花序长6～10 cm，雄蕊7～9，花药黄色，苞片条裂，边缘有长毛。果序长12～20 cm。蒴果长椭圆形，先端尖，无毛，2裂，有短柄。花期3～4月，果期4～5月。

分布 分布于陕西、河南、安徽、江苏、浙江、江西、福建、湖北、湖南、广西、四川、贵州、云南等地。安阳市太行山区、东部平原地区有栽培。

生态学特性 喜光,喜温暖湿润气候,不耐严寒,生长较快,20 年生胸径可达 22 cm。种子或分蘖繁殖,插条不易成活。

利用价值及利用现状 木材白色或浅黄白色,纹理直,材质较硬,板材易裂,供建筑、家具、造纸等用;根、树皮可入药;防风固沙树种,绿化树种。

安阳地区有栽培,近年来,栽培量较小。

Ⅱ、青杨组 Sect. Tacamahaca Spach

树皮纵裂。芽大,富黏质,有香味。叶表面绿色,背面通常苍白色,长、短枝叶片形状不同,边缘不具半透明狭边;叶柄圆柱形,有沟槽。雄蕊 18 ~ 60,花药长椭圆形或近球形;柱头 2 ~ 4 裂;花柱短或无。蒴果 2 ~ 4 裂,花盘宿存。

本组中国产和引种共 37 种 29 变种 11 变型。

小叶杨 *Populus simonii* Carr.

别名 河南杨、明杨、甜叶杨、菜杨、水桐杨

形态特征 乔木,高达 22 m,胸径 80 cm。树冠卵圆形;树皮灰绿色,老时暗灰色,纵裂。幼树小枝及萌枝有棱,老树小枝圆柱形,细而密,无毛,常为红褐色。冬芽细长,先端长尖,稍有黏质,棕褐色,无毛。萌发枝上的叶片倒卵形,先端短渐尖,基部楔形,脉带红色;短枝上的叶片菱状卵形、菱状椭圆形或菱状倒卵形,长 3 ~ 12 cm,宽 2 ~ 8 cm,中部或中部以上最宽,先端渐尖或突尖,基部楔形或窄圆,表面淡绿色,背面苍白色,边缘有细钝锯齿,无毛。叶柄圆筒形,长 0.5 ~ 4 cm,无毛,常带红色。雄花序长 4 ~ 7 cm,花序轴无毛,苞片细条裂,雄蕊 8 ~ 9;雌花序长 3 ~ 6 cm,苞片绿色,无毛,柱头 2 裂。果序长达 15 cm;蒴果小,2 ~ 3 裂,无毛。花期 4 ~ 5 月,果期 5 ~ 6 月。

分布 中国原产树种,在我国分布广泛,东北、华北、西北及西南各省区均有分布,安阳市西部太行山区广泛分布,山区多天然林,平原多栽培。

生态学特性 喜光,适应性强,对气候和土壤要求不严,耐旱,抗寒,能忍受 40 ℃高温和 −36 ℃低温,在沙壤土、轻壤土、黄土、冲积土、灰钙土上均能生长,但在湿润肥沃土壤上生长最好,在干旱瘠薄、沙荒茅草地上生长不良。根系发达,萌芽力强,抗风沙,生长较快。插条、埋条和播种繁殖。

利用价值及利用现状 木材轻软,易加工,可供建筑、家具、造纸、火柴杆、胶合板、人造纤维等用;树皮可提取栲胶;叶可作家畜饲料;树形美观,叶片秀丽,适应性强,为防风固沙林、水土保持林和"四旁"绿化的重要树种。

安阳地区良好的防风固沙、保持水土、固堤护岸及"四旁"绿化观赏树种。

Ⅲ、黑杨组 Sect. Aigeiros Duby

树皮纵裂。芽富黏质。叶片常为三角状卵形或菱状卵形,先端长渐尖,基部平截或宽楔形,边缘半透明,钝圆锯齿,两面皆为绿色,均有气孔;叶柄长两侧扁。雄蕊 15 ~ 20,稀

60，花药近球形或椭圆形；柱头2裂，无花柱；蒴果2～4裂，花盘宿存。

中国有8种5变种10栽培变种。

一、加杨 *Populus canadensis* Moench.

别名　加拿大杨

形态特征　大乔木，高达30 m，胸径1 m。树冠卵形；树皮灰褐色，深纵裂。小枝圆柱形，常有棱角，无毛，稀微被柔毛；芽大，先端反曲，富黏质；叶片三角形或三角状卵形，长7～10 cm，长枝和萌枝叶片较大，长10～20 cm，先端长渐尖，基部截形或宽楔形，无腺点，稀1～2腺点，边缘半透明，圆锯齿，初有短缘毛；叶柄侧扁，长6～10 cm。雄花序长7～15 cm，无毛，每花雄蕊15～25；苞片丝状尖裂，花盘全缘；雌花序长3～5 cm，子房卵圆形，柱头2～3裂；果穗长10～20 cm；蒴果卵圆形，2～3瓣裂。花期4月，果期5月。

分布　原产北美洲东部，于19世纪中叶引入中国。除广东、云南、西藏外，全国各地均有引种栽培。安阳地区曾广为栽培。

生态学特性　喜温暖湿润气候，耐寒冷，喜湿润土壤，耐瘠薄及微碱性土壤，耐旱性不及小叶杨。生长迅速。插条或种子繁殖。

利用价值及利用现状　木材白色带淡黄褐色，纹理直，易加工；供建筑、家具、包装箱、火柴杆、人造纤维等用；树皮含鞣质，可提制栲胶；树体高大，树冠宽阔，叶片大而具有光泽，夏季绿荫浓密，是良好的绿化树种。

安阳地区常用作用材树种，同时作行道树、庭荫树及防护树种；适应性强、生长快，是安阳市较常见的绿化树种之一。

种质资源　加杨因栽培地区广泛，历史较长，经杂交产生了许多栽培品种。

1. 欧美107杨 *Populus × euramericana* 'Neva'

乔木，树干通直，尖削度小，侧枝较细，冠幅小，具有一定的抗寒、抗旱和抗病虫害能力，对土壤环境要求不严，适应性强，在安阳地区主要在用材林、防护林和城乡绿化中广泛应用。

2. 欧美108杨 *Populus × euramericana* 'Guariento'

乔木，干形好，落叶期晚，材质好，轮伐期短，具有一定的耐低温、耐旱和抗病虫、抗溃疡病能力，对土壤环境要求不严，适应性广泛，适于我国东北的吉林、辽宁，华北、华东、西北大部分地区以及西南部分地区。安阳地区主要的工业用材和防风固沙、乡村道路绿化树种。

二、黑杨 *Populus nigra* L.

形态特征　落叶乔木，树高20～25 m，树干较直。树冠广阔椭圆形。幼树皮青灰色；老树皮暗灰色，沟裂。树枝粗大，向上伸展，小枝圆柱形，无棱。芽长卵形，红褐色，有黏液，花芽先端向外弯曲。叶菱形、菱状卵圆或角形，基部楔形，初生叶长6～9 cm，叶宽7～10 cm，先端长渐尖，边缘具圆齿；叶柄侧扁，红色，长4～5 cm。老枝上叶长3～6 cm，叶宽3～5 cm；叶柄长2～3 cm，绿色。雄花序长4～6 cm，每序有小花80～105朵，每花有雄蕊15～30枚，苞片不规则条裂，深褐色，花药橘红色。雌花序长8～10 cm，每穗有小花30～

40 朵,花疏生,苞片具深褐色裂片,柱头 2 裂,淡黄色,子房卵圆形。果穗长 10 ~ 12 cm,蒴果卵圆形, 2 瓣裂。花期 4 ~5 月,果 6 月成熟。

分布　分布于新疆。北方地区有少量引种。安阳地区有少量栽培。

生态学特性　抗寒、喜光,不耐盐碱,不耐干旱,冲积沙质土上生长良好。用种子和插条繁殖。

利用价值及利用现状　材质软、轻,木材供家具和建筑用;皮可提取单宁,并可作黄色染料;树形圆柱状,丛植于草地或列植堤岸、路边,用于“四旁”绿化,护渠、护岸。

安阳地区有少量栽培。

三、钻天杨 var. *italica* (Moench.) Koehne

别名美杨、美国白杨,乔木,树冠圆柱形;树皮暗褐色,老时黑褐色,纵裂;侧枝直伸而靠近树干,小枝圆柱形。冬芽卵形,有黏质,先端长尖。长枝叶片扁三角形,先端短渐尖,基部平截或宽楔形。花期 4 月,果期 5 月。喜光,抗寒,耐干旱气候,稍耐盐碱,在低洼积水处生长不良。易遭病虫害,已逐渐被淘汰。但作为杨树育种亲本之一,科研部门应注意适当保护,以防绝种。木材轻软,供造火柴杆、造纸等用。安阳地区有零星栽培。

第二节　柳属

柳属 *Salix* L. ,乔木或灌木。小枝髓心近圆形。无顶芽,侧芽单生,芽鳞 1 枚。叶互生,稀对生;叶片常狭而长,多为披针形;叶柄短;有托叶。花单性,雌雄异株;葇荑花序直立或斜展;苞片全缘,常宿存;雄蕊 2 至多数,花丝较长,离生或部分或全部合生,花药多黄色;花有腺体(位于花序轴与花丝之间者为腹腺,近苞片者为背腺);雌蕊 2,心皮合生,子房无柄或有柄,花柱明显或近无,柱头 1 或 2 裂。蒴果 2 裂;种子小,基部有白色丝状长毛。

中国 257 种,各省(区、市)均产。安阳市本次普查有 10 种 1 品种。

一、旱柳 *Salix matsudana* Koidz.

别名　柳树

形态特征　乔木,高达 20 m,胸径 80 cm。树冠卵圆形或倒卵形,树皮深灰至灰黑色,不规则纵裂。大枝直立或斜上;幼枝有毛,后脱落;小枝绿色或黄绿色,无毛。芽微被柔毛。叶片披针形或条状披针形,长 5 ~ 10 cm,宽 10 ~ 15 cm,先端长渐尖,基部窄圆或楔形,边缘有细腺齿,两面无毛,表面绿色,有光泽,背面苍白色,幼叶有丝状柔毛;叶柄长 5 ~8 mm,疏生柔毛;托叶披针形,早落。花与叶同时开放;雄花序圆柱形,长 1.5 ~2.5 cm,粗约 6 mm,有短梗,序轴有毛;雄蕊 2,花丝分离,基部有长柔毛,花药卵形,黄色;苞片卵形,黄绿色,背面基部有短柔毛;腺体 2,背腹各 1;雌花序比雄花序短,长达 2 cm,粗 4 mm,有短梗,基部生 3 ~5 小叶,序轴有长毛;子房长椭圆形,无毛,无柄,无花柱或很短,柱头 2 裂;苞片同雄花;腺体 2,背生和腹生。蒴果 2 瓣裂。花期 4 ~5 月,果期 5 ~6 月。

分布　原产我国,全国广为分布。安阳平原地区常见。

生态学特性　喜光,喜湿润,抗寒冷,深根性,适应性强,在通气良好的沙壤土、轻壤土、中壤土上生长迅速。在黏土或积死水的低洼地容易烂根,引起枯梢而逐渐死亡。在沿海沙地及轻盐碱地上也能生长。插条或种子繁殖。

利用价值及利用现状　木材白色,轻软,可供建筑、家具、农具、包装箱板、菜板、胶合板、造纸等用;树皮可提制栲胶;枝条烧炭供绘图和制火药用;细枝可编织;叶可作饲料;为早春蜜源植物,枝条柔软,树冠丰满,又是城乡绿化、用材林、防护林和水土保持的优良树种。

安阳地区主要用于西部山区水土保持和东部平原生态防护林及"四旁"绿化,也常用于庭园观赏与行道树绿化。

种质资源　安阳市本次普查旱柳有变种 2 变形 1 品种。

1. 龙爪柳 *f. tortuosa* (Vilm.) Rehd.

落叶灌木或小乔木,株高可达 3 m,小枝绿色或绿褐色,不规则扭曲;叶互生,线状披针形,细锯齿缘,叶背粉绿,全叶呈波状弯曲;单性异株,葇荑花序,蒴果。枝条盘曲,特别适合冬季园林观景,也适合种植在绿地或道路两旁。

2. 馒头柳 *f. umbraculifera* Rehd.

分枝密,端梢整齐,树冠半圆形,状如馒头,喜光,耐寒,耐旱,耐水湿,耐修剪,适应性强,遮阴效果好,是北方地区主要造林和园林绿化树种。河北保定、河南、山西、北京等地有栽培,作行道树和公园绿化用,可孤植、丛植及列植。

二、垂柳 *Salix babylonica* L.

别名　倒栽柳、水柳、垂丝柳

形态特征　乔木,高达 18 m。树皮灰黑色,不规则纵裂;树冠倒广卵形。小枝细长下垂,无毛,仅幼嫩部分稍有毛。叶片狭披针形或条状披针形,长 9 ~ 16 cm,宽 5 ~ 15 mm,先端长渐尖,基部楔形,边缘有细腺齿,表面绿色,背面淡绿色,幼时微有毛,后渐脱落;叶柄长 5 ~ 12 mm,有短柔毛;托叶斜披针形,早落。花与叶同时开放;雄花序长 1 ~ 2 cm,有短梗,轴有毛;雄蕊 2,花丝分离,与苞片近等长或较长,基部有白色柔毛,花药红黄色;苞片披针形,外面基部有毛;腺体 2,背腹各 1;雌花序长 2 ~ 3 cm,有梗,基部有 3 ~ 4 小叶,轴有毛;子房椭圆形,无毛或下部有毛,无柄或近无柄,花柱短,柱头 2 ~ 4 裂;苞片同雄花;腺体 1,腹生。蒴果长约 4 mm,2 裂,黄褐色。花期 4 月,果期 5 月。

分布　主要分布在长江流域和黄河流域,全国各地普遍栽培。安阳市城乡绿化多栽培。

生态学特性　喜光,耐水湿,平原地区水边常见,根系发达,生长快,15 年生高达 15 m,胸径 24 cm。萌发力强。插条和种子繁殖。

利用价值及利用现状　木材供家具、农具、菜板、箱板、胶合板和造纸等用;枝条供编织;树皮可提制栲胶;叶和茎皮含水杨糖苷,能利尿消肿、解热止痛;叶还可作羊饲料;枝条细长,柔软下垂,随风飘舞,姿态优美潇洒,是著名的风景树和行道树。

安阳地区重要的园林绿化树种,常作庭荫树、行道树、公路树的重要树种,也常用于工厂绿化,还是固堤护岸的重要树种。

三、中华柳 *Salix cathayana* Diels

形态特征 灌木,高达 2 m,多分枝。小枝褐色或灰褐色,初被茸毛,后脱落。芽卵圆形或长圆形,初被茸毛,后无毛。叶片长椭圆形或椭圆状披针形,长 1.5 ~ 5.2 cm,宽 6 ~ 15 mm,先端钝或急尖,基部宽楔形,表面深绿色,有时被茸毛,背面苍白色,无毛,全缘;叶柄长 2 ~ 5 mm,稍被柔毛。雄花序长 2 ~ 4 cm,密花,序梗长 5 ~ 15 mm,被柔毛,具 3 ~ 6 小叶;雄蕊 2,花丝离生,花丝下部有疏长柔毛,长为苞片的 2 ~ 3 倍,花药黄色;腺体 1,腹生,长圆形;苞片卵圆形,具缘毛,黄褐色;雌花序狭圆柱形,长 3 cm,稀 5 cm,有短梗,花密集;子房椭圆形,长约 3 mm,无毛,无柄,花柱短,柱头 2 裂;苞片倒卵状长圆形,有缘毛,腺体 1,腹生。蒴果近球形,无柄或近无柄。花期 4 月,果期 5 月。

分布 河北、河南、湖北、陕西、四川、云南等。安阳市太行山区有零星分布。

生态学特性 喜光,耐寒,生于山坡、山谷溪旁或杂木林中。

利用价值及利用现状 枝叶可入药;薪炭材;可用作水土保持树种。

四、中华黄花柳 *Salix sinica*(Hao) C. Wang et C. F. Fang——S. caprea L. var. sinica Hao

别名 黄花柳

形态特征 小乔木或呈灌木状,高达 7 m。树皮灰褐色,浅纵裂。1 年生枝粗壮,黄绿色或紫红色,初有柔毛,后无毛。芽卵形,红棕色,无毛。叶形多变化,叶片常为椭圆形、椭圆状披针形或宽卵形,长 3 ~ 8 cm,宽 1.5 ~ 3 cm,先端短渐尖或急尖,基部楔形或圆楔形,幼叶有毛,后无毛,表面深绿色,背面苍白色,多全缘,在萌枝或小枝上部的叶片较大,表面有皱纹,背面有灰白色茸毛,边缘有不规则牙齿;叶柄长 8 ~ 12 mm,无毛或被疏毛;托叶斜肾形,早落。花先叶开放;雄花序阔椭圆形,长 2 ~ 3 cm,粗 1.8 ~ 2 cm;雄蕊 2,离生,花丝比苞片长 1 ~ 2 倍,花药黄色;腺体 1,腹生;雌花序长 3 ~ 4 cm,粗 7 ~ 9 mm,无梗;子房狭圆锥形,被短柔毛,有柄,长约为子房的 1/3,花柱短,柱头 2 裂;苞片椭圆状卵形,褐色或黑色,两面密被白色长毛;腹腺 1。果序长达 10 cm,蒴果狭圆锥形,长 7 ~ 9 mm,被灰色短柔毛,果柄与苞片近等长。花期 4 ~ 5 月,果期 5 ~ 6 月。

分布 分布于华北、西北、内蒙古等地。安阳市太行山区有分布。

生态学特性 喜光,喜冷凉气候,耐寒,生于山谷溪旁、山坡林缘,常与山杨、桦木等混生。

利用价值及利用现状 木材白色,质轻,供家具、农具和造纸等用;树皮纤维洁白细长,为人造棉原料;嫩枝条可编筐,也可用来提取栲胶原料;为水土保持和蜜源树种。

五、腺柳 *Salix chaenomeloides* Kimura

别名 河柳

形态特征 小乔木,高达 6 m。小枝红褐色,有光泽。叶片椭圆形、卵圆形或椭圆状披针形,稀倒卵状椭圆形,长 4 ~ 8 cm,宽 1.8 ~ 4 cm,先端渐尖或急尖,基部楔形,稀近圆形,两面光滑无毛,背面苍白色,边缘有腺齿;叶柄长 5 ~ 12 mm,先端有腺点;托叶半圆形或长圆形，有腺齿，早落。雄花序长 4 ~ 5 cm，粗 8 mm，花序梗和序轴有柔毛；苞片卵圆形，长约 1 mm；雄蕊 5，花丝长为苞片的 2 倍，基部有毛，花药黄色，球形；具背、腹腺；雌花序长 4 ~ 5.5 cm，粗达 10 mm，花序梗长 2 cm，序轴有茸毛；子房狭卵形，无毛，有长柄，无花柱，柱头头状或微裂；苞片椭圆状倒卵形，与子房柄等长或稍短；腺体 2，背腺小。蒴果长 3 ~ 7 mm，2 裂，稀 3 裂。花期 4 月，果期 5 月。

分布　分布于河北、河南、山东、山西、陕西、安徽、江苏、浙江等。安阳市地区有少量分布和栽培。

生态学特性　喜光，喜湿润，生于溪流两边、河滩地或杂木林中。插条和种子繁殖。

利用价值及利用现状　木材供家具、农具等用；枝条供编织；树形美观，色彩亮丽，为蜜源树种。

种质资源　安阳市本次普查腺柳有腺叶腺柳 1 变种。

第三节　枫杨属

枫杨属 *Pterocarya* Kunth，落叶乔木。小枝髓心片状，冬芽裸露或具芽鳞 2 ~ 4，常具柄，腋芽常数个叠生。多为奇数，稀为偶数羽状复叶，叶缘具细锯齿。葇荑花序下垂；雄花序单生叶腋，花无柄，花被片 1 ~ 4，雄蕊 6 ~ 18，基部具 1 苞片及 2 小苞片；雌花序单生枝顶，花极多，果时下垂，无柄，贴生于苞腋，具 2 小苞片，花被 4 裂，贴生于子房，于顶端分离，子房下位，2 心皮合生。坚果具翅（由 2 小苞片发育而成），种子 1，子叶 4 裂，萌发后出土。

中国 7 种 1 变种，南北均产，主要分布于西南地区。安阳市本次普查 1 种。

枫杨 *Pterocarya stenoptera* DC.

别名　麻柳

形态特征　树高达 30 m，胸径 1 m。树皮灰褐色，幼时平滑，老时深纵裂。1 年生枝径 3 ~ 6 mm，黄棕色或黄绿色，无毛；2 年生枝灰绿色，皮孔淡褐色、圆形，被锈色腺鳞，髓心褐色，叶痕倒三角形或“V”字形，裸芽具柄，密被锈褐色腺鳞。叶多为偶数羽状复叶，长 14 ~ 45 cm，叶轴具窄翅；小叶 10 ~ 28，叶片纸质，长圆至长圆状披针形，长 4 ~ 11 cm，宽 14 cm，先端尖或钝，基部歪斜或圆形，叶缘具内弯细锯齿；表面深绿色，被腺鳞，背面黄绿色，疏被腺鳞，沿脉被褐色毛，腋簇生毛。雄花序生去年叶腋、长 5 ~ 10 cm；雌花序生新枝顶，花序轴密被柔毛。果序长 20 ~ 40 cm，坚果具 2 斜展果翅。花期 5 ~ 6 月，果期 9 月。

分布　我国中部、中南部。安阳市太行山区有分布，市区有栽培。

生态学特性　深根性。喜光，不耐庇荫。喜温暖湿润气候，耐水湿及轻盐碱。于河滩、溪谷、低湿沙壤土中生长最佳。

利用价值及利用现状　材质轻软，可供包装箱、火柴杆等用材；树皮纤维可代麻，也可为造纸、人造棉原料；树皮和枝皮可提取栲胶；叶、皮药用；果实可作饲料和酿酒；种子榨油供工业用；作庭院树或行道树。

安阳市常用的绿化树种，作行道树、“四旁”树种，也成片种植或孤植于草坪及坡地。

第四节　桦木属

桦木属 *Betula* L.，乔木或灌木；树皮平滑或开裂。幼枝、幼叶常具树脂点或腺体。单叶互生，叶脉羽状，多具重锯齿，具叶柄，托叶早落。花单性，雌雄同株，葇荑花序；雄花序2~4枚簇生或单生于1年生枝顶端或侧生，每苞鳞内具2枚小苞片及3朵雄花；雄花具花被，花被片4裂，雄蕊2；雌花序单生或2~5枚簇生于短枝顶端，圆柱状至卵圆形，每苞鳞内有3朵雌花；雌花无花被，子房扁平，2室，每室具1枚倒生胚珠。果苞革质，3裂，内有3枚小坚果。小坚果扁平，具或宽或窄膜质翅，顶端具2枚宿存柱头。

中国约31种，全国均有分布。安阳市本次普查5种。主要分布于山区，为组成次生林的主要树种和重要的用材树种。

白桦 *Betula platyphylla* Suk.

别名　桦树、白桦木、桦木

形态特征　乔木，高可达26 m，胸径达80 cm。树皮白色或灰白色，具白粉，纸质或膜质，分层剥落。小枝红褐色，无毛，常被蜡层，或稀或密具树脂点。叶片三角形或卵状三角形，偶有菱状三角形，长3~9 cm，宽2~7 cm，先端渐尖、锐尖，偶有尾尖，基部截形至楔形，边缘具重锯齿，有时具缺刻状重锯齿或单锯齿，幼时表面疏被毛和腺点，成熟后光滑，背面无毛，密生腺点，侧脉5~9对；叶柄长1~3 cm，果苞长5~7 mm，中裂片三角形，侧裂片近卵形，斜展或微下弯。小坚果椭圆形、矩圆状倒卵形或矩圆形，长约2 mm，膜质翅与小坚果近等宽。花期5~6月，果期8~9月。

分布　东北、华北、西北和西南等地均有分布。安阳市太行山区海拔1 000 m以上有分布。

生态学特性　喜光，也耐庇荫，喜生于湿润肥沃土壤，也耐一定程度的干旱瘠薄，生于海拔1 000~2 000 m的山坡、山脊及山谷。种子或萌芽更新繁殖。

利用价值及利用现状　木材纹理直，结构细，可供建筑、家具之用；树皮可提取桦油，常用以制作日用器具；桦汁为上乘的天然饮料；木材和叶可作黄色染料，枝叶清秀，树皮洁白，也可作庭园观赏树。

安阳市园林绿化中有少量栽培，市区游园绿地有栽培。

第五节　栎属

栎属 *Quercus* L.，落叶或常绿乔木，稀灌木。小枝具顶芽，芽鳞数片，覆瓦状排列。叶螺旋状互生，叶缘具锯齿、缺刻或裂片；托叶早落。雄花序下垂；花被4~7裂，雄蕊与花被裂片同数或有时较多；雌花单生或成短花序，稀较长，花被5~8裂，柱头3裂，子房3室。坚果单生于杯状或碗状壳斗内，壳斗外壁小苞片鳞片状、瘤状，条状披针形或粗刺状。

中国有49种，各地均产。安阳市本次普查有9种。多为组成阔叶林的重要树种。

一、栓皮栎 *Quercus variabilis* Bl.

别名　粗皮栎、软木栎、橡树

形态特征　落叶乔木，高达30 m，胸径达1 m。树皮灰褐色，纵裂，木栓层发达。小枝无毛，冬芽圆锥形。叶片卵状披针形或长椭圆形，长8～15 cm或更长，宽2～7 cm，先端渐尖，基部圆形或宽楔形，叶缘具芒状锯齿，侧脉13～18对，叶背面被灰白色星状毛；叶柄长1～5 cm，无毛。雄花序长8～14 cm；雌花生于当年生枝叶腋。壳斗碗形，包着坚果1/2左右，直径2～4 cm；小苞片粗刺形，反曲；坚果球形或宽卵形，直径约1.5 cm。花期3～4月，果期翌年9～10月。

分布　分布北至辽宁、西至甘肃、南至广东、东至台湾多个省区。林州太行山区有天然次生林。

生态学特性　喜光，喜温暖，耐干旱，常生于低山阳坡；生长较快。

利用价值及利用现状　树皮木栓层较厚，是我国生产软木的主要原料；树皮含蛋白质；栎实含淀粉、单宁；树皮、壳斗可提制栲胶；种子淀粉可作猪饲料、酿酒或工业用。

林州太行山区有天然次生林分布，为营造防风林、水源涵养林及防护林的优良树种。

二、麻栎 *Quercus acutissima* Carr.

别名　栎树、橡树

形态特征　落叶乔木，高达30 m，胸径达80 cm。树皮灰褐色，深纵裂。幼枝被柔毛；冬芽圆锥形。叶片卵状披针形或长椭圆状披针形，长8～19 cm，宽2～6 cm，先端长渐尖，基部圆形，叶缘具刺芒状锯齿，侧脉13～18对，幼时被柔毛，成长叶无毛或叶背脉上、脉腋有毛；叶柄长1～3(～5)cm。雄花序长5～9 cm；雌花1～3朵生于叶腋。壳斗碗形，包着坚果1/2，直径2～4 cm，小苞片粗刺状，反曲；坚果卵形或椭圆形，长1.7～2.2 cm，宽1.5～2 cm，顶端圆形。花期3～4月，果期翌年9～10月。

分布　华北、华东、中南及辽宁、陕西、甘肃、四川、贵州等地有分布。林州太行山区有分布。

生态学特性　喜光、喜温暖，常生于向阳山坡；生长快，种子繁殖。

利用价值及利用现状　木材坚重，耐腐朽，供枕木、坑木、桥梁、地板等用材；树叶含蛋白质，可用于饲养柞蚕；种子含淀粉，可作饲料和工业用淀粉；壳斗、树皮可提取栲胶。

三、槲栎 *Quercus aliena* Bl.

别名　小叶波罗、青冈、大叶青冈

形态特征　落叶乔木，高达20 m。树皮灰褐色，纵裂。小枝近无毛。叶片长椭圆状倒卵形，长10～20 cm，宽5～13 cm，先端钝尖，基部楔形或圆形，叶缘波状钝齿，侧脉10～15对，叶背面被灰色细茸毛，稀近无毛；叶柄长1～1.3 cm，近无毛。雄花序长4～8 cm；雌花2～3朵，生于新枝叶腋。壳斗杯形，包着坚果1/2左右，直径1.2～2 cm；小苞片鳞片状，长约2 mm。坚果椭圆形至卵形，长1.7～2.5 cm，宽1.3～1.8 cm。花期4～5月，果期9～10月。

分布　分布于辽宁、河北、陕西、华东、中南、西南等地。林州太行山区有分布。

生态学特性　喜光，耐干旱瘠薄，喜酸性至中性土壤。用种子繁殖。

利用价值及利用现状　木材坚硬，耐腐，纹理致密，供建筑、家具及薪炭等用材；种子富含淀粉，壳斗、树皮富含单宁。

四、槲树 *Quercus dentata* Thunb

别名　柞栎、大叶波罗

形态特征　落叶乔木，高达 25 m。树皮暗灰色，深纵裂。小枝粗壮，有沟槽，密被星状毛；冬芽宽卵形，密被茸毛。叶片倒卵形、长倒卵形，长 10 ~ 30 cm，宽 6 ~ 20 cm，先端钝尖，基部常耳形，叶缘波状齿或裂片，侧脉 4 ~ 10 对，叶背面密被星状毛；叶柄长 2 ~ 5 mm。雄花序长 4 ~ 10 cm；雌花序生于新枝上部叶腋。壳斗碗形，包着坚果 1/2 以上，直径 2 ~ 5 cm，小苞片条状披针形，长约 1 cm，红棕色，反曲。坚果卵形，长 1. 5 ~ 2 cm，顶端有宿存花柱。花期 4 ~ 5 月，果期 9 ~ 10 月。

分布　自东北、华北、华中至西南。林州太行山区有分布。

生态学特性　喜光、喜深厚沙质壤土，常生于阳坡、半阳坡和山谷。

利用价值及利用现状　材质坚硬、耐磨，供坑木、地板等用材；其幼叶可供养蚕；种子含淀粉，可食用或酿酒。

五、辽东栎 *Quercus liaotungensis* Koidz.

别名　柴树、小叶青冈

形态特征　落叶乔木，高达 15 m。树皮灰褐色，纵裂。小枝灰绿色，无毛。叶片倒卵形、长倒卵形，长 5 ~ 17 cm，宽 2 ~ 10 cm，先端圆钝或短渐尖，基部窄圆形或耳形，叶缘具波状齿，侧脉 6 ~ 9 对，叶背无毛；叶柄长 2 ~ 5 mm，无毛。雄花序长 5 ~ 7 cm，雌花序长 0. 5 ~ 2 cm。壳斗碗形，包着坚果 1/3 ~ 1/2，直径 1. 2 ~ 1. 5 cm；小苞片扁平三角形，长约 1. 5 mm。坚果卵形或卵状椭圆形，长 1. 5 ~ 1. 8 cm，宽 1 ~ 1. 3 cm，无毛。花期 4 ~ 5 月，果期 9 月。

分布　东北、华北及陕西、甘肃、青海、四川等地。林州山区有分布。

生态学特性　喜光，较耐寒，常生于阳坡、半阳坡。种子繁殖或萌芽更新。

利用价值及利用现状　木材供车船、建筑用材；叶可饲柞蚕；种子可酿酒或作饲料。

六、橿子栎 *Quercus baronii* Skan

别名　橿子树、老黄橿、黄橿子、栀子树

形态特征　半常绿乔木，高 12 m，或灌木状。幼枝被星状微柔毛，后渐脱落。叶近革质，卵状长椭圆形，长 3 ~ 6 cm，宽 1 ~ 3 cm，先端渐尖，基部圆形或宽楔形，中上部具锐锯齿，上面无毛，下面散生星状毛，中脉突起，基部密被淡黄色星状茸毛；叶柄 3 ~ 7 mm，被灰黄色茸毛。雄花序长约 2 cm，花序轴被茸毛，雄花花被裂片 4 ~ 5，雄蕊 2 ~ 4；雌花序长 1 ~ 1. 5 cm，雌花单生或 3 ~ 7 朵簇生。壳斗杯状，包被坚果 1/2 ~ 2/3；苞片钻形，长 3 ~ 5 mm，淡黄褐色，反曲，被灰白色茸毛。坚果卵形或椭圆形，直径 1 ~ 1. 2 cm，高 1. 5 ~ 1. 8 cm，顶端平或微凹，果脐略凸起。花期 6 月，果期翌年 9 月。

分布 分布于山西、陕西、甘肃、河南、湖北、四川等省。豫北太行山区有分布。

生态学特性 喜光,耐干旱瘠薄,多生于砾石土壤中;萌芽力强,寿命长。用种子繁殖或萌芽更新。

利用价值及利用现状 木材坚硬,耐久,耐磨损,可供车辆、家具等用材;种子含淀粉;树皮和壳斗含单宁,可提取栲胶;又为优良薪炭材。

第六节 榆属

榆属 *Uimus* L.,乔木,稀灌木。单叶互生,排成2列,重锯齿,稀单锯齿,羽状脉,基部常偏斜,稀近对称;托叶膜质。花两性,簇生、散生、聚伞或总状花序;花萼钟状,4~9裂;雄蕊与萼片同数两对生;雌蕊子房扁平,2心皮合成1室,内有1倒生胚珠,花柱2裂。翅果扁平,周围有膜质翅,先端有缺口,基部有宿存的花萼。种子无胚乳,胚直立,子叶扁平。

中国有25种,南北均产。安阳市本次普查有13种1品种。喜光,适应性强,深根性,种子繁殖。

一、大果榆 *Ulmus macrocarpa* Hance

别名 黄榆、毛榆、扁榆

形态特征 乔木,高达20 m,胸径50 cm。树皮深灰色,纵裂。1年生枝灰色或灰黄色,幼时被疏毛,后无毛;2年生枝深灰色;萌生枝或2年生枝常具木栓翅。冬芽卵球形,上部被灰白色短硬毛。叶片宽倒卵形、倒卵形或倒卵状圆形,长3~10 cm,宽2~6 cm,中上部最宽,先端短尖至尾尖,基部近对称或偏斜,边缘重锯齿,稀有单锯齿,两面被短硬毛,粗糙;叶柄长3~10 mm,有柔毛。花先叶开放,簇生于2年生枝叶腋。翅果近圆形,长2.5~3.5 cm,两面和边缘具柔毛,果柄长约4 mm,被柔毛;种子位于翅果中部。花期4月,果期5月。

分布 分布于东北、华北,南至安徽、江苏,西至甘肃、青海,西北、华中和华东。安阳市四县四区均有分布,西部太行山区常见。

生态学特性 喜光,深根性,耐干旱,常生于山地、沟谷及固定沙地。旱中生植物。种子繁殖。

利用价值及利用现状 木材坚韧,可供车辆、农具、家具、纺织工业用材等用;树皮纤维可制绳、造纸;翅果含油,可作医药和轻化工业原料;果实可制成中药材"芜荑",能杀虫、消积,主治虫积腹痛等症;叶秋季变红,树冠大,适于作水土保持树种,也可用于城市及乡村"四旁"绿化,还是制作盆景的重要植物材料。

安阳地区用作西部山区保土、东部平原固沙,以及园林绿化树种。

二、黑榆 *Ulmus davidiana* Planch.

别名 山毛榆

形态特征 乔木,高达15 m,胸径70 cm。树皮暗灰色,不规则沟裂。当年生枝褐色,疏生柔毛,幼枝有时具向四周膨大不规则的木栓层或四条不规则狭木栓翅。叶片倒卵形或椭圆状倒卵形，长 4～10 cm，先端渐尖或急尖，基部微偏斜，边缘重锯齿，侧脉 10～20 对，表面有短硬毛，背面有柔毛，后两面无毛，或仅背面脉腋有簇毛；叶柄 5～10 mm，密生丝状毛。花先叶开放，簇生于去年生枝的叶腋。翅果倒卵形，长 1～1.5 cm，中部果核处疏生毛；种子位于翅果中上部或上部，与缺口相连。花期 4～5 月，果期 5～6 月。

分布　分布于吉林、辽宁、山西、陕西、河北、河南。安阳市太行山区有分布。

生态学特性　喜光，耐干旱，常生于向阳山坡、谷地或路旁。种子繁殖。

利用价值及利用现状　木材供建筑、农具、车辆等用；枝皮可代麻制绳；枝条可编筐；嫩果可食。

种质资源　安阳市本次普查有 1 变种春榆。

春榆 var. *japonica* (Rehd.) Nakai.

别名山榆，落叶乔木或灌木状；树皮色较深；叶倒卵形或倒卵状椭圆形，稀卵形或椭圆形，翅果无毛。耐旱、耐瘠薄，分布于东北、华北、西北，以及山东、河南、湖北等。太行山区有分布。

三、太行榆 *Ulmus taihangshanensis* S. Y. Wang

形态特征　落叶乔木，高达 20 m。树皮老时纵裂。小枝灰色或淡灰褐色，有短柔毛。冬芽褐色，微被毛。叶纸质，长圆状椭圆形或卵状椭圆形，长 5～12 cm，宽 3～5.5 cm，先端长尖，基部偏斜，侧脉 11～18 对，边缘有重锯齿，表面具粗糙短毛，背面沿脉有白色短毛；叶柄长约 2.5 mm，密被白色短毛及蜡质白粉。花 6～9 朵簇生于去年生枝叶腋；萼 4 裂，外面密被短腺毛，裂片顶端具黑色或深棕色长毛；雄蕊 3～6 个，伸出萼外；子房有白色短毛。翅果长圆形，长 2.7～3.1 cm，宽 1.8～2.7 cm，果核位于子翅果中部，沿脉疏生柔毛，边缘毛较密。花期 4 月，果熟期 4 月下旬至 5 月上旬。

分布　分布于河南省太行山区。林州太行山区有分布。

生态学特性　适应性强，耐旱、耐瘠薄。

利用价值及利用现状　木材坚硬致密，可做车辆、家具、器具等用。

四、脱皮榆 *Ulmus iamellosa* T. Wang et S. L. Chang

别名　金丝暴榆

形态特征　乔木，高达 10 m，胸径 25 cm。树皮灰色，裂成不规则片状剥落，露出淡黄绿色内皮。萌枝的下部周围有时具木栓层；1 年生枝褐色，被灰白色疏毛或无毛；2 年生枝灰色至灰褐色。叶芽长卵形，先端被紫黑色长柔毛。叶片卵形或椭圆状倒卵形，长 4～8 cm，宽 2～4 cm，先端尾尖或突尖，基部微偏斜，侧脉 11～15 对，边缘重锯齿，稀有单锯齿，表面被粗糙短毛，背面脉腋有簇毛；叶柄长 3～5 mm，密生柔毛。花同幼枝一起自混合芽抽出，散生于新枝下部。翅果倒卵形，长 2.5～3.5 cm，两面被柔毛，果柄短，被腺毛；种子位于翅果中部。花期 4 月，果熟期 5 月。

分布　分布于内蒙古、山西、河北、河南等地。林州太行山区有分布。

生态学特性　喜光，耐干旱，常生于山谷和杂木林中，抗病虫害能力强。种子繁殖。

利用价值及利用现状　木材供建筑、家具等用。

五、榆 *Ulmus pumila* L.

别名　榆树、白榆、家榆

形态特征　乔木,高达25 m,胸径1.5 m。树冠卵圆形;树皮暗灰色,纵裂粗糙;1年生枝灰色至黄褐色,无毛或具柔毛;2年生枝灰色。叶片椭圆状卵形或椭圆状披针形,长2~8 cm,宽1.2~3.5 cm,先端渐尖或尖,基部近对称或稍偏斜,边缘单锯齿,稀重锯齿,无毛或背面脉腋有簇毛,侧脉明显,7~16对;叶柄长2~8 mm。花先叶开放,两性,簇生于去年枝上;花萼4~5裂,紫红色,宿存;雄蕊4~5,花药紫色;子房扁平,绿色,花柱2裂,柱头2。翅果近圆形,长1~1.5 cm,熟时黄白色,无毛;种子位于翅果中部。花期3月,果期4~5月。

分布　分布于东北、华北、西北、华中和华东。安阳市平原和丘陵地区都有分布,“四旁”绿化常见,为太行山乡土树种之一。

生态学特性　喜光,耐寒、抗旱,适应性强。喜湿润肥沃土壤,对土壤要求不严,耐瘠薄,在沙地和轻盐碱地上也能生长,但不耐水湿。深根性树种,抗风。生长快,寿命长。种子繁殖。

利用价值及利用现状　木材坚硬,可用作建筑、家具用材;树皮含纤维可制绳索、麻袋或人造棉;树皮磨碎成带黏性的榆皮面,幼叶、嫩果可食用,为我国北方地区民间著名的救荒树种;种子可榨油;果、叶、皮可入药;为“四旁”绿化、防护林、平原用材林的重要造林树种。其老茎残根萌芽力强,常用于制作盆景。

安阳地区重要乡土树种,为山区平原造林树种,也用作“四旁”绿化树种,近几年栽植量有所增加。

种质资源　安阳市本次普查有4变种(品种)。

1.‘豫杂5号’白榆 *Ulmus pumilu*‘Yuza No. 5’

杂交品种。主干通直,树冠倒卵形,树皮浅灰色,纵裂,裂沟较深,侧枝较粗、斜生。在平原沙区及潮土区生长快,抗虫性强。

2. 龙爪榆‘*Pendula*’

别名倒榆,小枝细长,弯曲下垂,树冠伞状。园林观赏树种。用垂枝榆的幼枝作接穗,白榆作砧木,进行嫁接繁殖。

3. 垂枝榆‘*Tenue*’

别名细枝榆,树干稍弯,上部主干不明显,树冠伞形,树皮灰白色,较光滑,二、三年生枝细长下垂。

4. 金叶榆 *Ulmus pumila*‘*Jinye*’

叶片金黄色,色泽艳丽,良好的园林绿化树种。安阳地区高速公路绿化、廊道绿化常用树种之一。

六、旱榆 *Ulmus glaucescens* Franch.

别名　灰榆

形态特征　乔木或灌木状,高达18 m。1年生枝红褐色,幼时有毛,后渐光滑;2年生枝淡灰黄色,无毛,常具纵裂纹。叶片卵形或长卵形,长 2 ~5 cm,宽 1 ~2.5 cm,先端渐尖,基部近对称或偏斜,两面光滑无毛,稀背面有短柔毛,叶缘单锯齿;叶柄长 58 mm,被柔毛。花与叶同时开放,出白花芽或混合芽,散生当年生枝基部或簇生于去年生枝上;花萼钟形,4 浅裂,宿存。翅果倒卵圆形,无毛,长 2 ~2.5 cm,果梗与宿存花萼近等长,被柔毛;种子位于翅果近中部。花期 4 ~5 月,果期 5 ~6 月。

分布 分布于华北、西北、山东、河南等。林州太行山区有分布。

生态学特性 喜光,耐干旱,耐寒冷,生向阳山坡、草原、沟谷等地。旱生植物。种子繁殖。

利用价值及利用现状 木材坚硬,做农具、家具等用;可用作羊饲料;树皮可做糊料、造纸和人造棉用;果实可与面粉混合食用;种子可榨油等;为农田防护林和荒山造林树种。

安阳地区主要用作营造防护林及荒山绿化树种。

七、榔榆 *Ulmus parvifolia* Jacq.

别名 小叶榆、秋榆

形态特征 乔木,高达 25 m,胸径达 1 m。树皮灰褐色,不规则鳞片状剥落,露出灰白色、红褐色斑块。小枝红褐色至灰褐色。叶片革质较厚,窄椭圆形、卵形或倒卵形,较小,长 2 ~5 cm,先端短渐尖或钝,基部楔形,不对称,单锯齿,表面光滑无毛,背面脉腋间有白色柔毛。秋季开花,簇生于新枝叶腋;花萼 4 深裂;雄蕊 4;子房柱头 2 裂。翅果长椭圆形或卵形,较小,长约 1 cm,无毛,翅较窄;种子位于翅果中央。花期 9 月,果期 10 月。

分布 分布于河北、华东、中南,以及贵州、四川等地。安阳市区园林植物树种,林州太行山区有分布。

生态学特性 喜光,稍耐阴,深根性,萌芽力强,喜温暖气候和湿润肥沃土壤,在酸性、中性和石灰性土上均能生长。生长速度中等。种子繁殖。

利用价值及利用现状 木材坚硬,供家具、器具、农具、车辆等用材;树皮纤维纯细,可作蜡纸及人造棉原料,也可编织麻袋、绳索;根皮可做线香原料,也可入药;可作行道树、庭园观赏树,特宜作桩景用。

安阳地区园林绿化栽培树种,是良好的观赏树种及工厂绿化、“四旁”绿化树种。

八、裂叶榆 *Ulmus laciniata*(Trautv.)Mayr.

别名 青榆

形态特征 落叶乔木,高达 27 m,胸径可达 50 cm。树皮浅灰褐色,浅纵裂,不规则片状剥落;1 年生枝黄褐色或带绿色,幼时被疏毛,后无毛;2 年生枝灰褐色或淡灰色。叶芽扁卵状圆锥形,上部被锈色茸毛。叶片倒卵形或倒卵状椭圆形,长 5 ~18 cm,宽 3 ~10 cm,先端常 3 ~5 裂,长尾状尖或渐尖,基部渐狭呈楔形,偏斜,表面暗绿色,散生硬毛,粗糙,背面淡绿色,密被短柔毛,边缘有重锯齿;叶柄较短,长 2 ~7 mm,被柔毛。聚伞花序簇生于去年生枝上;花萼钟形,先端 5 ~6 裂;雄蕊 5 ~6,伸出于萼外,花药紫红色;子房绿色,柱头 2 裂。翅果扁平,椭圆形或卵状椭圆形,长 1.5 ~2 cm,宽约 1 cm,无毛,仅先端凹缺内有毛,花萼宿存,果梗有毛;种子位于翅果中下部或近中部。花期 4 ~5 月,果熟期

5～6月。

分布　分布于黑龙江、吉林、辽宁、内蒙古、河北、陕西、山西及河南等地。安阳市区洹水公园及殷都区、安阳县苗圃有栽培。

生态学特性　常生于山坡和山谷杂木林中，与桦木、椴树、山杨等混生。用种子繁殖。

利用价值及利用现状　木材坚硬，纹理直，可供建筑、车辆、农具及室内装修等用材；茎皮纤维可代麻，制绳、麻袋和人造棉；可作园林绿化树种。

第七节　榉属

榉属 *Zelkova* Spach.，落叶乔木，稀灌木；冬芽卵形，先端常向外弯，不贴附小枝。单叶互生，边缘具小桃尖形单锯齿，羽状脉，侧脉直达叶缘。花杂性同株，与叶同时开放；雄花簇生于新枝下部叶腋及苞腋；两性花和雌花多集生上部叶腋；花萼4～5裂；雄蕊4～5；子房卵形，无柄，柱头歪斜。小坚果扁球形，果皮皱，上部歪斜，有棱，无翅。

中国产4种，自东北南部至华南均有分布。安阳市本次普查2种。

一、榉树 *Zelkova schneideriana.* -Mazz

别名　大叶榉

形态特征　乔木，树皮灰褐色至深灰色，光滑，老树呈不规则的片状剥落；当年生枝密生伸展的灰色柔毛；叶厚纸质，大小形状变异很大，卵形至椭圆状披针形，先端渐尖、尾状渐尖或锐尖，基部稍偏斜，叶缘具整齐桃形单锯齿，先端有乳状突起，叶表面被糙毛，叶背密被柔毛；核果偏斜，无梗。花期4月，果熟期10月。

分布　产陕西、甘肃、华北、中南、西南等地。安阳市区有栽培。

生态学特性　喜光，喜湿润肥厚的土壤，在石灰岩谷地生长良好。

利用价值及利用现状　木材致密坚硬，纹理美观；树皮含纤维，可供制人造棉、绳索和造纸原料；可作园林绿化树种。

安阳地区主要用作园林绿化树种。

二、大果榉 *Zelkova sinica* Schneid.

别名　小叶榉

形态特征　乔木，高达20 m，胸径1.6 m。树皮呈块状剥落。小枝青灰色，无毛。叶片卵形或卵状长圆形，长2～7 cm，宽1～2.5 cm，先端渐尖，基部宽楔形至圆形，边缘为单锯齿，表面无毛，背面脉腋有簇毛，侧脉6～10对；叶柄长2～4 mm，密生柔毛。小坚果较大，单生叶腋，径约57 mm，斜三角形，无毛，几无柄。花期4月，果期10月。

分布　中国特产，分布于甘肃、陕西、四川北部、湖北西北部、河南、山西南部和河北等地。安阳市太行山区常见。

生态学特性　喜光，喜温暖湿润气候，适生于山坡、丘陵，喜石灰性土壤，忌积水地。寿命长。种子繁殖。

利用价值及利用现状　木材为上等家具、地板的贵重用材；翅果是医药和轻工业、化工业的重要原料;可用城市绿化树种。

安阳地区主要用作园林绿化树种。

第八节　朴属

朴属 *Celtis* L.,落叶乔木,稀灌木。树皮平滑不裂;冬芽小,先端多贴近小枝。单叶互生,叶片近革质,通常中部以上有锯齿或全缘,基部三出脉,不对称,侧脉弧曲向上,不直达叶缘。花杂性同株,与叶同时开放,单生、簇生、总状或聚伞花序,生于当年生枝上;萼片4~5;雄蕊与萼片同数而对生;雌蕊由2心皮组成,1室,1胚珠,柱头2裂,向外弯曲。核果近球形,外果皮肉质,内果皮骨质;种子具膜质种皮,胚弯曲。

中国产21种,广布于南北各地。安阳市本次普查有6种。

一、大叶朴 *Celtis koraiensis* Nakai

别名　白麻子、大叶白麻子

形态特征　乔木,高达15 m。树冠卵形;树皮灰褐色,微裂。小枝褐色,无毛或有时被短柔毛。叶片圆卵形或倒卵形,长4~15 cm,宽3~9 cm,先端截形或圆形,有尾状长尖和不整齐牙齿状分裂,基部不对称,圆形或宽楔形,叶缘基部以上有疏尖锯齿,表面无毛,背面叶脉和脉腋有疏毛;叶柄长0.5~1.5 cm,无毛或疏生粗毛。核果椭圆状球形,暗黄色,径约1 cm,多单生;果柄长1.5~2.5 cm,较叶柄长;果核黑褐色,凹凸不平,有网纹。花期4~5月,果期9~10月。

分布　分布于辽宁、河北、山东、安徽北部、山西南部、甘肃东部和陕西南部。林州太行山区有分布。

生态学特性　喜光,耐旱,适生于向阳山坡、山沟和岩石间。

利用价值及利用现状　木材坚硬,可供建筑、家具、器具等用;茎皮纤维可作造纸和人造棉原料;果核可供制肥皂和润滑剂;可作园林观赏树木。

安阳地区用作城市园林绿化,有少量栽培。

二、小叶朴 *Celtis bungeana* Bl.

别名　白麻子、黑弹树

形态特征　乔木,高达20 m,胸径80 cm。树皮浅灰色。小枝褐色,无毛。叶片卵形或卵状椭圆形,长4~10 cm,宽2~5 cm,先端渐尖,基部偏斜,边缘上半部有钝锯齿,有时近全缘,两面无毛或幼时背面脉腋有毛;叶柄长5~10 mm。核果单生叶腋,近球形,直径4~7 mm,紫黑色,果柄长1.5~2.8 cm;果核白色、光滑或有不明显网纹。花期4~5月,果期10~11月。

分布　分布于辽宁、华北、西北,至长江以南地区。安阳市太行山区有分布。

生态学特性　喜光,喜温暖湿润气候,常生于向阳山坡,适于石灰岩山地生长,对土壤要求不严。种子繁殖。

利用价值及利用现状　木材坚硬耐磨,可供建筑、家具等用;枝条纤维可代麻用或作造纸原料；嫩叶可作野菜食用；树皮、根可入药。

安阳地区用作城市园林绿化，有少量栽培。

三、朴树 *Ceitis sinensis* Pers.

别名　朴、白麻子

形态特征　落叶乔木，高达 20 m，胸径 1 m。小枝密被柔毛。叶宽卵形、卵状菱形、倒卵状披针形或卵状长圆形，长 3 ~ 10 cm，宽 2.5 ~ 5 cm，先端急尖、微突尖或长渐尖，基部稍偏斜，中部以上有圆齿或近全缘，下面脉腋有须毛；叶柄长 0.3 ~ 1 cm。核果近球形，径 4 ~ 6 mm，橙褐色，单生叶腋，有时 2 ~ 3 个集生；果柄与叶柄近等长，被柔毛；核具蜂窝状网纹，稍有凹点及棱脊，具肋，白色，先端钝。花期 3 ~ 4 月，果期 9 ~ 10 月。

分布　产华东、中南、华南等地区。安阳地区有栽培。

生态学特性　喜光，稍耐阴，耐寒。适生于肥沃平坦之地。对土壤要求不严，有一定的耐干旱能力，也耐水湿及瘠薄土壤，适应力较强。

利用价值及利用现状　材质坚硬，供建筑、家具用；茎皮纤维可为绳索、人造棉、造纸等原料；树皮和叶可入药；果榨油作润滑剂；根皮可入药；可作城市园林绿化树种。

安阳地区公园、城区游园多见栽培。

第九节　青檀属

青檀属 *Pteroceltis* Maxim.，落叶乔木；小枝细；单叶互生，叶片质薄，基部三出脉，边缘上部有锯齿。花单性，雌雄同株，生当年生枝叶腋；雄花簇生，花萼 5，雄蕊 5，花药顶端有毛；雌花单生，萼 4，子房无柄，侧向压扁，有疏毛，花柱 2。坚果，周围带木质薄翅，顶端凹缺，果柄细长。

仅 1 种，中国特产。太行山区有分布。

青檀 *Pteroceltis tatarinowii* Maxim.

别名　翼朴、檀树

形态特征　乔木，高达 20 m，胸径 170 cm。树干凹凸不圆，树皮暗灰色，薄片状剥落，露出灰绿色或黄色内皮。小枝棕灰色或灰褐色，初有毛，后脱落。叶片卵形或椭圆状卵形，长 3 ~ 13 cm，先端渐尖或长尖，基部宽楔形或圆形，稍偏斜，表面无毛，背面脉腋有簇毛；叶柄长 6 ~ 15 mm，无毛。果核近球形，坚果连翅宽 1 ~ 1.5 cm，无毛；果柄长 1 ~ 2 cm。花期 4 月，果期 7 ~ 8 月。

分布　河北、北京、山东向南达长江以南各地，四川、青海也有。林州市、殷都区、龙安区常见，安阳市区园林有栽培。

生态学特性　中等喜光，耐干旱瘠薄，萌芽性强，根系发达，寿命长。常生于石灰岩低山区及河谷两岸，即使悬崖峭壁或石隙缝内，也能生长，苍劲独秀，蔚然成林，是石灰岩山地的指示植物。种子繁殖。

利用价值及利用现状　树皮纤维为制"宣纸"的主要原料；木材坚硬细致，可供作农具、车轴、家具和建筑用的上等木料;种子可榨油。

安阳地区园林绿化树种。

第十节　桑属

桑属 *Mours* L.,落叶乔木或灌木。枝无顶芽,侧芽单生,芽鳞 4 ~ 7 片,近 2 列互生。单叶互生,边缘有锯齿或分裂,基部三至五出脉;托叶披针形,早落。葇荑花序,雌雄同株或异株;萼片 4;雄蕊 4,花丝在芽中内曲;子房上位,无柄,花柱短或近无,柱头 2 裂。聚花果长圆形,由多数小瘦果组成,小瘦果外被肉质花萼。种子小,卵圆形,胚乳丰富;子叶矩圆形。

中国 9 种,南北均产。安阳市本次普查 8 种 10 品种。

桑 *Morus alba* L.

别名　桑树、白桑、家桑

形态特征　乔木,高达 15 m,胸径 1 m。树皮黄褐色,浅纵裂。小枝灰黄色,无毛或微有毛;冬芽淡黄褐色,近无毛。叶片卵形或宽卵形,长 5 ~ 15 cm,宽 4 ~ 12 cm,先端急尖或钝尖,基部圆形或近心形,边缘为粗钝锯齿,有时不规则分裂,表面鲜绿色,无毛,背面脉上有疏毛或近无毛,脉腋有簇毛;叶柄长 1 ~ 3 cm。花雌雄异株;雄花序长 2 ~ 3 cm;雌花序长 1 ~ 2 cm;雌花萼片绿色,倒卵形,外面及边缘有毛,结果时变为肉质;无花柱或极短。聚花果称桑椹,椭圆形,长 1 ~ 2.5 cm,淡红、黑紫,稀白色。花期 4 ~ 5 月,果期 5 ~ 6 月。

分布　原产中国。现全国各地均有分布。安阳市山区、平原常见。

生态学特性　喜光,深根性,生长快,适应性强,喜温暖湿润,抗旱,耐寒,在河滩地、沙地、山坡、丘陵和平原均能生长,不耐涝。萌蘖性强,耐修剪,常修成灌木状或培养桑杈,便于摘叶养蚕。

利用价值及利用现状　树皮纤维柔细,可作纺织、造纸原料;根皮、果实及枝叶入药;叶为养蚕的主要饲料;木材坚硬,纹理美观,可供家具、车辆、乐器、雕刻等用;枝条培养成桑杈或编筐;桑椹可生食,也可酿酒。

安阳地区常见,人工集中栽培较少。

种质资源　安阳市本次普查桑树有 3 种 10 品种。

1. 鲁桑'Muhicaulis'

灌木。枝条粗壮,节间短,叶片大,长 15 ~ 25 cm,宽 10 ~ 20 cm,质厚,不裂。果大,长 2.5 ~ 3 cm,黑紫色。安阳市太行山等地区有栽培,是养蚕的优良桑树。

2. 垂枝桑'Pendula'

别名龙须桑,与桑树的主要区别:叶通常分裂,枝细长而下垂。为庭院观赏树种。

第十一节　构属

构属 *Broussonetia* L'Herit. ex Vert.,落叶乔木或灌木;植物体有乳汁。枝无顶芽,侧芽单生,芽鳞2~3。单叶互生或对生,叶缘有锯齿,不裂或2~5裂,基部三出脉;托叶卵状披针形,早落。花单性,雌雄异株;雄花为葇荑花序,雌花成球形头状花序;雄花花萼4裂;雄蕊4,花丝在芽中内曲;退化雌蕊甚小;雌花花萼管状,3~4齿裂,包围有柄的子房,花柱侧生,柱头细长。聚花果球形;瘦果外被肉质宿存的花萼和肉质伸长的子房柄。

中国3种。太行山区1种。安阳市本次普查3种4品种。

构树 *Broussonetia papyrifera*（L.）L' Hérit. ex Vent.

别名 楮、楮桃、谷桃

形态特征 乔木,高达16 m,胸径60 cm。树皮暗灰色,平滑或浅纵裂。小枝密被灰色粗毛;皮部韧皮纤维发达,叶互生或对生,叶片宽卵形至矩圆状卵形,长7~20 cm,宽6~15 cm,先端渐尖或短尖,基部心形或圆形,粗锯齿,不裂或不规则3~5深裂,表面密被短硬毛,粗糙,背面密被长柔毛;叶柄长3~10 cm,密被长柔毛;雄花序长6~8 cm,下垂;雌花序径约1 cm;雌花有梗,有小苞片4枚,棒状,长3~5 mm,上部膨大、圆锥形,有毛;子房包于萼筒内,柱头细长,有刺毛。聚花果球形,径1.5~2.5 cm,熟时橘红色;小瘦果扁球形。花期5~6月,果期8~9月。

分布 我国南北各地均有分布。安阳地区常见,太行山区有分布。

生态学特性 喜光,适应性强,较耐寒,耐干旱瘠薄土壤,常生于海拔500 m以下低山丘陵、沟谷、平原、河边。生长快,繁殖力强。种子、插条、压条、分根繁殖。

利用价值及利用现状 材质松软,供箱板和薪炭用;茎皮纤维长,可作宣纸、纺织原材料;树皮内乳汁可治顽癣;叶可作为喂猪和养蚕的补充饲料;果可生食、酿酒;果实和根皮入药;抗烟尘和有害气体,可作工矿和城市绿化树种。

安阳地区主要用作防护林及荒山绿化树种,少量应用于园林绿化。

第十二节 柘树属

柘树属 *Cudrania* Trec.,落叶或常绿,乔木或灌木,有时攀缘状,具枝刺。无顶芽。单叶互生,叶片全缘或2~3裂;托叶小,早落。雌雄异株,雌雄花均为球形头状花序,腋生;雄花苞片2~4,花萼4;雄蕊4,花丝在芽内直立;雌花苞片2~4,花萼4裂,紧包子房,花柱1,柱头丝状,不裂或2裂。聚花果较小,近球形,肉质,小瘦果外被肉质苞片及萼片。

中国8种,产华北南部至东南部及西南部。太行山区1种。

柘树 *Cudrania tricuspidata*（Carr.）Bureau ex Lavall.

别名 柘桑、柘

形态特征 落叶灌木或小乔木。树皮灰褐,薄片剥落。小枝幼时有细毛,后无毛,枝刺长5~35 mm。叶片形状多变化,卵形、椭圆形或倒卵形,长3~14 cm,宽3~9 cm,先端钝尖,基部楔形或圆形,全缘或2~3裂,表面深绿色,背面浅绿色,幼时两面被疏毛,老时仅背面主脉有毛;叶柄长8~15 mm,有毛。头状花序,单一或成对腋生。聚花果近球形,直径约2.5 cm,肉质,橘红色或橙黄色,表面微皱。花期5~6月,果期9~10月。

分布 分布于华北、东北、中南、西南各省区(北达陕西、河北)。安阳地区有分布。

生态学特性 喜光,常生于向阳荒坡、荒地和灌木林中,适应性强,耐干瘠,喜生于石灰岩山地,为喜钙树种,生长缓慢。用种子、插条和分株繁殖。

利用价值及利用现状 茎皮纤维可以造纸;根皮药用;嫩叶可养蚕;果可生食或酿酒;木材心部黄色,质坚硬细致,可作家具用材,柘木可染黄色,称之"柘黄";可作良好的绿篱树种。古代为做弓的上等木料。

安阳地区园林绿化树种。

第十三节 领春木属

领春木属 *Eupteles* Sieb. et Zucc.,落叶乔木或灌木。枝有长枝、短枝之分。无顶芽,芽鳞多数,硬革质,亮褐色。单叶,互生,有锯齿,羽状脉;叶柄较长;无托叶。花小,两性,辐射对称,簇生叶腋,先叶开放,花梗细长,无花被;雄蕊多数,1轮,花丝短,花药条形,红色,药隔凸出;离心皮雌蕊,心皮8~18,着生于一扁平肉质花托上,排成1轮,子房偏斜,扁平,胚珠1~5,子房具柄。聚合翅果,小翅果两侧不对称,边缘有膜质翅,顶端圆,下端渐细成明显子房柄,有果梗。种子1~4,微小,有胚乳。

2种,1种产于中国和印度,另1种产于日本。太行山区产1种。

领春木 *Euptelea pleiosperma* Hook. f. et Thoms.

别名 钥匙树

形态特征 落叶灌木或小乔木,高2~15 m。树皮紫黑色或棕灰色;小枝紫色或灰色,无毛。冬芽卵形,亮紫褐色。叶纸质,卵形或近圆形,少数椭圆状卵形或椭圆状披针形,长5~14 cm,宽4~9 cm,先端渐尖,有1突生尾尖,基部楔形或宽楔形,边缘具粗锯齿,齿端锐尖,下部或近基部全缘,上面无毛,或散生柔毛,后脱落,仅在脉上残存,下面淡绿色,无毛或脉上有毛,脉腋具丛毛,侧脉8~12对;叶柄长2~5 cm。花6~12朵簇生,先叶开放;花梗长3~5 mm;苞片椭圆形,早落;雄蕊6~14,花药比花丝长,药隔顶端延长成附属物;心皮6~12,排成1轮,子房歪斜,柱头斧形,具细长子房柄。小翅果4~8,不规则倒卵形,长5~10 mm,先端宽圆,一边凹缺,棕色,子房柄长8~11 mm,果梗长8~10 mm。种子1~2,卵形,黑色。花期3~4月,果期8~9月。

分布 分布于河北、山西、河南、陕西、甘肃、浙江、湖北、四川、贵州、云南、西藏等地。林州太行山区有分布。

生态学特性 稍耐阴,在土壤肥沃、水源充足处生长良好。用种子繁殖。

利用价值及利用现状 树形美观,为良好的园林绿化树种;木材供家具、农具、手杖等用。

安阳地区园林绿化树种。

第十四节　连香树属

连香树属 *Cercidiohyllum* Sieb. et Zucc.，落叶大乔木。无顶芽，呈假二叉分枝，有长枝和矩状短枝，芽鳞2。单叶，在长枝上对生或近对生，在短枝上单生枝顶；托叶与叶柄相连，早落。花单性，雌雄异株，腋生，花萼4裂，膜质，无花瓣；雄花近无梗，雄蕊8～20，花丝纤细，花药红色，条形，基着，2室，纵裂；雌花具短梗，离心皮雌蕊2～6，胚珠多数，排成2列，花柱线形，紫红色，宿存。聚合蓇葖果2～6，沿腹缝线开裂。种子多数，有翅；胚乳丰富，子叶扁平。

1属2种，分布于中国和日本。我国1属1种，太行山区有分布。

连香树 *Cercidiphyllum japonicum* Sieb. et Zucc

别名　字母树

形态特征　落叶大乔木，高10～20 m，有时可达30 m。树皮暗灰色或褐灰色，纵裂，呈薄片状剥落。小枝褐色，皮孔明显，髓心小，圆形，白色。芽卵圆形，先端尖，紫红色或暗紫色。叶扁圆形、圆形、肾形或卵圆形，长3～7.5 cm，宽5～6 cm，先端圆或钝尖，短枝上的叶基部心形，长枝上的叶基部圆形或宽楔形，边缘有圆钝锯齿，上面深绿色，下面粉绿色，两面无毛，掌状脉5～7；叶柄长1～3 cm，无毛；托叶披针形，早落。花先叶开放或与叶同放。聚合果，小蓇葖果圆柱形，微弯，长0.8～1.8 cm，暗紫褐色，微被白粉，花柱宿存。种子多数，扁四角形，仅一端具翅，连翅长5～6 mm。花期4月中旬至5月上旬，果期8月。

分布　分布于山西、河南、陕西、甘肃、安徽、浙江、江西、湖北及四川。安阳市区有零星栽培。

生态学特性　稍耐阴，喜湿；中性土、酸性土上均能生长，在土层深厚湿润处生长快；萌芽性强，伐根常萌生多枝，形成几个主干。播种育苗或压条繁殖，也可扦插繁殖。

利用价值及利用现状　良好的园林绿化树种。

第十五节　木兰属

木兰属 *Magnolia* L.，落叶或常绿乔木或灌木。顶芽发达，小枝具环状托叶痕。叶全缘，稀先端凹裂。花大，两性，单生枝顶，稀与叶对生；花被片9～21；雌蕊群无柄，稀有短柄，胚珠2。聚合蓇葖果，沿背缝线开裂；种子1～2，外种皮鲜红色，种脐有丝状珠柄与胎座相连，成熟时悬垂于蓇葖之外。

中国约30余种。太行山区有5种。

一、玉兰 *Magnolia denudata* Desr.

别名　白玉兰

形态特征　落叶乔木，高达15 m，胸径60 cm。树冠宽卵形；树皮深灰色。小枝灰褐色。花芽顶生,长卵形,密被灰黄绿色长绢毛;托叶芽鳞2片。叶片宽倒卵形或倒卵状椭圆形,长10～18 cm,宽6～12 cm,先端宽圆或平截,有小突尖,基部楔形,全缘,背面淡绿色,有疏毛,侧脉8～10对;叶柄长1～2.5 cm。花单生小枝顶端,先叶开放,芳香,径10～12 cm;花被片9,白色,稀基部带淡红色纵纹,长圆状倒卵形,长7～10 cm;聚合蓇葖果长8～12 cm,褐色,心皮发育不完全;蓇葖果顶端圆形。花期4月初,果期9～10月。

分布 原产中国中部。现全国各大城市园林广泛栽培。安阳市区园林绿化常见栽培。

生态学特性 喜光,稍耐寒,较耐干旱;喜肥沃湿润的酸性土壤。萌芽性强。种子和嫁接繁殖。

利用价值及利用现状 材质优良,可供家具、图板、细木工等用;花蕾称"辛夷",可入药;花含芳香油,可提取配制香精或制浸膏;花被片可食用或用以熏茶;种子榨油供工业用;优良的观赏树种。

安阳地区常用于园林观赏,应用于小区、园林、学校、事业单位、工厂、庭院、路边、建筑物前,盛开时,花瓣展向四方,使庭院青白片片,白光耀眼,具有很高的观赏价值,再加上清香阵阵,沁人心脾。

二、紫玉兰 *Magnolia liliflora* Desr.

别名 辛夷、木笔

形态特征 落叶大灌木或小乔木,高3～5 m。树皮灰褐色。小枝紫红褐色或绿紫色。花芽卵形,上部收缢呈胡芦形,密被深灰绿色绢毛;托叶芽鳞2片。叶椭圆状倒卵形或倒卵形,长8～18 cm,宽3～10 cm,先端急渐尖或渐尖,基部渐窄,楔形,幼时表面疏生短柔毛,背面沿脉有短柔毛,侧脉8～10对;叶柄短粗,长8～20 mm。花叶同时开放,单生枝顶;花梗长约1 cm,被长柔毛;花被片9,外轮3片,萼片状,披针形,长约3 cm,紫绿色,内两轮长圆状倒卵形,长8～10 cm,外面紫色或紫红色,内面带白色。聚合蓇葖果,圆柱形,长7～10 cm,淡褐色。花期4月,果期9～10月。

分布 产于福建、湖北、四川、云南西北部。安阳市区园林有栽培。

生态学特性 喜光,喜温凉湿润气候,不耐严寒;对土壤要求不严,喜微酸性、湿润、肥沃、排水良好的土壤。萌蘖多,常用分株或压条繁殖,扦插成活率较低。

利用价值及利用现状 树皮、叶、花蕾均可入药;花蕾晒干后称辛夷,主治鼻炎、头痛,作镇痛消炎剂,为我国2 000多年的传统中药。作玉兰、白玉兰等木兰科植物和嫁接砧木。为优良的庭园观赏树种。

安阳地区园林绿化树种,公园、庭院广泛应用。

第十六节　蜡梅属

蜡梅属 *Chimonanthus* Lindl.,常绿或落叶灌木。鳞芽,芽鳞3～13对,交互对生。花腋生,芳香,花被片15～25,黄色或黄白色,无毛,有紫红条纹;雄蕊5～6,花丝基部宽而连生;心皮5～15。

中国6种，特产。太行山区1种2栽培变种。

蜡梅 *Chimonanthus praecox*（L.）Link

形态特征　落叶灌木，高达4 m。幼枝微具4棱，老枝圆柱形，灰褐色，无毛。叶芽单生或2个叠生，卵状三角形；花芽大，倒卵形。叶片半革质，椭圆形、椭圆状卵形或椭圆状披针形，长2～16 cm，宽2～8 cm，先端渐尖，基部楔形至圆形，全缘，表面粗糙，背面无毛；叶柄长4～5 mm。花单生叶腋，具浓香，径2～2.5 cm；花被片约16，蜡黄色，有光泽，外花被片椭圆形，先端圆，内花被片小，椭圆状卵形，基部有爪，具紫褐色斑纹；雄蕊5～7；心皮7～14。聚合瘦果椭圆形，口部收缩，内包瘦果3～5，各含1种子。瘦果长圆柱形，微弯，长1～1.5 cm，栗褐色。花期2～3月，果熟期7～8月。

分布　华东、中南、西南等地。安阳各地有栽培。

生态学特性　喜光，稍耐阴，耐干旱，忌水湿，喜深厚、排水良好土壤，在黏土及碱地上生长不良。不耐严寒，宜栽在背风向阳处，在风口花蕾易受冻害。寿命可达百年。压条、分根、嫁接和种子繁殖。

利用价值及利用现状　著名早春观赏花木，常见栽培变种有素心蜡梅、馨口蜡梅等，河南鄢陵的蜡梅久负盛名。

安阳地区园林绿化树种。

第十七节　杜仲属

杜仲属 *Eucommia*，落叶乔木。体内有弹性胶丝；枝髓片状分隔。顶芽缺，侧芽单生；叶迹3。单叶，互生，叶缘有锯齿，羽状脉；具叶柄，无托叶。花单性，雌雄异株，无花被，生于幼枝基部苞腋内，先叶开放或与叶同放。雄花在苞腋内簇生，有短柄，雄蕊4～10，花药条形，花丝极短；雌花单生于苞腋，具短柄，雌蕊由2心皮合成，其一不发育，子房上位，1室，胚珠2，子房顶端2裂，柱头位于裂口的内侧。翅果扁平，长椭圆形，周围有翅，内有1粒种子。

1属1种，我国特产。安阳市本次普查1种2品种。

杜仲 *Eucommia ulmoides* Oliv.

形态特征　落叶乔木，高达20 m。树皮、叶和果实内均有多数胶丝。树皮灰色，纵裂。小枝淡褐色至黄褐色，无毛，髓心片状分隔。叶椭圆状卵形或椭圆形，长6～18 cm，宽3～7.5 cm，先端渐尖，基部圆形或宽楔形，边缘有锯齿，上面微皱，无毛，叶脉凹陷，深绿色，下面淡绿色，网脉明显，脉上有柔毛，侧脉6～9对；叶柄长1～2 cm。花先叶或与叶同时开放；雄花花梗长约9 mm，雄蕊4～10，花药条形，长约1 cm，极短；雌花花梗长约8 mm，子房狭长，扁平，顶端2裂，柱头位于裂口内侧，柱头顶端突出，向两侧伸展反曲。翅果长椭圆形，顶端2裂，基部楔形，长3～4 cm，宽约1 cm，果皮及翅革质。种子条形，扁平，两端圆中间较宽厚。花期4月，果期10～11月。

分布　中国特产，产长江流域各地。安阳市各地均有栽培。

生态学特性　喜光，喜温和湿润气候；酸性、中性、钙质或轻盐土上均能生长，以深厚疏松、肥沃湿润、排水良好、pH 值 5～7.5 的土壤最为适宜。

利用价值及利用现状　国家二级保护树种。木材可供制造家具、建筑用材；树皮含杜仲胶，为硬性橡胶，具耐酸、耐碱、高度绝缘性及黏着性，绝缘性好，为制造海底电缆的上等材料；树皮入药，称为杜仲，为贵重药材；叶也可入药；可作园林绿化树种。

安阳市主要在园林绿化建设中应用。近年来在内黄县、汤阴县等地作为经济林树种集中栽培。

第十八节　悬铃木属

悬铃木属 *Platanus* L.，落叶乔木。枝、叶上常有星状柔毛。树皮苍白色，常成薄片状剥落。无顶芽，侧芽卵形、端尖，具 1 片芽鳞，包于叶柄基内；叶痕环形。单叶，互生，具长叶片掌状分裂，掌状脉；托叶圆领状，落后留有环形托叶痕。花小，单性，雌雄同株，花和雌花均密集成球形头状花序，生于不同的花枝上；雄花序无苞片，雌花序有苞片，三角形，有短柔毛；花瓣与萼片同数，匙形；雄花具雄蕊 3～8，花丝极短，药隔顶部增大成盾状鳞片；雌花有心皮 3～8，离生，花柱细长，柱头生于内面，子房长圆形，1～2 悬垂胚珠。果序为聚花果，球形，含多数有棱角的小坚果；小坚果基部具长毛。种子 1 个，胚小，含少量胚乳。

1 属约 11 种，分布于欧洲、印度和北美洲。我国引入栽培 3 种。安阳市本次普查有 3 种 3 品种。

一、一球悬铃木 *Platanus occidentalis* L.

别名　美国梧桐

形态特征　落叶大乔木，高达 40 m。树皮浅灰褐色，呈小片状剥落。嫩枝有黄褐色茸毛。叶宽 10～22 cm，长比宽略短，3～5 浅裂，裂片宽三角形，中裂片宽大于长，基部截形、心稍呈楔形，裂片边缘有数个粗大锯齿，上下两面幼时被灰黄色茸毛，后变无毛；叶柄长 7 cm，密被茸毛；托叶较大，长 2～3 cm，基部鞘状，上部扩大呈喇叭形，早落。果序单生，有时 2 个串生，直径约 3 cm，宿存花柱极短，果序表面较平滑；小坚果先端钝或截形。花期 4～5 月，果期 10～11 月。

分布　原产北美洲，现广泛被引种，我国北部及中部。安阳地区广泛栽培。

生态学特性　喜温暖湿润气候，阳性速生树种，抗性强，能适应城市街道透气性差的土壤条件。以湿润肥沃的微酸性或中性壤土生长最盛。萌芽力强，耐修剪。

利用价值及利用现状　木材结构细致坚硬等，干后易反翘，可供家具及细木工用材；树形高大雄伟，枝叶繁茂，世界五大行道树之一和庭院绿化树种。

安阳地区优良的庭荫树和行道树，在城市绿化中广泛应用，在公园、游园等园林绿化中孤植于草坪或旷地，列植于甬道两旁，尤为雄伟壮观，也作为合适的街坊、厂矿绿化树种广为栽培。

二、二球悬铃木 *Platanus orientalis* L.

别名　英国梧桐

形态特征　落叶乔木，高达 30 m。树皮灰褐色或白绿色，呈片状剥落。幼枝被黄褐色茸毛，光滑，干后红褐色。叶大，长 8 ~ 16 cm，宽 10 ~ 20 cm，掌状 5 ~ 7 深裂，裂片狭长，中裂片长大于宽，基部宽楔形或截形，边缘有稀疏粗锯齿，或无锯齿，上下两面被灰黄色，无毛；叶柄长 3 ~ 8 cm，被茸毛；托叶小，短于 1 cm，基部鞘状。果序 3 ~ 7 个串生，直径 2 ~ 2.5 cm，宿存花柱突出成刺状。花期 4 ~ 5 月，果期 9 ~ 10 月。

分布　本种为一球悬铃木与三球悬铃木的杂交种，最初育成于英国，现广为栽培，以上海、南京、杭州、青岛、郑州、西安、武汉等地栽培数量最多。安阳地区有栽培。

生态学特性　喜光，喜温暖湿润气候，略耐寒，较能耐湿、耐旱。生长迅速，寿命长，萌芽力强，耐修剪。对城市环境耐性强。

利用价值及利用现状　世界著名的优良庭荫树和行道树种。

安阳地区优良的城镇绿化行道树、"四旁"树木和庭院绿化树种。

三、三球悬铃木 *Platanus orientalis* Linn.

别名　法国梧桐

形态特征　落叶大乔木，高达 30 m，树皮薄片状脱落；嫩枝被黄褐色茸毛，老枝秃净，干后红褐色，有细小皮孔。叶大，轮廓阔卵形，基部浅三角状心形，或近于平截，上部掌状 5 ~ 7 裂，稀为 3 裂，中央裂片深裂过半，边缘有少数裂片状粗齿，上下两面初时被灰黄色毛被，以后脱落，仅在背脉上有毛，掌状脉 5 条或 3 条，从基部发出；叶柄圆柱形，被茸毛，基部膨大；托叶小，基部鞘状。花 4 数；雄性球状花序无柄，基部有长茸毛，萼片短小，雄蕊远比花瓣为长，花丝极短，花药伸长，顶端盾片稍扩大；雌性球状花序常有柄，萼片被毛，花瓣倒披针形，心皮 4 个，花柱伸长，先端卷曲。果枝有圆球形头状果序 3 ~ 5 个，稀为 2 个。

分布　原产于欧洲东南部及亚洲西部，久经栽培。安阳地区有栽培。

生态学特性　喜光，喜湿润温暖气候，较耐寒。适生于微酸性或中性、排水良好的土壤上。抗空气污染能力较强，耐修剪，抗烟尘，世界著名的优良庭荫树和行道树，也为速生材用树种。

利用价值及利用现状　安阳地区作为庭荫树和行道树广为栽培。

第十九节　石楠属

石楠属 *Photinia* Lindl.，常绿或落叶，小乔木或灌木。顶芽缺，侧芽单生，芽鳞数片；叶迹新月形，叶迹 3 个。单叶，互生，革质或草质，多数有锯齿；有托叶。花两性，常组成顶生伞形、伞房或复伞房花序；萼筒杯状、钟状或筒状，萼片 5；花瓣 5，白色；雄蕊 20；子房半下位，心皮 2，稀 3 ~ 5，基部与花托合生，上部分离，2 ~ 5 室，每室有 2 胚珠。梨果，小球形，微肉质，有宿存萼，成熟时仅顶端或上部约 1/3 与花托分离。

60 余种，主产于亚洲东部的亚热带及热带。我国 40 余种。安阳市本次普查 6 种。

一、石楠 *Photinia serrulata* Lindl.

形态特征 常绿灌木或小乔木。高通常4～6 m,有时可达12 m。树冠圆球形。老枝灰褐色,幼枝绿色或红褐色,无毛。冬芽卵形,鳞片褐色。叶革质,长椭圆形、长倒卵形或倒卵状椭圆形,长9～22 cm,宽3～6.5 cm,先端尾尖或短尖,基部圆形或宽楔形,边缘疏生具腺的细锯齿,近基部全缘(有时在萌发枝上锯齿为刺针状);上面光绿色,下面淡绿色,光滑,或幼时中脉处微具毛,羽状脉,侧脉25～30对;叶柄粗壮,长2～4 cm。复伞房花序,顶生,直径10～16 cm;总花梗及花梗无毛;花密生,单花直径6～8 mm;萼筒杯状,无毛,萼片阔三角形,无毛;花瓣近圆形,白色,内外均无毛;雄蕊20,内外两轮,外轮较花瓣长,内轮较花瓣稍短;花柱2,稀3,基部合生。梨果球形,径5～6 mm,初熟时红色,后变成紫红色。种子卵形,棕色。花期4～5月,果期10月。

分布 陕西、甘肃、河南、江苏、安徽、浙江、江西、湖南、湖北、福建、台湾、广东、广西、四川、云南、贵州均有分布。安阳市区多有栽培。

生态学特性 喜光稍耐阴,深根性,对土壤要求不严,但以肥沃、湿润、土层深厚、排水良好、微酸性的沙质土壤最为适宜,喜温暖、湿润气候。萌芽力强,耐修剪,对烟尘和有毒气体有一定的抗性。

利用价值及利用现状 木材坚密,可制车轮及器具柄;叶和根可入药;种子榨油供制油漆、肥皂或润滑油用;可供观赏。

安阳地区一个观赏价值极高的常绿阔叶灌木或小乔木,作为绿篱栽植效果更佳。根据园林绿化布局需要,可修剪成球形或圆锥形等不同的造型,在园林绿化中孤植或密集栽植均可,丛栽使其形成低矮的灌木丛,可与金叶女贞、红叶小檗、扶芳藤、俏黄芦等组成美丽的图案,获得赏心悦目的效果。

二、红叶石楠 *Photinia* × *fraseri* Dress

形态特征 常绿小乔木或灌木,乔木高可达5 m、灌木高可达2 m。叶片革质,长圆形至倒卵状、披针形,叶端渐尖,叶基楔形,叶缘有带腺的锯齿,花多而密,复伞房花序,花白色,梨果黄红色,5～7月开花,9～10月结果。

分布 全国大部分地区有栽培。安阳市区各公园多有栽培。

生态学特性 抗阴、抗干旱,不抗水湿。抗盐碱性较好,耐修剪,对土壤要求不严格,耐瘠薄,适合在微酸性的土质中生长,尤喜沙质土壤,能够抵抗低温的环境。

利用价值及利用现状 优良观叶树种。

第二十节 苹果属

苹果属 *Malus* Mill.,落叶,稀半常绿,乔木或灌木。通常不具刺。有顶芽,冬芽卵形或长卵形,具数枚覆瓦状排列的鳞片;叶痕新月形;叶迹3个。单叶,互生,叶有锯齿或分裂,有叶柄和托叶。花两性,伞形总状花序;花萼5裂;花瓣5,近圆形或倒卵形,白色、粉红色至艳红色;雄蕊15～20,花药黄色;子房下位,心皮3～5,合成3～5室,每室胚珠2,花柱

3 ~5,基部合生。梨果,通常不具石细胞,萼片脱落或宿存;子房壁软骨质,3 ~5 室,每室1 ~2 枚种子。种子褐色或近黑色。

约 35 种,广布于北温带,亚洲、欧洲及美洲均产。我国 20 余种。安阳市本次普查苹果属有海棠 7 种。

一、西府海棠 *Malus micromalus* Makino

形态特征 乔木,高可达 7 m。树皮灰褐色,老时在树干基部呈浅块状裂。树枝直立性强;小枝细弱,紫红色或暗褐色,嫩时被短柔毛,老时脱落。冬芽卵形,先端急尖,紫褐色,无毛或仅在边缘有茸毛。叶椭圆形或长椭圆形,长 7 ~12 cm,宽 3.5 ~5 cm,先端急尖或渐尖,基部楔形,稀近圆形,边缘有锐锯齿,嫩叶被短柔毛,老叶无毛;叶柄长 1.5 ~3 cm,有疏柔毛或近于无毛;托叶条状披针形,先端渐尖,边缘有腺齿。伞形总状花序,有花 4 ~7 朵,花梗长 2 ~3 cm,嫩时有长柔毛,花径约 4 cm;萼筒外面密被白色茸毛,萼片三角状卵形、披针形或长卵形,与萼筒等长或稍长,先端急尖或渐尖,全缘,内面被白色茸毛,外面毛较稀疏;花瓣近圆形或长椭圆形,长 2 ~2.4 cm,粉红色;雄蕊 20;花柱 5,稀 4,基部具茸毛。果实近球形,径 1.5 ~2 cm,红色,萼洼和梗洼均下陷,萼片多数脱落,少数宿存。花期 4 ~5 月,果期 8 ~9 月。

分布 分布于辽宁、河北、山西、山东、陕西、甘肃、云南等地。安阳市园林多有栽培。

生态学特性 喜光,耐寒、耐旱,抗病虫。用种子繁殖,也可扦插、压条、分根繁殖。

利用价值及利用现状 常见栽培的果树及观赏树。可用作苹果及花红砧木。

二、垂丝海棠 *Malus haillana* Koehne

形态特征 小乔木,高 4 ~5 m。树皮紫褐色,平滑。树冠开张。小枝细弱,微弯,初被毛,后脱落,紫色或紫褐色。冬芽卵形,先端渐尖,紫色,无毛或仅在鳞片边缘具柔毛。叶卵形至长椭圆状卵形,长 3.5 ~8 cm,宽 2.5 ~4.5 cm,先端长渐尖,基部楔形至近圆形,边缘有圆钝细锯齿,上面深绿、有光泽并常有紫晕,下面淡绿色,除中脉有时有短毛外,余皆无毛;叶柄长 5 ~25 mm;托叶小,披针形,早落。伞房花序,具花 4 ~6 朵,花梗细弱,长 2 ~4 cm,下垂;花径 3 ~3.5 cm;萼筒外面无毛,萼裂片三角状卵形,与萼筒近等长,先端钝,全缘,外面无毛,内面密被茸毛;花瓣倒卵形,长约 1.5 cm,粉红色,常在 5 数以上;雄蕊20 ~25;花柱 4 ~5,基部有长茸毛。果实梨形或倒卵形,径 6 ~8 mm,深红色,略带紫晕,萼片脱落;果梗长 2 ~5 cm。花期 4 ~5 月,果期 9 ~10 月。

分布 分布于江苏、浙江、安徽、陕西、四川、云南等地。安阳市区园林多栽培。

生态学特性 喜温暖湿润气候,不耐寒,不耐旱。

利用价值及利用现状 观赏树种。

安阳地区园林绿化及庭院观赏树种。

三、河南海棠 *Malus honanensis* Rehd.

形态特征 小乔木或灌木,高 3 ~6 m。嫩枝被疏毛,老时脱落。冬芽卵形,先端钝,鳞片边缘被长柔毛，红褐色。叶卵圆形至椭圆形，长4～8 cm，宽3.5～6 cm，先端急尖，基部圆形或近截形，边缘具粗锐重锯齿，常3～5浅裂，嫩叶两面均被柔毛，老叶仅下面有毛；叶柄1.5～3 cm，被短柔毛。伞形总状花序，有花5～10朵，花梗细，长1.5～3 cm，嫩时有毛，后脱落；花径约1.5 cm；萼筒外面被疏柔毛，萼片三角状卵形，外面无毛，内面密生柔毛；花瓣卵圆形，长7～8 mm，粉白色；雄蕊20；花柱3～4，基部无毛。果实球形，径约8 mm，红色，萼片宿存。花期4～5月，果期9～10月。

分布　分布于河南、河北、山西、陕西、甘肃等地。林州太行山区有分布。

生态学特性　抗旱、耐涝，不耐严寒。用种子繁殖，也可分蘖、压条、扦插繁殖。

利用价值及利用现状　果可酿酒及制醋。可栽培供观赏，也可作苹果砧木。

四、北美海棠 *North American Begpnia*

形态特征　落叶小乔木，株高一般在5～7 m，呈圆丘状或者整株直立呈垂枝状。分枝多变，互生、直立、悬垂等，无弯曲枝。树干颜色为新干棕红色、黄绿色，老干灰棕色，有光泽，观赏性高。花朵基部合生，花色白色、粉色、红色，鲜红花序分伞状或者伞房花序的总状花序，多有香气。肉质梨果，带有脱落型或者不脱落型的花萼；有的品种果实观赏期达6～10个月。

第二十一节　李属

李属 *Prunus* L.，落叶小乔木或灌木，枝无顶芽，实髓，侧芽单生，幼叶在芽中常为席卷状，或对折状；单叶，互生，有叶柄，叶片基部或叶柄顶端有2小腺体；托叶早落。花单生或2～3朵簇生，有短梗，花先叶开放或与叶同时开放，有小苞片，早落。子房无毛，核果有1沟槽，无毛，常被蜡粉，果核平滑，两侧扁。

中国原产及常见栽培有7种。多为重要果树，观赏树种。

红叶李 *Prunus cerasifear* Ehrh. Var. *atropurpurea* Rehd.

别名　紫叶李

形态特征　落叶乔木，高5～6 m。小枝褐色，无毛。叶卵形，长达4.5 cm，先端尖，基部圆形，紫红色，边缘具细尖重锯齿，背面中脉基部密生柔毛。花常单生，淡粉红色。核果小，圆球形。花期3～4月。

分布　原种产于新疆。安阳市常见绿化树种。

生态学特性　喜好生长在阳光充足、温暖湿润的环境里，是一种耐水湿的植物。紫叶李种植的土壤需要肥沃、深厚、排水良好，而且土壤所富含的物质是黏质中性、酸性的，比如沙砾土就是种植紫叶李的好土壤。

利用价值及利用现状　常见观赏树木。

安阳地区常用行道树、公园、游园、庭院栽培树种。

第二十二节　樱属

樱属 *Cerasus* Mill.，落叶乔木或灌木，枝有顶芽或败育，侧芽单生或3个并生，实髓，幼叶在芽中折叠状。叶缘具锯齿，叶柄、叶缘和托叶常具腺体。花常数朵生于伞形、伞房和短总状花序上，或1～2朵生于叶腋，花常具梗，花序基部常有宿存芽鳞或有明显苞片；花萼筒钟形或管形，萼裂片直立开展或反折；花瓣先端圆钝至深裂，雄蕊多数；花柱与子房有毛或无毛。核果成熟时肉质多汁，不开裂；核球形或卵形，表面平滑或稍有皱纹。

本属中国连同引栽种有40多种，主产我国西南部。我国栽培樱桃有2 000多年历史。本属多为著名水果和观赏植物。安阳市本次普查樱花有2种。

樱花 *Cerasus* sp.

别名　东京樱花、日本樱花

形态特征　落叶乔木，树皮光滑。叶片椭圆卵形或倒卵形，先端渐尖或骤尾尖，基部圆形，稀楔形，边有尖锐重锯齿，齿端渐尖，有小腺体，上面深绿色，无毛，下面淡绿色，沿脉被稀疏柔毛；叶柄密被柔毛，顶端有1～2个腺体或有时无腺体；托叶披针形，早落。花序伞形总状，总梗极短，有花3～4朵，先叶开放，花直径3～3.5 cm；总苞片褐色，椭圆卵形；苞片褐色，匙状长圆形，边有腺体；萼筒管状，被疏柔毛；萼片三角状长卵形，先端渐尖，边有腺齿；花瓣白色或粉红色，椭圆卵形，先端下凹，全缘二裂；花柱基部有疏柔毛。核果近球形，黑色，核表面略具棱纹。花期4月，果期5月。

分布　原产日本，我国引种栽培。安阳市城区普遍栽培。

利用价值及利用现状　核仁入药，栽培供观赏。

安阳地区常用于园林观赏，也用作行道树。常以群植，或孤植于山坡、庭院、路边、建筑物前，还用于制作盆景材料。

第二十三节　合欢属

合欢属 *Albizia* Durazz.，落叶乔木或灌木。无顶芽；侧芽单生或2个叠生，芽鳞2至数片；叶迹3个。二回偶数羽状复叶互生，羽片2至多对；总叶柄下部具腺体；小叶通常小，柄短，多数，对生。头状或穗状花序，腋生或顶生，具总花梗；花常5基数，两性，辐射对称；花萼钟状或漏斗状；花瓣基部合生；雄蕊多数，花丝细长，基部合生，较花冠长数倍，花药小，颜色鲜艳而显著；子房上位，无柄或有短柄，胚珠多数，花柱丝状，柱头小。荚果条带状，扁而薄，稀肿胀，通常不开裂。

约150种，分布于亚洲、非洲和大洋洲的热带或温带地区。我国16种，多分布于南部和西南部。安阳市本次普查有2种1品种。

一、合欢 *Albizia julibrissin* Durazz.

别名　绒花树、马缨花

形态特征　落叶乔木，高达 16 m。树皮浅灰色，不裂或浅纵裂；小枝褐色，无毛。二回偶数羽状复叶，互生，羽片 4 ~ 12 对，小叶 10 ~ 30 对，镰形或条形，长 6 ~ 12 mm，宽 1 ~ 4 mm，先端急尖，基部圆楔形，全缘，主脉偏向一侧边缘，小叶夜间闭合；托叶披针形，早落。头状花序，多数，呈伞房状排列，顶生或腋生；花连同雄蕊长 2.5 ~ 4 cm；萼钟状，顶端 5 裂，疏生短柔毛，；花冠漏斗状，5 裂，有柔毛；雄蕊多数，花丝丝状，上部淡红色，基部连合，花药小，2 室；子房上位，花柱丝状，与花丝等长，淡红色。荚果扁平，条形，长 8 ~ 15 cm，宽 1.5 ~ 2.5 cm，边缘波状，有较厚棱线，淡黄褐色。种子多数，扁平。花期 6 ~ 7 月，果期 8 ~ 10 月。

分布　我国东北至华南及西南部各省区常见栽培。安阳市常见栽培。

生态学特性　喜光，耐寒性差，对土壤要求不严，耐干燥气候。用播种繁殖。

利用价值及利用现状　树皮、花蕾入药，有活血、安神、消肿、止痛的功效；树形优美，花色艳丽，为优良庭荫树及绿化观赏树种。

安阳地区主要作为庭荫树、绿化树种栽培，在小区、单位、厂矿、林缘、草坪、山坡上起点缀效果，也作为行道树栽培。

种质资源　安阳市本次普查合欢有 1 品种朱羽合欢。

二、山槐 *Albizia kalkora*（Roxb.）Prain

别名　山合欢

形态特征　乔木，高达 15 m。树皮灰褐色至黑灰色，浅纵裂；小枝褐色，光滑或有毛，具皮孔。复叶有羽片 2 ~ 4 对；小叶 5 ~ 14 对，长圆形，长 1.5 ~ 4.5 cm，宽 1 ~ 1.8 cm，先端圆或钝，具小短尖，基部近圆形，偏斜，中脉偏上缘，两面密被短柔毛。头状花序 2 至多个排成伞房状，顶生；萼漏斗状，5 齿裂，密被柔毛；花冠长 6 ~ 7 mm，密被柔毛；雄蕊多数，花丝丝状，上部淡粉红色至黄白色；长 2.5 ~ 3 cm。荚果扁平，条形，长 7 ~ 21 cm，宽 1.5 ~ 3 cm。先端尖，基部长柄状，柄长 8 ~ 15 mm，深棕色，疏被短柔毛。种子 5 ~ 13 粒。花期 4 ~ 5 月，果期 9 ~ 10 月。

分布　分布于我国华北、西北、华东、华南至西南部各省区。安阳太行山区有分布。

生态学特性　喜光，喜温暖湿润气候，耐干旱瘠薄。用种子繁殖。

利用价值及利用现状　木材耐水湿；花美丽，也可植为风景树。

第二十四节　紫荆属

紫荆属 *Cercis* L.，落叶灌木或小乔木。小枝无毛。冬芽小，常数个叠生。单叶互生，全缘，掌状脉；托叶小，早落。花簇生，或成总状花序，生于老枝或主干上，先开或与叶同时开放。花萼宽钟形，有 5 短齿。假蝶形花冠，花瓣大小不等。雄蕊 10，花丝分离。荚果，扁平，窄矩圆形。

中国有6种,产西南和中南。安阳市本次普查有5种4品种。

紫荆 *Cercis chinensis* Bunge.

别名 乌桑、紫荆花

形态特征 灌木或小乔木,高达6 m。树皮幼时暗灰色,平滑,老时粗糙,浅纵裂。小枝浅褐色至褐色,无毛,密生锈色皮孔。叶痕倒三角形;叶芽扁三角状卵形,常2个叠生,贴生于枝上;花芽在老枝上常簇生,球形或短圆柱形,灰紫色。单叶,互生,叶片近圆形,长6~14 cm,宽5~14 cm,先端渐尖或骤尖,基部心形,两面光滑无毛,纸质,叶脉明显,叶表面绿色,背面淡绿色。花先叶开放,4~10簇生于老枝上;花萼红色;花冠紫红色,长1.5~1.8 cm,小苞片2;花梗细,长6~15 mm,无毛;雄蕊10,分离。荚果,长5~14 cm,宽1.3~1.5 cm,沿腹缝线有狭翅,顶端有短喙,褐色,有种子1~8;种子扁平,近圆形,长约4 mm,深褐色。花期4~5月,果期9~10月。

分布 华东、华中、华南、西南各地普遍栽培。安阳市常见栽培。

生态学特性 较喜光。喜湿润,忌水湿。幼苗移栽易成活。萌芽性强。种子繁殖。

利用价值及利用现状 木材耐久用,可制家具、农具;木材、树皮、根入药,有活血行气、消肿止痛的功效;树皮、花梗为外伤疮疡药。树形姿势优美,叶形雅致,为美丽观花树种。

安阳地区常用园林绿化树种、观花树种。

1. 红叶紫荆 *Cercis canadensis* 'Forest Pansy'

别名 加拿大红叶紫荆、紫叶加拿大紫荆

形态特征 落叶小乔木。叶互生,叶片心形,叶片棕色到紫红色,秋天变为黄色。

分布 原产于加拿大,全国多地有种植。它是加拿大紫荆(*Cercis canadensis*)的一个园艺品种。安阳有栽培。

利用价值及利用现状 美丽观叶树种。

安阳地区园林绿化树种,常用于公园、游园绿化。

2. 湖北紫荆 *Cercis glabra* Pampan.

别名 巨紫荆

形态特征 落叶乔木;树皮和小枝灰黑色。叶较大,厚纸质或近革质,心脏形或三角状圆形,先端钝或急尖,基部浅心形至深心形,幼叶常呈紫红色,成长后绿色,上面光亮,下面无毛或基部脉腋间常有簇生柔毛;基脉5~7条;叶柄长2~4.5 cm。总状花序短,总轴长0.5~1 cm,有花数至十余朵;花淡紫红色或粉红色,先于叶或与叶同时开放,稍大,花梗细长。荚果狭长圆形,紫红色,先端渐尖,基部圆钝,二缝线不等长,背缝稍长,向外弯拱,少数基部渐尖而缝线等长;种子1~8颗,近圆形,扁。花期3~4月,果期9~11月。

分布 分布于湖北、河南、陕西、四川、云南、贵州、广西、广东、湖南、浙江、安徽等省区。安阳常见栽培。

利用价值及利用现状 观花观叶树种。

安阳地区园林绿化树种。

第二十五节 槐属

槐属 *Sophora* L.，乔木或灌木，稀草本。无顶芽，侧芽柄下芽或微露出。奇数羽状复叶，小叶对生或近对生，7 至多数；托叶小，有时成刺。总状或圆锥花序；花萼钟形，萼片 5；花冠长为花萼的 2 倍，旗瓣圆形至矩形状倒卵形，翼瓣长椭圆形，龙骨瓣与翼瓣相似或略大；雄蕊 10，离生或仅基部稍连合；子房有梗。荚果圆柱形或稍扁，肉质或干燥，种子间缢缩成念珠状，不裂或开裂较迟。种子 1 至多数。

中国有 16 种，南北均产。安阳市本次普查有 6 种，太行山 3 种。

槐 *Sophora japonica* L.

别名 国槐

形态特征 落叶乔木，高达 25 m，胸径达 150 cm。树皮灰褐色，纵裂。树冠宽卵形或近球形。小枝暗绿色，具淡黄色皮孔；叶痕 V 字形或三角形。无顶芽，侧芽为柄下芽，很小。奇数羽状复叶，长 15 ~ 25 cm；小叶 7 ~ 17，小叶片卵形或卵状矩圆形，长 2.5 ~ 7.5 cm，宽 1.2 ~ 3 cm，先端渐尖，具一锐尖头，基部宽楔形或近圆形，背面有白粉和平伏毛；托叶早落。圆锥花序；花萼钟形，裂片 5，疏被毛；花瓣黄白色，旗瓣近圆形，先端下凹，具短爪，有紫脉；雄蕊 10，不等长。荚果，肉质，念珠状，长 2.5 ~ 8 cm，有光泽，先端喙状。种子 1 ~ 6，肾形，黑褐色。花期 7 ~ 8 月，果期 8 ~ 10 月。

分布 原产于中国。我国从南到北及西南地区均有栽培。安阳市乡土树种。

生态学特性 适应较干冷气候。幼年稍耐阴，后喜光。喜深厚、湿润、肥沃、排水良好的沙壤土，在低湿积水处生长不良。对二氧化硫、氯气、氯化氢及烟尘等抗性较强。深根性，抗风力强。

利用价值及利用现状 安阳市市树；优良庭园和行道树种；木材可供建筑及家具用；树皮、枝叶、花、果及种子均可入药，能凉血止血。

安阳地区城乡良好的遮阴树和行道树种，也常用在小区绿化、公园绿化中。

种质资源 安阳市本次普查槐树有 5 变种。

1. 龙爪槐 *Sophora japonica* var. *pndula*

乔木，高达 25 m；树皮灰褐色，具纵裂纹。当年生枝绿色，无毛。龙爪槐是国槐的芽变品种，落叶乔木，喜光，稍耐阴，能适应干冷气候。树冠优美，花芳香，是行道树和优良的蜜源植物；花、果、叶和根皮、荚果可入药。

2. 金叶国槐 *Sophora japonica* cv. jinye

国槐的变异品种。落叶乔木，树冠呈伞形。叶子为奇数羽状复叶。春季萌发的新叶及后期长出的新叶，在生长期的前 4 个月，均为金黄，其树冠在 8 月前为全黄，在 8 月后上半部为金黄色，下半部为淡绿色。金叶国槐叶片的黄色为娇艳喜人的金黄色，远看似金花盛开，十分醒目。

3. 金枝国槐'Golden Stem'

叶片为浅黄色，枝条金黄色。

4. 五叶槐 *Sophora japonica* f. *oligophylla Franch.*

蝴蝶槐，本变种复叶只有小叶 1 ~2 对，集生于叶轴先端成为掌状，或仅为规划的掌状分裂，下面常疏被长柔毛。

第二十六节　紫藤属

紫藤属 *Wisteria* Nutt.，落叶木质藤本。奇数羽状复叶，互生；托叶早落；小叶 9 ~19，有小叶柄和小托叶。总状花序，下垂；花萼钟形，萼裂片 5，下面 1 片较长；花冠白色、紫色、淡紫色，旗瓣大，圆形，外弯；二体雄蕊；子房条形，有柄。荚果，长条形，扁平，迟裂。

中国有 7 种。太行山 3 种。

紫藤 *Wisteria sinensis*（Sims）Sweet.

形态特征　大藤本，茎长达 15 m，径达 20 cm，右旋缠绕；树皮灰褐色，平滑或浅裂。小枝灰绿色至褐色，被短毛或无毛，皮孔不明显；叶痕隆起，半圆形。侧芽卵形或卵状圆锥形，褐色。奇数羽状复叶；小叶 7 ~13，小叶片卵形至卵状矩圆形，长 5 ~11 cm，宽 2 ~4.5 cm，全缘，先端渐尖，基部圆形或宽楔形，幼时两面密生白色柔毛，老叶近无毛。总状花序，下垂，长达 30 cm，花序轴及花梗均有柔毛；花萼钟形，萼裂片 5，有毛；花冠淡紫色，长 2.5 cm，旗瓣圆形，基部有 2 胼胝体。荚果，扁平，顶端宽，基部狭，长 15 ~20 cm，密生灰褐色短柔毛。种子扁圆形，棕黑色。花期 4 ~5 月，果期 8 月。

分布　产河北以南黄河长江流域及陕西、河南、广西、贵州、云南。安阳常见栽培。

生态学特性　喜光，用种子、扦插或分根繁殖。花序硕大而美丽，供观赏。

利用价值及利用现状　常见垂直绿化树种。

第二十七节　刺槐属

刺槐属 *Robinia* L.，落叶乔木或灌木。顶芽缺，侧芽小，为柄下芽；叶迹 3 个。奇数羽状复叶，互生；托叶常变成刺，宿存；小叶对生，全缘，具小叶柄和小托叶。总状花序腋生，下垂；苞片膜质，早落；萼钟状，5 齿裂，稍 2 唇形；花冠白色至淡红色或淡紫色，旗瓣近圆形，外卷，翼瓣长圆形，弯曲，龙骨瓣背部连合向内弯曲；雄蕊两体（9 +1）；子房具柄，胚珠多数，花柱内弯，无毛。荚果长圆形或带状长椭圆形，扁平，腹缝线具窄翅，2 瓣裂。种子数粒，肾形，黑褐色。

约 20 种，产北美洲及墨西哥。我国引入 2 种，全国各地广泛栽培。安阳市本次普查 3 种 7 品种。

刺槐 *Robinia pseudoacacia* L.

别名　洋槐

形态特征　落叶乔木，高达 25 m，胸径达 1 m。树皮灰褐色，不规则深纵裂；树冠倒卵形。幼枝灰绿色至灰褐色，有纵棱或无棱，具淡褐色皮孔；叶痕倒卵形；托叶刺略扁。奇数羽状复叶,小叶 7~25,小叶片椭圆形、长椭圆形或卵形,长 2~5 cm,宽 1~2 cm,先端圆形,微凹,有小尖头;基部宽楔形,全缘,幼时被短柔毛,后变无毛。总状花序,腋生;花萼斜钟状,萼齿 5;花瓣白色,旗瓣具爪,基部常有黄斑。荚果,扁平带状,长 4~10 cm,红褐色,沿腹缝线有窄翅。种子 2~15,扁肾形,褐色至黑褐色,有时具斑纹。花期 5 月,果期 8~9 月。

分布 原产美国东北部和东南部。我国各地广泛栽培。安阳市常见栽培。

生态学特性 喜光。浅根性,根系发达,萌芽性强,有根瘤菌。对土壤条件要求不严,耐寒,耐旱,适应性较强。多生于平原、低山丘陵,海拔 1 000 cm 以下。用种子、插根、分蘖繁殖。

利用价值及利用现状 材质硬重,宜作家具、车辆、建筑、矿柱等多种用材;花含蜜,为蜜源植物;优良固沙保土树种。

安阳地区主要作为庭荫树、行道树及“四旁”绿化树种栽培,东部重要的固沙保土树种。

种质资源 安阳市本次普查有 7 个品种。

1. 豫刺槐 1 号 *pseudoacacia*‘Yucihuai No. 1’

干形通直圆满、生长旺盛、林相整齐,树冠倒卵形;具托叶刺;蝶形花树皮浅灰色;浅裂;裂片细小,均匀速生,高产;根繁成活率高;喜光,耐寒,耐贫瘠,优良防风固沙树种。

2. 豫刺槐 2 号 *pseudoacacia*‘Yucihuai No. 2’

树皮浅褐灰色,深裂,裂片不规则。主干较直,冠内主干不明显。小叶片卵形。该品种繁殖容易。造林成活率高也是该品种的显著特点。

3. 豫刺槐 3 号 *pseudoacacia*‘Yucihuai No. 3’

选育品种。与同期刺槐品种相比,速生性强,生物量大。

4.‘豫引 1 号’刺槐 *pseudoacaciac*‘Yuyin No. 1’

引进品种。树皮灰白色,皮薄,裂纹直,浅纵裂。树冠倒卵形,分枝较粗,冠内分枝稀疏。

5.‘黄金’刺槐 *pseudoacacia*‘Huangjin’

芽变品种。观赏树种。春、夏、秋三季叶片颜色均为黄色,成熟叶片金黄色,不返绿。

6.‘箭杆’刺槐 *pseudoaca*‘Jian Gan’

选择育种品种。落叶乔木,喜光不耐庇荫;羽状复叶,花白色,花期为 5 月 1 日前后,花期 1 周;主干刺退化或脱落,无刺或少刺,树皮光滑;侧枝分枝角度小,一般不超过 35°,侧枝点间距大,树冠紧凑,呈纺锤形。

7. 香花槐 *Robinia pseudoacacia* cv. Idaho

落叶乔木,株高可达 12 m,羽状复叶,叶椭圆形至卵长圆形,总状花序,花被红色,有浓郁芳香,稀有的绿化香花树种,是公园、庭院、街道、花坛等园林绿化树种。

第二十八节 锦鸡儿属

锦鸡儿属 *Caragana Fabr*,落叶灌木,稀小乔木。偶数羽状复叶;小叶全缘;叶轴先端常刺状，宿存；托叶小，脱落或成刺状宿存。花蝶形，黄色，稀白色或粉红色，单生或丛生，具关节；萼管状或钟状，萼齿5个，近等长或上边2齿较小；旗瓣倒卵形或近圆形，直立，两侧向外反卷，基部有爪；雄蕊10个，连合为9与1两体；子房近无柄。荚果线形、圆筒形或扁平，开裂。

有60余种，分布于欧洲和亚洲。我国约50种，主要分布在黄河流域以北干燥地区，以青藏高原为中心。太行山有12种。

一、红花锦鸡儿 *Caragana rosea* Turcz.

别名 金雀儿

形态特征 多枝直立灌木，高约1 m。枝条灰黄色或灰褐色，全株无毛；小枝细长，有棱。托叶硬化成细针刺状；叶轴短，长5～10 mm，脱落或宿存变成针刺状；小叶4，假掌状排列，上面1对常较大，长椭圆状倒卵形，长1～3 cm，宽4～12 mm，先端圆或微凹，有刺尖，基部楔形，上面光滑，下面小脉凸起，边缘略向下面反卷，无毛。花单生，长2.5～2.8 cm；花梗长1 cm，中部有关节；花萼小，近筒状，无毛，长1～1.4 cm，宽约4 mm，基部偏斜；花冠黄色，长达2 cm，龙骨瓣白色或全为粉红色，凋谢时变红色，旗瓣狭，长椭圆状倒卵形；子房条形，无毛。荚果圆筒形，无毛，具针尖头，长达6 cm，暗褐色至红褐色。花期5～6月，果期7～8月。

分布 分布于东北、华北、华东，以及河南、甘肃等地。林州太行山区有分布，安阳市区有栽培。

生态学特性 喜光，耐寒，耐干燥瘠薄土壤。用种子繁殖。

利用价值及利用现状 观花灌木。

安阳地区园林观赏树种。

二、毛掌锦鸡儿 *Caragana leveillei* Kom.

形态特征 灌木，高可达2 m。树皮灰黄色；枝条细长，有棱，小枝褐色，密生灰白色毛。托叶狭，先端渐尖，有细针刺；叶轴短，长5～9 mm，脱落或宿存变成针刺，被灰色毛；小叶4，假掌状排列，硬纸质或膜质，楔状倒卵形、倒卵形至倒披针形，长3～18 mm，宽1.5～8 mm，先端圆形、近截形或浅凹，有细尖头，基部楔形，两面密生白色长柔毛。花单生，长2～3 cm；花梗密生白色长柔毛，长1～2 cm，中部以上有关节；花萼圆筒状，基部偏斜，密生白色长柔毛，长约1 cm；花冠黄色或带浅红色或全为紫色，旗瓣倒卵状楔形，爪长而阔，翼瓣长椭圆形，耳细短，爪细长，龙骨瓣钝头，爪细长；子房条形，密生长柔毛，胚珠4～8。荚果近圆筒形或微压扁，具小尖头，长2.5～4 cm，宽约3 mm，密生灰白色长柔毛。花期5～6月，果期7～8月。

分布 分布于河北、山西、山东、陕西、河南等地。林州太行山区有分布。

三、锦鸡儿 *Caragana sinica*（Buchholz）Rehd.

形态特征 灌木，高1～2 cm。树皮深褐色，具直立或展开的枝条，小枝细长，黄褐色至灰褐色，具棱，无毛。托叶三角形，渐尖，常硬化成针刺，长达8 mm；叶轴脱落或宿存并硬化成针刺状,长达2.5 cm;小叶4,羽状排列,上面1对常较大,倒卵形或长圆状倒卵形,长1~3.5 cm,宽5~15 mm,先端圆或微凹,具小刺尖或无,基部楔形,全缘,两面无毛,脉纹明显,革质或硬纸质。花梗簇生,每梗具1花,长约1 cm,中部具关节;花萼钟状,长1.2~1.4 cm,萼齿三角形,基部偏斜具浅囊;花冠黄色而带红,凋谢时褐红色,长2.8 cm,旗瓣窄倒卵形,具短爪,基部常红色,翼瓣顶端圆,耳极短而圆,龙骨瓣宽而钝,紫色;子房无毛。荚果圆柱形,长3~3.5 cm,径约5 mm,稍偏,无毛。花期5~6月,果期7~8月。

分布　分布于河北、陕西、江苏、江西、浙江、福建、河南、湖北、湖南、广西北部、四川、贵州、云南等地。安阳园林有栽培。

利用价值及利用现状　供观赏或做绿篱。根皮供药用,能祛风活血、舒筋、除湿利尿、止咳化痰。

第二十九节　胡枝子属

胡枝子属 *Lespedeza* Michx.,灌木、亚灌木或草本。羽状三出复叶;托叶宿存或早落;小叶全缘,先端有芒尖。总状或头状花序;花冠通常为紫色至红色或白色至黄色,花常二型,一种有花冠,结实或不结实,一种无花冠,结实;花梗无关节,常2花腋生于宿存的苞片内;花萼钟状,5裂;花冠具爪;雄蕊二体;子房具1胚珠,花柱内弯,柱头顶生。荚果,扁平,卵形、倒卵形或椭圆形,常具网纹,不开裂。种子1。

中国有26种,除新疆以外,广布于全国各地。太行山14种。

一、胡枝子 *Lespedeza bicolor* Turcz.

别名　随军茶

形态特征　灌木,高可达3 m。茎分枝多;小枝灰褐色,有棱,密被长柔毛,后渐脱落。3出复叶,顶生小叶较侧生小叶大,小叶纸质,卵状长圆形、宽椭圆形或圆形,长2~7 cm,宽14 cm,先端圆钝或微凹,稀先端尖,有短芒尖,基部圆形或阔楔形,上面暗绿色,疏被平伏毛,下面灰绿色,毛较密;叶柄长2~8 cm,密被柔毛;托叶钻形,宿存。总状花序腋生,较叶长,总花梗长4~10 cm,花梗短,密被柔毛;萼钟状,4齿裂,短于萼筒,密被柔毛,齿披针形;花冠红紫色,旗瓣长9~12 mm,无爪,翼瓣较短,具爪,龙骨瓣与旗瓣近等长,有长爪。荚果斜卵形,长约1 cm,较萼长,扁平,具短喙及子房柄,网脉明显,密被柔毛。花期7~8月,果期9~10月。

分布　分布于东北、华北、西北,以及山东、河南等地。林州太行山区多见。

生态学特性　耐干旱瘠薄,适应性很强,根系发达,有根瘤菌,是水土保持、改良土壤的优良树种,也可以作防护林的林下木。

利用价值及利用现状　水土保持灌木,优质绿肥,可作庭院观赏灌木。

二、美丽胡枝子 *Lespedeza formosa* (Vog.) Koehne

形态特征　灌木,高达2 m。多分枝,幼枝有毛。小叶3,卵状椭圆形、椭圆状披针形或卵形,长1.5~6 cm,宽1~3 cm,先端急尖,圆钝或微凹,有小尖,基部楔形,上面绿色,稍被短柔毛或无毛,下面灰绿色,密生短柔毛;叶柄长1~5 cm;托叶披针形,长4~9 mm,被疏柔毛。总状花序腋生,较叶长,单生或数个排成圆锥状,总花梗长达10 cm,被短柔毛,花梗短;花萼钟状,长5~7 mm,4深裂,萼齿长圆状披针形,明显长于萼筒,密被黄绿色短柔毛;花冠紫红色,稀白色,长1~1.5 cm,龙骨瓣比旗瓣长或近等长。荚果倒卵形、倒卵状长圆形、卵形或披针形,稍偏斜,长8 mm,宽4 mm,有短尖,网纹显,被锈色短柔毛。花期5~6月,果期8~9月。

分布　分布于河北、陕西、甘肃、山东、江苏、安徽、浙江、江西、福建、河南、湖北、湖南、广东、广西、四川、云南等省区。林州太行山区有分布。

生态学特性　生于海拔1 700 m以下的山地灌丛、林下或杂草丛中。用种子繁殖。

利用价值及利用现状　为水土保持植物;可作饲料;根入药,有凉血消肿、除湿解毒之效;可作庭院观赏灌木。

第三十节　臭椿属

臭椿属 *Ailanthus* Desf.,落叶乔木。枝粗壮;顶芽缺,腋芽球形,多具2~4芽鳞。奇数羽状复叶,互生,小叶13~41,全缘,基部常1~4对缺齿,齿端具腺体。花杂性或单性异株;圆锥花序顶生,每花基部常有1小苞片;萼5(6)裂,覆瓦状排列;花瓣5(6),镊合状排列;花盘10裂;雄蕊10,着生于花冠基部;两性花的雄蕊多短小或退化;心皮2~6,子房2~5深裂,2~6室,花柱靠合,柱头开展。翅果离生,长圆形,1~6个着生于一果柄上。每小翅果中部具1种子,胚乳少量,子叶倒卵形或圆形。

约11种,分布于亚洲南部和大洋洲北部。我国有5种,多分布在华南及西南各地区。安阳市本次普查3种1品种。

臭椿 *Ailathus altissima* (Mill.) Swingle.

别名　椿树

形态特征　落叶乔木,高达30 m。树皮灰褐色或灰黑色,平滑或浅裂。小枝红褐色或黄褐色,粗壮,髓发达,疏生灰黄色皮孔,初被短柔毛,后脱落。奇数羽状复叶,小叶13~41,具柄,叶片卵状披针形,长7~12 cm,宽2~4.5 cm,先端渐尖,基部稍偏斜,上部全缘,近基部有1~4腺齿。圆锥花序顶生,花小而多,白绿色;雄花与杂性花异株;萼片5;花瓣5;雄蕊10,着生于花盘基部;子房5心皮,柱头开展5裂。翅果扁平,纺锤形,先端钝圆,长3~5 cm,淡黄褐色,有时带红色。花期6~7月,果熟期9~10月。

分布　我国除黑龙江、吉林、新疆、青海、宁夏、甘肃和海南外,各地均有分布。安阳市乡土树种。

生态学特性　喜光,适应干冷气候,耐干旱瘠薄,喜钙质土;对土壤条件要求不严,酸性、中性、碱性土壤均可生长发育。为荒山及石灰岩山地先锋树种。用播种、分蘖及分根繁殖。

利用价值及利用现状　木材可做家具、火柴等用材;木纤维含量大而韧性强,是优良的造纸原料;种子可榨油,可用于制造油漆、肥皂、润滑油;根皮可入药;山地造林树种、绿化树种。

安阳市优良乡土树种，良好的观赏树、行道树、工厂和庭院绿化树种，孤植、丛植或与其他树种混栽。

种质资源 安阳市本次普查有1品种。

第三十一节 香椿属

香椿属 *Toona*(Endl.)Roem.，落叶或常绿乔木。芽近圆形，顶芽发达，芽鳞4～6片；叶迹5个，V形。羽状复叶，互生；小叶全缘或有疏齿。花小，两性；圆锥花序，顶生或腋生；花萼短，管状，5齿裂或分离；花瓣5，远长于花萼，与萼片互生；雄蕊5，退化雄蕊5或缺，花丝分离；花盘厚肉质，5棱；子房5室，每室胚珠8～12，花柱单一，柱头头状，子房柄粗，呈5棱形短柱。蒴果革质或木质，开裂为5果瓣，中轴粗。种子多数，扁平，1端或2端有翅，子叶叶状。

15种，分布于亚洲和大洋洲。我国3种，分布于全国各地。安阳市本次普查有2种1品种。

香椿 *Toona sinensis* (A. Juss.) Roem.

别名 椿芽树

形态特征 落叶乔木，高达25 m。树皮赭褐色，成窄条片脱落。枝条粗壮，有光泽，叶痕大而明显。偶数羽状复叶，稀奇数，长20～80 cm；小叶8～10对，椭圆状披针形或椭圆形，长8～15 cm，宽1.5～3.5 cm，先端尖，基部圆形，偏斜，全缘或有疏浅锯齿，两面无毛。圆锥花序，顶生；花芳香；萼5裂；花瓣5片，白色；雄蕊5，退化雄蕊5；子房有沟纹5条；花盘红色。蒴果狭椭圆形至倒卵形，长1.5～2.5 cm，果皮革质，熟时红褐色，先端5瓣裂，开裂为钟形。种子上端具膜质长翅。花期5～6月，果期8～10月。

分布 分布于我国中部、南部。我国特有，安阳多栽培，以东姚齐街村栽培面积最大。

生态学特性 喜光，喜温暖湿润气候，不耐严寒；深根性，根蘖性强；对土壤要求不严，在中性、酸性、钙质土上均生长良好，在土层深厚、湿润、肥沃的沙壤土上生长较快。

利用价值及利用现状 嫩叶为著名蔬菜；材质坚重，纹理美观，有光泽，富弹性，为建筑、家具等良材；树皮纤维可造纸；种子可榨油；根皮、果实入药；“四旁”绿化树种。

安阳市各地栽培，农户、个人零星栽培居多，集中栽培以林州东姚为主。

第三十二节 楝属

楝属 *Melia* L.，落叶或半常绿，乔木或灌木。顶芽缺，侧芽近球形，芽鳞3片；叶迹3组，各成C形。叶互生，一至三回奇数羽状复叶；小叶全缘或有锯齿；小叶具柄。花两性，白色或紫色，排成腋生、分枝的圆锥花序；萼5～6深裂，覆瓦状排列；花瓣5～6，分离；花丝合生成筒状，顶端10～12齿裂，花药着生于裂齿间；花盘环状；子房3～6室，每室2胚珠，花柱细长，柱头头状，3～6裂。核果；每室有种子1粒，无翅。

20 种,分布于东半球热带和亚热带。我国 3 种,分布于东南和西南。安阳市本次普查 1 种。

楝 *Melia azedarach* L.

别名 苦楝、楝树

形态特征 落叶乔木,高达 20 m。树皮赤褐色至暗灰色,纵裂。小枝灰褐色,有星状细毛;老枝紫色,皮孔明显。二至三回奇数羽状复叶,长 20 ~ 50 cm;小叶卵形至椭圆形,长 3 ~ 7 cm,宽 2 ~ 3.5 cm,先端尖,基部略偏斜,边缘有钝锯齿或浅裂,幼时被星状毛。圆锥花序与叶等长,腋生;花紫色或淡紫色,芳香,长约 1 cm;花萼 5 裂,裂片披针形,被短柔毛;花瓣 5,倒卵状匙形或倒披针形,被短柔毛;雄蕊 10,花丝合生成筒。核果近球形,长 1 ~ 2 cm,淡黄色,4 ~ 5 室;每室 1 枚种子,暗褐色。花期 5 月,果期 9 ~ 10 月。

分布 我国黄河以南各省区常见。安阳市多见栽培。

生态学特性 喜光,喜温暖湿润气候,不耐寒;在酸性土、中性土、钙质土及轻度盐碱土上均能生长;浅根性,侧根发达;对大气中二氧化硫抗性强,耐烟尘。

利用价值及利用现状 木材坚软适中,耐腐蚀,不易裂,不易弯曲,可供家具、工艺、乐器等高级用材;树皮含苦楝素及鞣质,驱虫;种子油可制油漆、润滑油等;花紫色而芳香,为良好的蜜源及绿化树种。

安阳市太行山区有野生分布,主要用于城区行道树、农村"四旁"绿化和廊道绿化树种。

第三十三节 黄杨属

黄杨属 *Buxus* L.,常绿灌木或小乔木。小枝四棱形。冬芽圆锥形,具芽鳞数片。单叶对生,革质,有光泽,全缘;具短柄。花序穗状、总状或头状,腋生或顶生,有多枚苞片,花单性,雌雄同株,每花序常顶生 1 雌花,其余为雄花;雄花萼片 4,2 轮,雄蕊 4,与萼片对生,有不育雌蕊 1;雌花萼片 6,2 轮,子房 3 室,花柱 3,柱头下延。蒴果,球形或卵形,3 瓣裂,裂片两侧宿存 2 裂的花柱,外果皮和内果皮脱离。种子长圆形,黑色有光泽;子叶长圆形。

约 70 种,分布于亚洲、欧洲、非洲及美洲中部。我国约 30 种,产于西南至东南。安阳市本次普查 5 种 1 品种。

一、黄杨 *Buxus sinica Cheng*

别名 黄杨木、小叶黄杨

形态特征 常绿灌木或小乔木,高达 7 m。树皮灰白色,鳞片状剥落;小枝四棱形,被短柔毛。冬芽外部鳞片具短柔毛。叶革质,宽倒卵形、宽椭圆形、卵状椭圆形至长椭圆形,长 1.5 ~ 3.5 cm,宽 1 ~ 2 cm,先端圆钝,常有小凹陷,基部楔形,边缘干后微卷,上面深绿色,有光泽,中脉基部微有毛,下面苍白色,微有柔毛;叶柄长 1 ~ 2 mm,微有毛。花簇生叶腋或枝端;雄蕊连花药长约 4 mm;花柱较子房短,柱头倒心形,粗厚,下延达花柱中部。蒴果近球形,黑色,长 6 ~ 8 mm。宿存角状花柱长 2 ~ 3 mm。花期 4 ~ 5 月,果期 6 ~ 7 月。

分布 我国中部,北方各城市多栽培。安阳市常见栽培。

生态学特性 耐阴喜光。喜湿润,但忌长时间积水。耐旱。耐热耐寒。对土壤要求不严,以疏松肥沃的沙质壤土为佳,耐碱性较强。分蘖性极强,耐修剪,易成形。

利用价值及利用现状 木材坚硬致密,为良好的工艺品材料;供绿化及观赏。

安阳地区常种植在园林、花坛中,修剪成绿篱、黄杨球等。

二、雀舌黄杨 *Buxus bodinieri* Levl.

别名 细叶黄杨

形态特征 常绿小灌木,高通常不及 1 m。分枝多,密集成丛。小枝四棱形,无毛或有稀疏短毛。叶革质,较狭长,倒披针形或狭倒卵形,长 2 ~ 4 cm,宽 5 ~ 10 mm,先端钝圆或微凹,基部狭楔形,表面绿色,有光泽,背面色淡,中脉突起,侧脉明显,无毛;叶柄长 1 ~ 2 mm。花序密集成穗状,生于叶腋或枝顶,雄花无梗,雄蕊连花药长约 6 mm;雌花花柱 3,略扁,柱头倒心形,2 裂。蒴果近球形,宿存花柱直立,连花柱长 8 ~ 10 mm。花期 5 月,果期 6 ~ 8 月。

分布 分布于云南、四川、贵州、广西、广东、江西、浙江、湖北、河南、甘肃、陕西等省区。安阳有栽培。

利用价值及利用现状 园林绿化树种。

第三十四节　卫矛属

卫矛属 *Euonymus* L. ,落叶或常绿乔木或灌木,有时借不定根匍匐或攀援上升。小枝常四棱形;冬芽显著,芽鳞覆瓦状排列。叶对生,稀轮生或互生;托叶早落或无。聚伞花序腋生;花两性,稀杂性;萼片和花瓣 4 ~ 5;雄蕊 4 ~ 5,着生于花盘边缘,花盘肉质扁平,方形或圆形,有时 4 ~ 5 浅裂;子房上位,贴生于花盘,4 ~ 5 室,每室胚珠 1 ~ 2,少数每室 4 ~ 12,花柱短或无,柱头圆头状、扁盘状或 4 ~ 5 裂。蒴果平滑,具棱或翅,稀有瘤突或刺,4 ~ 5 室,每室 1 ~ 2 枚种子。种子全部或部分包于橘红色或红色假种皮内,有胚乳。

我国约 100 种,各地均有分布。太行山区有 13 种 1 变种。

冬青卫矛 *Euonymus japonicus* L.

别名 大叶黄杨、正木

形态特征 常绿灌木或小乔木,高达 8 m。树皮浅褐色,有浅纵裂条纹。小枝微四棱形、绿色。叶对生,叶片倒卵形或椭圆形,长 3 ~ 6 cm,宽 2 ~ 4 cm,先端钝圆或急尖,基部楔形,浅钝锯齿,两面无毛,革质,表面光亮;叶柄长 6 ~ 10 mm。二歧聚伞花序,腋生,花 5 ~ 15 朵,花序梗长 2 ~ 5 mm;花淡绿色,直径 5 ~ 7 mm,花部 4 数;萼片半圆形,花瓣圆形或卵圆形,花盘近方形;雄蕊与花柱近等长,着生于花盘边缘;子房与花盘贴生,4 室,每室 2 胚珠。蒴果扁球形,粉红色,径约 8 mm。种子椭圆形,全包于橘红色假种皮中。花期 5 ~ 6 月,果期 9 ~ 10 月。

分布 原产于日本,我国广泛栽培。安阳常作绿篱栽培。

利用价值及利用现状　著名庭院植物,四季常青。

第三十五节　槭属

槭属 *Acer* L.,落叶,稀常绿,乔木或灌木;茎、枝皮薄而光滑,茎内常有白色树液。单叶或复叶;对生,单叶不裂或掌状分裂。花序顶生,由枝顶芽生出花序下部有叶;由枝侧芽生出花序下部无叶;花小,辐射对称;雄花与两性花同株或异株;稀单性异株;萼片、花瓣均5(4),稀花瓣缺;雄蕊8(4~12),花盘内生或外生;子房2室,花柱2裂,稀不裂,柱头常反卷。双翅果(2具翅小坚果相连),果翅开张角度及果核与翅之比,因种而异。

我国140余种,各地均产。安阳市本次普查有18种3品种。

一、元宝槭 *Acer truncatum* Bunge

别名　华北五角枫、平基槭

形态特征　落叶乔木,高达12 m,胸径60 cm。树皮灰褐色、深纵裂。1年生枝径1~3 mm,淡棕色,无毛。单叶,掌状5裂;叶片长5~10 cm,宽8~13 cm,先端锐尖或尾尖,基部截形、稀近心形,裂片全缘,中裂片时有3裂(次中裂片有时也具3裂);表面深绿色,背面淡绿色;叶柄长3~5 cm,无毛。伞房花序顶生,花杂性,雄花与两性花同株,径约1 cm;萼片5,黄绿色,长4~5 mm,花瓣5,黄至淡黄色,长圆倒卵形,长5~7 mm;雄蕊8,在雄花中较两性花中长,花盘外生,黄色,微裂;子房扁平、光滑,花柱短、2裂,柱头反卷微弯曲。双翅果开张为直角或钝角,果核与翅近等长,熟时淡黄色或淡褐色。花期4~5月(先雄花后两性花),果期9~10月。

分布　东北、华北、西北东部均有分布。安阳市太行山区有分布。

生态学特性　喜温凉气候、湿润肥沃、排水良好土壤。较喜光,多见阴坡、半阴坡及沟底。耐旱不耐涝,较抗烟尘。深根性,根萌力强。种子繁殖。

利用价值及利用现状　木材淡红色,坚韧细致,比重0.74,硬度大、强度高、耐磨性强,宜做家具及耐磨器材;种子含油丰富,可作工业原料;叶入秋红色,为红叶观赏树种之一。

安阳市行道树、庭院和风景区绿化树种,园林片栽或山地丛植,作为优良的观叶树种被广泛应用于城市绿化。

二、色木槭 *Acer mono* Maxim.

别名　五角枫、地锦槭

形态特征　落叶乔木,高达20 m。树皮灰褐色,浅纵裂。1年生枝淡黄或深灰色,冬芽芽鳞有纤毛。单叶、掌状5裂,叶片宽长圆形,长5~8 cm,宽9~12 cm,裂片卵形,先端渐尖或尾尖,基部心形、全缘;表面暗绿色,背面淡绿色,叶脉及脉腋具黄色短柔毛,叶柄细。长4~6 cm。伞房花序顶生,总花梗长1~2 cm,花叶同放;杂性花,雄花与两性花同株,萼片5,黄绿色,长2~3 mm,花瓣5,白色或黄白色,稍长于萼片;雄蕊8,短于花瓣,生于花盘内侧边缘;子房平滑无毛,于雄花中留有退化态,花柱短,柱头2裂、反卷,花梗长1

cm,细而光滑。小坚果连翅长 2 cm,开张角度大于直角,果翅为果核长的 2 倍以上。花期 4 ~5 月,果期 9 ~10 月。

分布　分布于东北、华北和长江流域各省区。安阳市有栽培。

生态学特性　喜温凉气候及较湿润肥沃土壤,稍耐阴,深根性。种子繁殖。

利用价值及利用现状　树皮纤维,可作人造棉及造纸的原料;叶含鞣质;种子榨油,可供工业用,也可食用;木材细密,可供建筑、车辆、乐器和胶合板等制造之用。为优良的园林绿化树种,山区造林树种。

安阳市园林绿化和山区造林广泛应用。

第三十六节　栾树属

栾树属 *Koelreuteria* Laxm. ,落叶乔木。冬芽小,芽鳞 2。叶互生,一至二回奇数羽状复叶,小叶片有粗锯齿或缺裂,稀全缘。顶生或腋生圆锥花序;杂性花,黄色,两侧对称;花萼 5 深裂;花瓣 4 ~5,稀 3,披针形,有瓣爪,具附属物;花盘偏于一侧;雄蕊 8,或更少,花丝长;子房上位,3 室,每室 2 胚珠;柱头 3 裂。蒴果囊状,果皮膜质,熟时 3 裂;种子球形,黑色。

我国 3 种。安阳市本次普查有 3 种。

一、栾树 *Koelreuteria paniculata* Laxm.

别名　黑叶树、灯笼树

形态特征　落叶乔木,高达 15 m。树冠近球形。树皮灰褐色,细纵裂。小枝无顶芽,有柔毛。冬芽小,有 2 鳞片。一至二回奇数羽状复叶,叶互生;小叶卵形至卵状披针形。聚伞圆锥花序顶生,密被柔毛;花杂性;萼片 5 裂,卵形,边缘具腺状缘毛;花瓣 4,开花时向外反折,线状长圆形,黄色,中心紫色;雄蕊 8;花盘偏斜,有圆钝小裂片;子房三棱形,退化子房密被小粗毛。蒴果圆锥形,具 3 棱,长 4 ~6 cm,顶端渐尖,果瓣卵形,外面有网纹;种子圆形黑色。花期 6 ~8 月,果期 9 ~10 月。

分布　我国北部至中部山区。安阳市各县(市、区)均有分布。

生态学特性　喜光、耐寒、耐旱、耐瘠薄,适生于石灰性土壤,能耐盐渍性土,常生于海拔 900 m 以下干燥山地。根强健,萌蘖力强。用种子或分蘖繁殖。

利用价值及利用现状　木材坚硬,黄白色,易加工,可制家具;花可提取黄色染料;叶可提取栲胶,又可作蓝色染料;花供药用,也可作黄色染料;种子榨油可制润滑油或肥皂;为重要的绿化树种。

安阳市优良乡土树种,理想的绿化、观赏树种,常作庭荫树、行道树和园景树,也用作防护林、水土保持及荒山绿化树种。

二、黄山栾树 *Koelreuteria integrifolia* Merr.

别名　南栾

形态特征　二回羽状复叶,小叶长椭圆状卵形,7 ~9 个,互生,全缘;圆锥花序顶生;

花黄色；蒴果椭圆形，嫩时带紫色，顶端钝有小尖，基部圆形。果皮近似薄纸质，熟时呈淡紫红色。偶有疏钝齿。枝叶茂密，冠大荫浓。

分布　分布于华东、湖南、广东、广西等地。安阳常见栽培。

生态学特性　喜光，抗逆性强，适应性好。

利用价值及利用现状　初秋开花，金黄夺目，且灯笼状的果实呈淡红色，具有较高的观赏价值，可作为园林观赏树种。

安阳市常用于园林绿化、行道树绿化，栽培量大。

第三十七节　木槿属

木槿属 *Hibiscus* L.，草本或灌木，稀小乔木。冬芽小，常为隐芽。花大而美丽，常单生叶腋；副萼5至多数，分离或基部连合；花萼常钟状，5齿裂，宿存；花瓣5或重瓣，有红、黄、白、紫等色，旋转状排列，单体雄蕊；子房5室，每室胚珠3至多数，花柱先端5裂，柱头头状。蒴果，室背5裂；种子肾形，常有毛。

我国24种。安阳市本次普查有2种。

木槿 *Hibiscus syriacus* L.

形态特征　落叶灌木或小乔木，高3～6 m。树皮暗灰色。幼枝、花梗、花萼、副萼和果实有星状毛。叶片菱形至三角状卵形，长3～10 cm，宽2～4 cm，常3裂，先端渐尖，基部楔形，边缘粗齿或缺刻，表面无毛，背面有稀疏星状毛或近无毛；叶柄长1～2.5 cm；托叶条形。花单生叶腋，具短梗；花萼钟形，5裂，萼裂片三角形，下面副萼条形，长6～15 mm，宽1～2 mm；花冠钟形，淡紫色，直径5～6 cm；花瓣长4～5 cm，宽3～4 cm；雄蕊柱长约3 cm；子房5心皮，花柱先端5裂展开。蒴果卵圆形，径约1.2 cm，长2～3 cm，萼及副萼宿存；种子肾形，背部有棕色长柔毛。花期7～10月，果期9～11月。

分布　原产于中国，各地广为栽培。安阳市多见栽培。

生态学特性　喜光，稍耐阴。喜温暖湿润气候，耐干旱，不耐严寒，长城以北需防护越冬。萌芽性强，耐修剪。抗烟尘，对二氧化硫等有害气体的抗性较强。播种、插条、压条繁殖。

利用价值及利用现状　茎皮富含纤维，可供造纸；枝柔韧，供编织；嫩叶可代茶；全株入药；可作园林绿化植物。

安阳地区主供园林观赏和作绿篱。

第三十八节　梧桐属

梧桐属 *Firmiana* Mars.，乔木或灌木；有星状毛。单叶，掌状3～5裂，或全缘。圆锥花序，稀总状花序，顶生或腋生；花单性同株；花萼花瓣状，5深裂；无花瓣；雄花花药10～15，聚生于雄蕊柱顶端；子房有柄，5心皮，5室，基部分离，花柱靠合，每室胚珠2～4，具退化雄蕊。蓇葖果成熟前沿腹缝线开裂，果皮叶状，膜质，每果皮边缘有种子2～4；种子球形，熟时种皮皱缩,有胚乳。

我国3种。安阳市本次普查1种。

梧桐 *Firmiana platanifolia*（L. f.）Mars.

别名 青桐

形态特征 落叶乔木,高达20 m,胸径50 cm。树干端直,幼树皮绿色,老树皮灰绿色或灰色。小枝粗壮,绿色;芽球形,密被锈褐色毛。叶片长宽均为15～30 cm,掌状3～5裂,裂片三角状,先端渐尖,基部心形,全缘,表面光滑,背面有星状毛;叶柄约与叶片等长。圆锥花序顶生,被短茸毛;花萼淡黄白色,裂片条形,向外卷曲,长7～9 mm,外面有淡黄色茸毛;花药15,聚生于雄蕊柱顶端;雌花的子房基部有退化雄蕊,花后心皮分离。蓇葖果膜质,成熟前开裂成匙形,网脉明显。种子棕黄色,径约7 mm。花期6～7月,果熟期9～10月。

分布 我国南北各省均有分布,多为人工栽培。安阳地区有栽培。

生态学特性 喜光,喜温暖气候,不耐严寒。深根性,宜深厚沙质壤土,不耐水湿,生长尚快,寿命能达百年以上。种子繁殖。

利用价值及利用现状 木材轻软,可作乐器、箱盒、家具等用;树皮纤维供造纸和编绳;茎、叶、花、果和种子均可入药;种子可炒食和榨油;木材刨片可浸出黏液,称刨花,润发。

安阳地区公园、庭园观赏树木。

第三十九节　紫薇属

紫薇属 *Lagerstroemia* L.,常绿或落叶灌木或小乔木。1年生枝四棱形(或有四条翅状棱)或圆柱形,海绵质髓细。冬芽尖,有2枚芽鳞,镊合状排列,无顶芽。叶对生或上部互生,全缘;托叶极小,锥形。圆锥花序,顶生或腋生,花序梗及小梗常具脱落性苞片;花两性,辐射对称,萼筒钟形或半球形,筒部光滑或具有棱、翅,萼片6～9枚;花瓣常6枚,着生于萼筒边缘,每瓣具细长爪,瓣面波状皱缩,或其边缘为细裂状,常艳丽,红色、紫色或白色;雄蕊多数,花丝细长,着生于萼筒基部;雌蕊花柱长,单一,柱头头状,子房3～6室。蒴果为萼筒所包,室背开裂,种子先端具翅。

安阳市本次普查5种4品种。

紫薇 *Lagerstroemia indica* L.

别名 痒痒树、百日红、满堂红

形态特征 落叶灌木或小乔木,高达8 m,胸径达20 cm。树皮淡褐色,薄片状剥落,特别光滑;树冠不整齐。1年生小枝淡灰黄色,直径1～1.5 mm,具4条纵棱,有时呈狭翅状,无毛,2年生枝皮开始剥落。无顶芽,侧芽圆锥形,长2～3 mm,淡褐色,无毛,芽鳞2,镊合状排列。叶对生或近对生,上部叶互生,叶片椭圆形或倒卵形至长圆形,长2.3～7 cm,宽1.0～4 cm,先端尖或钝,其基部圆形或宽楔形,光滑或下面沿中脉有毛,具短柄。

圆锥花序，顶生，无毛，长6~20 cm，花径2.5~3 cm；萼外面光滑，半球形，长8~10 mm，6裂；花瓣6，红色，圆形，皱波状或细裂状，并具长爪；雄蕊多数，着生于萼筒基部，外轮6枚花丝较长，花药较大；子房上位，6室，花柱长约2 cm，柱头头状。蒴果，近球形，直径7.5~12 mm，6瓣裂，基部有宿存萼；种子具翅。花期很长，7~9月；果期10~11月。

分布　分布于台湾、广东、华南及西南等地区。安阳地区常见栽培。

生态学特性　喜光，性喜温暖气候及湿润肥沃土地，也耐干旱，能抗寒，但抗寒性不强，在良好的小气候条件下露地越冬。

利用价值及利用现状　树皮和叶含单宁；绿化观赏树种。

安阳市市花，优秀的观花树种，被广泛用于公园绿化、庭院绿化、道路绿化、街区绿化等，常栽植于建筑物前、院落内、池畔、河边、草坪旁及公园中小径两旁，均很相宜，也是盆景的好材料。

第四十节　白蜡树属

白蜡树属 *Fraxinus* L.，落叶稀常绿，乔木稀灌木。芽鳞2~4，稀裸芽。奇数羽状复叶或3小叶，稀单叶，对生，有锯齿，稀全缘，羽状脉。圆锥或总状花序，或花簇生。花单性、两性或杂性；花萼钟状或杯状，4裂，稀无花萼；花瓣4，稀6或1，白色，或无花瓣；雄蕊2，稀较多，着生花瓣基部；子房上位，2(3)室，柱头2裂，子房每室2胚珠。翅果，果核上部具长翅。种子有胚乳。

约70种，分布于北半球各地。我国27种，各地均有分布。安阳市本次普查有6种。

白蜡树　*Fraxinus chinensis* Roxb.

别名　梣、白蜡

形态特征　落叶乔木，高达15 m，胸径达40 cm。树皮灰褐色，幼时平滑，老时不规则浅裂；树冠圆卵形。小枝浅灰色，无毛，具白色隆起皮孔；冬芽黑褐色或淡灰褐色。奇数羽状复叶，长13~20 cm，叶轴上有槽，光滑；小叶5~9，多为7，叶片卵状椭圆形或卵形，长3~10 cm，宽1~4.5 cm，先端渐尖，基部楔形、圆形，多不对称，叶缘具锯齿，两面光滑，或背面沿中脉下部有疏毛，侧脉5~10对。花单性异株，圆锥花序，花序生于当年生枝顶端或叶腋，长8~15 cm，花萼钟状，4裂，无花冠，雄蕊2；雌花花柱细长，柱头2裂；翅果倒披针形，长3~4 cm，宽4~6 mm，上中部最宽，先端尖、钝或凹入，果翅下延至种子中部，浅黄色，花萼筒紧贴果实基部。花期4月，果期9~10月。

分布　产于南北各省区，多为栽培。安阳有栽培。

生态学特性　喜光，也耐侧光庇荫，对土壤、气候适应性较强，不耐严寒，在含盐量0.15%~0.2%的轻盐碱地上能正常生长。抗烟尘，对二氧化硫、氯气、氟化氢等有较强抗性。寿命较长，可达200年以上，生长较快，萌蘖能力很强，耐修剪。

利用价值及利用现状　木材坚韧、富弹性，可制作家具、运动器械和其他用途。白蜡干为优良的工具柄，蜡条可供编织器具；枝叶放养白蜡虫，可生产白蜡；树皮含纤维，可制取人造棉；树皮可入药；可作园林绿化树种。

安阳市主要作为行道树、庭荫树、工厂绿化树种。

第四十一节　木樨属

木樨属 *Osmanthus* Lour.，常绿小乔木或灌木。单叶对生，羽状脉，全缘或有锯齿，具柄。花两性或单性，雌雄异株或雄花、两性花异株；聚伞花序簇生叶腋，或组成短小圆锥花序；苞片2，基部合生。花萼钟状，4裂；花冠白或黄白色，冠筒钟状、短圆柱状或坛状，浅裂至深裂近基部，裂片4，花蕾时覆瓦状排列；雄蕊2，稀4，花丝短，花药近外向开裂；子房2室，每室具2下垂胚珠，柱头头状或2浅裂。核果，内果皮骨质，种子1。种皮薄，胚乳肉质，子叶扁平，胚根向上。

40余种，分布于亚洲东南部和美洲。我国约27种。太行山区引进栽培2种。

桂花 *Osmanthus frsgrans*（Thunb.）Lour.

别名　木樨

形态特征　灌木或小乔木，株高7～12 m。树皮光滑，灰色。有顶芽、侧芽2～3个迭生，芽鳞2个。叶革质，矩圆形、椭圆形或椭圆状披针形，长3～12 cm，宽2～5 cm，先端渐尖或急尖，基部楔形或宽楔形，幼树及萌芽枝的叶疏生细锯齿，大树的叶常全缘，上半部有疏生锯齿，侧脉6～10对，上部凹下，下部隆起，网脉不明显，无毛；叶柄长1～2 cm，花3～5朵组成聚伞花序，或簇生于叶腋；花橙黄带白色，稀白色，具浓香；花梗细弱，长3～10 mm；基部苞片长3～4 mm；萼长1～1.5 mm，裂片长椭圆形，长3～6 mm；雄蕊2，花丝极短，生于花冠筒近顶部。果椭圆形，长1～1.5 cm，熟时紫黑色或灰蓝色。花期9～10月，翌年10月果实成熟。

分布　我国西南部，安阳常见栽培。

利用价值及利用现状　花为名贵香料，并作食品香料。常见栽培品种有银桂（花白色）、丹桂（花橙黄色）、金桂（花金黄色）。

安阳地区园林绿化树种。

第四十二节　女贞属

女贞属 *Ligustrum* L.，常绿或落叶灌木或小乔木。有顶芽，侧芽单生，冬芽卵形，外有2枚鳞片；叶迹1个。单叶对生；叶片全缘。聚伞花序再组成圆锥花序，顶生；花小，两性；花萼杯形或钟形，4裂或不规则齿裂；花冠白色，钟形或漏斗形，4裂，蕾时内向镊合状排列；雄蕊2，外露和内藏，着生于花冠筒上部，花丝长或短；子房上位，球形，2室，每室2胚珠，下垂，倒生，花柱丝状，外露和内藏，柱头2浅裂。浆果状核果，内果皮薄，膜质和纸质。种子1～4，胚乳肉质。

约50种，分布于欧洲及亚洲。我国约38种，主要分布于南部与西南部。安阳市本次普查6种4品种。

一、女贞 *Ligustrum lucidum* Ait.

别名 大叶女贞、冬青

形态特征 常绿(北京、保定落叶),高6~10(20)m,胸径可达80 cm。树皮灰色至灰褐色,平滑不裂。小枝黄褐色,皮孔明显,冬芽长卵形,褐色无毛。叶片革质,卵形、宽卵形或卵状披针形,长6~17 cm,宽3~6 cm,先端渐尖或钝尖,基部宽楔形或近圆形;全缘,表面深绿色,略有光泽,背面淡绿色,两面无毛,中脉在叶面凹下,侧脉6~8对,在两面明显;叶柄长1~3 cm,上面具槽。顶生圆锥花序长10~20 cm,花序轴光滑;花芳香密集,花梗极短;萼钟形,长1~2 mm,浅4裂,裂片半圆形;花冠近漏斗状,白花,花冠筒与萼近等长,花冠裂片4,略长于花冠筒;雄蕊2,花药椭圆形;花柱较雄蕊短,柱头2裂。核果肾形或近肾形,长约1 cm,微弯,成熟时蓝黑色,被白粉。种子1。花期7~9月,果期11~12月。

分布 长江以南至华南、西南各省区,向西北分布至陕西、甘肃。安阳广为栽培。

生态学特性 喜光、稍耐阴;喜温暖,不耐严寒,喜湿润,适生于肥沃湿润、微酸性至微碱性的深厚土壤,不耐瘠薄;生长迅速,萌芽力强,耐修剪,对二氧化硫、氯气、氟化氢等有毒气体有较强抗性。

利用价值及利用现状 木材材质细致坚韧,比重0.62,切面光滑不劈裂,供雕刻、细木工及农具等用途。果实、根、树皮、枝、叶均可药用。果实入药称“女贞子”,有补胃益肝、乌发明目之效。枝、叶、树皮可清热解毒;根及茎皮泡酒可治风湿;种子含油率10%~15%,供制肥皂及润滑油。果实含淀粉约26.4%,可酿酒和酱油。花芳香,可用作提取调和香料的原料。可作庭院绿化、观赏树种及工矿区的抗污染树种。

安阳地区作为园林绿化树种广泛栽培,公园、小区、廊道绿化广泛应用。

二、小叶女贞 *Ligustrum quihoui* Carr.

形态特征 落叶或半常绿灌木,高2~3 m。小枝灰白色,幼时具短柔毛。叶片薄革质,椭圆形、椭圆状矩圆形或倒卵状矩圆形,长1~4(5.5)cm,宽0.8~2.5 cm,先端常微凹,基部楔形,边缘略向外反卷,全缘,表面深绿色,背面淡绿色,两面无毛;叶柄长1~3 mm,具短柔毛或无。圆锥花序顶生呈穗状,长5~15(22)cm,具微短柔毛;花白色芳香,无梗;花萼钟状,无毛,先端4浅裂;花冠筒与花冠裂片等长。核果矩椭圆形或近球形,长6~9 mm,宽约5 mm,紫黑色,有光泽。花期6月底到10月,果期9~11月。

分布 分布于陕西南部、山东、江苏、安徽、浙江、江西、河南、湖北、四川、贵州、云南等地。安阳常见栽培。

生态学特性 喜光,稍耐阴,喜温暖湿润,也较耐严寒,适生于深厚、湿润土壤。萌枝力强,叶再生能力强,耐修剪,对二氧化硫、氯气等有害气体抗性均强。播种、扦插、分株繁殖。

利用价值及利用现状 常见庭院绿化植物;叶入药,具清热解毒等功效,治烫伤、外伤;树皮入药治烫伤。

安阳地区作为园林绿化树种广泛栽培,应用于园林绿化。

三、金叶女贞 *Ligustrum* × *vicaryi* Hort.

形态特征 常绿灌木,是金边卵叶女贞和欧洲女贞的杂交种。叶片较大叶女贞稍小,单叶对生,椭圆形或卵状椭圆形。总状花序,小花白色。核果阔椭圆形,紫黑色。

分布 长江以南及黄河流域等地的气候条件均能适应。安阳常见栽培。

利用价值及利用现状 常见园林观赏植物。

第四十三节 牡荆属

牡荆属 *Vitex* L.,乔木或灌木。小枝常四棱形,无毛或有微柔毛。掌状复叶,稀单叶,对生,有锯齿或全缘。聚伞花序组成圆锥状、伞房状或近穗状。花萼钟状,稀管状或漏斗状,顶端近平截或有5小齿,有时稍二唇形,外面常有微柔毛和黄色腺点,宿存;花冠白、浅蓝、淡蓝紫或淡黄色,稍长于萼片,二唇形,上唇2裂,下唇3裂,中裂片较大;雄蕊4,2长2短或近等长,内藏或伸出花冠;子房2~4室,每室1~2胚珠,花柱丝状,柱头2裂。核果。种子无胚乳,子叶常肉质。

约250种,主产热带至亚热带,少数至温带。我国15种。太行山区2种3变种。

荆条 *Vitex negundo* L. var. heterophylla(Franch.) Rehd.

形态特征 落叶灌木;小枝四棱形。掌状复叶对生,小叶常为5;小叶片边缘有缺刻状锯齿,浅裂至深裂,背面密被灰白色茸毛。聚伞花序排成圆锥花序式,顶生;花萼钟状,顶端有2裂齿;花冠淡紫色,顶端5裂,二唇形。核果近球形。花果期5~10月。

分布 分布于东北、华北、西北、华中及西南地区。安阳山区极多。

利用价值及利用现状 优良蜜源植物;枝条强韧,可编筐。

第四十四节 泡桐属

泡桐属 *Paulownia* Sieb. et Zucc.,落叶乔木。小枝粗,节间髓心中空。侧生叶芽常叠生,芽鳞2~3对。单叶对生,苗期偶有互生或3~4叶轮生;叶全缘、有角或3~5浅裂;具长柄。顶生聚伞圆锥花序;苞片叶状。花蕾密被黄色星状毛,无鳞片;花紫或白色;萼5裂,宿存;花冠漏斗状或钟状,二唇形,上唇2裂稍短,常向上反折,下唇3裂较长,多直伸;雄蕊4(5~6),2强,内藏,花药叉分;花柱细长,柱头微下弯。蒴果室背开裂。种子小,两侧具叠生白色有条纹的翅。

10余种,分布于亚洲东部。我国均产。安阳市本次普查有5种2品种。

一、兰考泡桐 *Paulownia elongata* S. Y. Hu

形态特征 乔木,高达20 m,胸径1 m。树冠宽阔,较稀疏,常成2层楼式。叶片卵形或广卵形。花序狭圆锥形或圆筒状,花萼倒圆锥形;花冠漏斗状钟形,在萼上部骤然膨大;雄蕊长3.8~4.8 cm;雌蕊长3.8~4.8 cm,柱头高0.5~1.2 cm。果卵形至椭圆状卵形,表面有细毛，无黏腺，或仅先端有黏腺，果壳厚 1.5 ~ 2 mm；种子连翅长 5 ~ 6 mm。花期 4 ~5月，果期 9 ~ 10 月。

分布　河北、河南、山西、陕西、山东、湖北、安徽、江苏等地有栽培。安阳市广为栽培。太行山区有野生。

生态学特性　最喜光，深根性，喜湿润、排水良好的壤土和沙壤土；不耐水淹；不耐酸碱，在 pH 为 5.0 ~8.9 的土壤上生长良好。抗丛枝病的性能较差，对烟尘抗性中等。树皮薄而脆软，易受损伤，且不易愈合，怕日灼。

利用价值及利用现状　木材纹理直，易加工，不变形，耐湿、腐，是良好的建筑、家具、手工艺品及乐器的用材；叶、花、木材有消炎、止咳、利尿、降压、杀菌等药效；种子可榨油；是优良的速生用材树种。

安阳地区常用于平原及浅山丘陵区造林及园林绿化、庭园绿化树种。

二、楸叶泡桐 *Paulownia catalpifolia* Gong Tong

别名　小叶泡桐

形态特征　乔木，高达 20 m，胸径近 1 m。树干端直，树冠圆锥形。长卵形至广卵形，枝叶浓密，主干明显。树冠外部的叶片长卵形，基部心形或浅心形，全缘或浅裂，树冠内膛叶片及林子树冠下部叶片较宽，叶片卵形至广卵形；花萼狭倒圆锥状钟形或圆筒状，萼齿三角形或卵圆形，花冠管状，淡紫色；蒴果椭圆形，果皮厚，果期 7 ~8 月。

分布　山东、河北、山西、河南、陕西常见栽培。安阳有栽培。太行山区有野生。

生态学特性　耐寒性较强，抗干旱，对土壤性质要求不严，但对肥力十分敏感，怕积水涝洼。强阳光性，喜温暖，速生。

利用价值及利用现状　木材纹理好、易加工，具多种用途；优良用材树种及“四旁”绿化树种。

安阳地区优良的用材树种、绿化树种。

第四十五节　梓树属

梓树属 *Catalpa* Scop.，落叶乔木，稀常绿。无顶芽。单叶对生，稀 3 叶轮生，全缘或有缺裂，掌状脉 3 ~5，叶下面脉腋常具腺斑。圆锥、伞房或总状花序，顶生。花萼二唇形或不规则开裂；花冠钟状，上唇 2 裂，下唇 3 裂；能育雄蕊 2，内藏，着生花冠基部，具退化雄蕊，花丝弯曲，花药分离；花盘明显或退化；子房 2 室，胚珠多数，花柱顶端 2 裂。蒴果长柱形，2 瓣裂，革质，隔膜圆柱形。种子 2 ~4 列，长圆形，薄膜状，两端具束毛。

速生，为优良用材树种，也可供观赏。树皮药用，可利尿、杀虫。安阳市本次普查 3 种 4 品种。

一、梓树 *Catalpa ovata* G. Don

别名　河楸

形态特征　落叶乔木，高 6 ~20 m，胸径达 50 cm。树皮灰褐色，浅纵裂。幼枝和叶柄被毛并有黏质。叶片宽卵形或近圆形，长10～25 cm，与宽近相等，先端突尖，基部心形或近圆形，全缘或3～5浅裂，叶表面脉上疏生毛，叶背面脉上密生毛，掌状5出脉，脉腋有紫色腺斑；叶柄长5～18 cm。圆锥花序长10～25 cm，花多数；花冠淡黄色，内有黄色条纹和紫色斑点。蒴果圆柱形，长20～36 cm，径4～6 mm，深褐色，经冬不落；种子扁平，矩圆形，连毛长约3 cm。花期5～6月，果期9～11月。产于除五台山外的太行山各山区。生于海拔1 000 m以下的山谷、溪旁、河岸。各地有栽培。

分布　分布于东北、华北、西北、华中、华东、西南等地。安阳地区常见栽培。

生态学特性　喜光，颇耐寒，适生于温带地区；喜肥沃土壤，不耐干瘠，能耐轻盐碱土，深根性。对氯气、二氧化硫和烟尘的抗性较强。用种子、插条和分蘖繁殖。

利用价值及利用现状　木材灰褐色，易加工，耐水湿，供家具、雕刻、乐器等用；果实入药，主治肾炎。可作行道树或园林绿化树种。

安阳地区园林绿化树种及行道树种。

二、楸 *Catalpa bungei* C. A. Mey.

别名　楸树

形态特征　落叶乔木，高达30 m，胸径达2 m。树冠狭长，树干通直；树皮灰褐色，长条剥裂。小枝灰绿色，无毛。叶片三角状卵形或长卵形，长6～16 cm，先端长渐尖，基部截形、宽楔形或心形，全缘或有3裂片，两面无毛，基部脉腋有紫色腺斑；叶柄长2～8 cm。总状花序或呈伞房状，有花3～12朵；花冠白色，内有紫色斑点。蒴果长20～55 cm，径约4 mm，结实较少；种子扁平，长椭圆形，紫褐色，两端有白色长毛。花期5～6月，果熟期9～10月。

分布　分布于河南、陕西及长江中下游地区；安阳有分布，市区多栽培。

生态学特性　喜光，耐旱抗寒；主根发达，宜深厚土壤，稍耐盐碱。生长迅速。

利用价值及利用现状　木材坚韧致密，纹理美观，供家具、雕刻、室内装修等用；叶、树皮、种子入药，花可炒食；优良用材和观赏树种。

安阳地区常作行道树、廊道绿化树种、园林绿化树种。

第四十六节　刚竹属

刚竹属 *Phyllostachys* Sieb. Et Zucc.，常绿乔木状、灌木状或亚灌木状。地下茎单轴散生。秆呈圆筒状，在分枝一侧扁平或具沟槽；箨环裸露而秆环特隆起；枝条通常每节2枚，重复分出的小枝基部均裸露；秆箨早落性，箨叶披针形，箨舌很显著，箨耳也发达；叶片披针形至狭披针形，具小横脉。花序由具小穗丛的小枝组成，1具叶或具苞片的圆锥花序，小穗丛具覆瓦状排列的佛焰苞片，此苞片顶部常具退化的苞片。小穗含2～6朵花，聚为短穗状花序或头状花序，每1～2小穗则包藏于叶状的苞片内；小穗轴逐节折断；颖1～3片，有时缺；第一颖类似苞片，形小，具3～5脉，第二颖至第三颖与外稃相似；外稃纸质或近革质，7脉至多脉，等长或稍长于内稃；内稃具2脊，先端有2尖头；鳞被3片，披针形，顶端呈流苏状；雄蕊3，花药成熟后露出花外；子房具柄，花柱3，柱头具小锯齿或呈羽毛状。颖果的果皮有时可增厚而坚硬。

50 种以上,分布于亚洲东部。我国有 40 种,产于黄河流域以南各地。太行山区 6 种 2 变种 2 变型,引进栽培 1 种,栽培 3 种。

刚竹 *Phyllostachys sulpurea var. viridis* R. A. Yong

别名　大叶金竹、黄竹、毛竹、五月竹

形态特征　常绿乔木状,高 10 ~14 m,胸径 4 ~9 cm。表面有白色晶状小点或小穴,中部节间长 20 ~45 cm;新杆绿色,无毛,微被白粉,老时消失,节下白粉变黑垢;分枝以下秆环不明显,箨环微隆起,节内长约 3 mm。箨鞘黄色或淡黄色,背面无毛,微被白粉,有褐色斑点或斑块,无箨耳和鞘口遂毛;箨舌高 3 mm,顶端平截或微弧形,有纤细毛至刚毛;箨叶带状披针形,平直、下垂。小枝有叶 2 ~5 片,叶片带状披针形,长 6 ~12 cm,宽 1 ~2.2 cm,叶耳及鞘口繸毛存在;叶舌长,弧形。笋期 4 ~5 月,花期 4 ~5 月。

分布　原产于我国,黄河至长江流域及福建均有分布。安阳地区有栽培。

生态学特性　喜温暖、湿润气候,在肥沃、排水良好的沙质土壤上生长良好。与其他竹类比,耐寒、耐旱、耐瘠薄。繁殖能力强,幼秆节上潜伏芽易萌蘖;笋期晚;株秆高,当年生竹易受风雪压折。

利用价值及利用现状　竿可作小型建筑用材和各种农具柄;笋供食用,唯味微苦。

主要栽培品种有绿筋竹‘Robert Yong’(秆以黄色为主,间有绿色竖条纹)和绿皮黄筋竹‘Houzeau’(秆以绿色为主,间有黄色竖条纹)。

第六章　主栽水果类经济林树种

第一节　苹果

苹果 *Malus pumila* Mill

别名　苹果树

形态特征　乔木，高达 15 m。树皮灰色或灰褐色。小枝灰褐、红褐及紫褐色，幼时密被茸毛。冬芽卵形，先端急尖或钝，密被短柔毛；幼叶在芽内席卷。叶椭圆形或卵形，长 5～10 cm，宽 3～5.5 cm，先端急尖，基部宽楔形或圆形，边缘具圆钝锯齿，上下两面幼时密被短柔毛，后上面无毛；叶柄粗壮；托叶披针形，全缘，早落。伞房花序由 3～7 朵花组成，花梗长 1～2.5 cm，密被茸毛；花径 3～4 cm；萼筒钟状，外面密被茸毛，萼片三角状披针形或三角状卵形，先端渐尖，全缘，长 6～8 mm，内外被茸毛；花瓣倒卵形，长 1.5～2 cm，白色，含苞待放时带粉红色；雄蕊 20；子房 5 室，花柱 5，下半部密被灰白色茸毛。果实多扁球形，果径通常 4 cm 以上，先端常有隆起，萼洼及梗洼均下陷，萼片宿存，果实颜色因品种而异，红色、黄色或绿色；果梗粗短。

分布　辽宁、河北、山西、山东、陕西、甘肃、四川、云南、西藏常见栽培。安阳市普遍栽培。

生态学特性　喜光，喜微酸性到中性土壤。最适于土层深厚、富含有机质、心土为通气排水良好的沙质土壤。

定植后 3～4 年开花。花芽形成后，春天日平均气温达到 15 ℃以上，多数苹果品种相继开花，花期适宜温度 18 ℃左右，整个花期 8～15 天，开花早晚因品种、树龄、枝类和花芽质量而异。成年树开花早，幼树开花晚；短果枝开花早，长果枝开花晚；花芽质量高的开花早，花芽质量低的开花晚，同品种也因分布地区不同开花期有迟早。花期 4～5 月，果熟期 8～9 月。

花期时有低温、寒潮和阴雨，对泌蜜、散粉和蜜蜂采集有影响。

利用价值及利用现状　著名果树，品种极多，营养丰富，可鲜食，也可加工果酒、果汁、果脯、果酱、果干和罐头等；性味甘、凉，有生津、润肺、除烦、解暑、开胃、醒酒等功效。花可观赏，可用作园林绿化树种。

苹果是安阳市主栽经济林树种，面积较大、规模稳定，全市广泛栽培，形成规模化种植的主要在林州、内黄县及龙安区善应镇、汤阴五陵镇等乡镇，内黄县苹果新品种苗木繁育数量较大，近年来新品种、新技术的广泛应用较好。目前，安阳市苹果主要存在品质参差不齐、效益不高的问题，没有形成大的品牌，产业化程度低。

种质资源　近年来，安阳市引进栽培的新品种较多，本次普查 28 品种，较常见的有早熟的‘早红’苹果、‘嘎啦’苹果及相对晚熟的‘富士’苹果。

1.‘早红’苹果

‘早红’苹果树势中庸，树姿半开张，树体紧凑，腋花芽结实能力较强。叶片中大，多为椭圆形或卵圆形，色泽较浓绿。果实近圆锥形；果皮底色绿黄，全面或多半面橙红色；果面光洁，外观艳丽；果点较小，中多，较明显；果肉淡黄色，质细、松脆、汁多；平均单果重 223 g；可溶性固形物含量 12.5%，风味酸甜适度，有香味。果实在室温条件下可储藏 7～15 天；冷藏条件下可储藏 30 天。具有早果性和丰产性。对落叶病、轮纹病、白粉病及炭疽病等有较强抵抗力。适应性强，喜肥水、耐瘠薄。

2.‘华美’苹果

‘华美’苹果属早中熟品种。树势强健，树姿半开张。叶片中大，多为椭圆形；色泽浓绿，叶面平展，被茸毛较少。果实近圆形或短圆锥形。果面底色淡黄，70% 左右着鲜红色，片状着色，光滑、无锈，有少量果粉和蜡质；果点中大、较密，褐色，较明显，周围有淡黄色晕圈；果皮中厚、韧。果心大小中等，单果平均种子数 6 粒。果肉黄白色，肉质中细、松脆，汁液中多。平均单果重 219 g，最大单果重达 385 g。可溶性固形物含量 14.6%，风味酸甜适口，轻微芳香。果实在室温下可储藏 7～15 天；冷藏可储藏 30 天。具有较好的早熟性和丰产性，3 年生果树单株产量 12.7 kg，每公顷产量 15 750 kg。

3.‘华丹’苹果

‘美八’×‘麦艳’杂交品种。果实近圆形、高桩；平均单果重 160 g；果实底色黄白，果面鲜红色，片状着色，着色面积 60% 以上，个别果实可全面着色；果面平滑，蜡质厚，有光泽；果梗长，梗洼深，无锈，萼片宿存，直立，半开张，萼洼广，缓而浅；果肉白色，肉质中细，松脆，汁液多，风味酸甜。可溶性固形物含量 12.3%，可滴定酸含量 0.49%。果实 7 月初成熟。

4.‘富华’苹果

‘华冠’×‘富士’杂交品种。果实近圆柱形、高桩；平均单果重 228 g；果面鲜红色条纹状，果实底色绿黄，着色面积 90% 以上，果面平滑，有蜡质，光洁，无锈，果粉少，果点小、稀、灰白色；果梗中长，平均长度 2.5 cm，中粗，梗凹深、广，萼片宿存，直立、闭合，萼凹广、缓、中深；果肉黄白色，肉质细、脆，汁液多，酸甜适口。可溶性固形物含量 15%，可滴定酸含量 0.32%。果实 9 月中旬成熟。

5.‘华瑞’苹果

杂交品种。果实近圆形，平均纵径 6.7 cm，横径 8.3 cm；平均单果重 208 g，果实中等偏大；果皮红色，色泽鲜艳，着色面积 70% 以上，个别果实可达到全面着色，果面平滑，蜡质多，有光泽，无锈；肉质细，松脆，汁液多，风味酸甜适口，浓郁，芳香。可溶性固形物含量 13.2%。在室温下可储藏 20 天，冷藏条件下可储藏 2～3 个月。果实 7 月下旬成熟。

6.‘华佳’苹果

杂交品种。果实近圆形，平均纵径 6.1 cm，平均横径 7.9 cm；平均单果重 192 g。果实底色绿白，果面鲜红色，片状着色，色泽鲜艳，着色面积 60% 以上，个别果实可达 80% 以上。果面平滑，蜡质多，有光泽；无锈，果粉中等；果点中多，灰白色。果肉白色，肉质中细，松脆，汁液中多，风味酸甜，品质中上。可滴定酸含量 0.44%，果实 7 月上旬成熟。

7.‘华玉’苹果

‘华玉’苹果幼树生长旺盛,枝条健壮、生长快,生长势强,定植幼树一般第二年即可成形。枝条节间长,枝条粗壮、尖削度小。幼树以中果枝和腋花芽结果为主,随树龄增大,逐渐以短果枝和中果枝结果为主。果实近圆形、整齐端正,平均单果重 196 g。果实底色绿黄,果面着鲜红色条纹,着色面积 60% 以上。果面洁净,有光泽,无锈。果肉黄白色;肉质细脆、汁液多,可溶性固形物含量 15%,总糖含量 13.46%,可滴定酸含量 0.29%,风味酸甜适口,风味浓郁,有清香;品质上等。

8.‘华硕’苹果

‘华硕’苹果由美八与华冠的杂交实生苗培育而成。幼树生长势强,萌芽率中等,成枝力较低。平均树高 2.5 m,平均冠幅 2.5 m。果实近圆形,稍高桩,整齐端正。平均单果重 220.5 g,最大单果重 334 g;平均横径 8.24 cm,平均纵径 7.16 cm。果皮底色绿黄,果面着色鲜红色,着色面积达 60% 以上,少数果实可达 90% 以上。肉质中细,松脆,汁液中多,可溶性固形物 12.8%,酸甜适度,风味浓郁,芳香,品质优良。丰产能力强。

9.‘锦秀红’苹果

‘锦秀红’苹果属华冠芽变新品系。枝条生长健壮,无明显的枝干和果实病害。果实近圆锥形,稍高桩,整齐端正,平均横径 7.9 cm、纵径 7.63 cm,最大果横径 8.5 cm、纵径 8.0 cm;平均单果重 187 g,最大果重 220 g;底色绿黄,果面全面着鲜红色,充分成熟后呈浓红色,果面光洁,外观好;果实大小均匀,商品果率高。果肉黄白,肉质细、致密,脆而多汁,风味酸甜适宜;可溶性固形物含量 13.7%。结果性好。

10.‘富嘎’苹果

‘富嘎’苹果由‘嘎拉’×‘富士’杂交实生苗培育而成。枝条节间短,萌芽率高,成枝力一般,短果枝结果能力强。果实圆锥形,平均单果重 176 g,果实底色黄绿,着色后呈全面鲜红。果面洁净,无锈,有光泽。果肉黄白色,致密。多汁,风味酸甜,有香味,可溶性固形物含量 14%。无采前落果现象,抗白粉病能力强。果实 8 月上旬成熟。

11.‘红富士’苹果

红富士苹果果形为扁形和桩形。果面光滑、蜡质多、果粉少、干净无果锈。果皮底色黄绿,果面条红或片红,果肉黄白色,肉质细密,硬度大,果汁多,味香,含糖高,酸甜适度,耐储运。10 月中旬成熟,可储存至次年 6 ~ 7 月。

12.‘嘎拉’苹果

果实中等大,单果重 100 ~ 200 g,短圆锥形,果面金黄色。阳面具浅红晕,有红色断续宽条纹,果形端正美观。果顶有五棱,果梗细长,果皮薄,有光泽。果肉浅黄色,肉质致密、细脆、汁多,味甜微酸,十分适口。品质上乘,不耐储藏。幼树结果早,坐果率高,丰产稳产,容易管理。

第二节　桃

桃 *Amygdalus persica* L.

形态特征　落叶小乔木,高 4 ~ 8 m。小枝光滑,背光面绿色,迎光面紫而红色。芽有短柔毛。叶互生，卵状披针形或矩圆状披针形，长 8 ~ 12 cm，宽 3 ~ 4 cm，边缘具细密锯齿，两面无毛或下面脉腋有毛。叶柄长 1 ~ 2 cm，无毛，有腺点。花并生，先叶开放，近无柄，花径 2.5 ~ 3.5 cm；萼筒钟状，有短柔毛，萼片卵形；花瓣粉红色，倒卵形或矩圆状卵形；雄蕊多数，离生，短于花瓣；心皮 1，稀 2，有毛。核果卵球形，直径 5 ~ 7 cm，有沟，有茸毛，果肉多汁。

分布　各地普遍栽培，为中国著名水果之一。在东北南部、华北、西北、西南及长江流域以南均有栽培，安阳市广泛栽培。

生态学特性　喜光、喜温暖、稍耐寒，在极端低温低于 -18 ℃时花芽会受冻寒，喜干燥，不耐水湿，在肥沃、排水良好的沙质土壤上生长较好。寿命短，一般只有 30 ~ 50 年，实生苗一般 3 年后即可开花结果，5 ~ 6 年进入盛果期。根系浅，开花时节怕晚霜，忌大风，露地栽培以背风向阳处为宜。一般多采用嫁接繁殖，砧木多用山桃、毛桃、山杏，也可播种、压条繁殖。花期 4 月，果期 7 ~ 9 月。

利用价值及利用现状　观赏树木，传统果树。果实营养丰富，富含糖分、维生素 C 和多种氨基酸，供鲜食或制果脯、罐头、饮料等。种仁可榨油，制化妆品、肥皂及润滑油，也可入药，镇咳祛痰，治高血压、慢性盲肠炎等症。花、枝、叶和根均可药用，茎皮可造纸及人造棉。木材红褐色，稍脆，可作小木工用材。

桃是安阳市主栽经济林树种，也是近几年发展最快的特色优势树种，面积较大、规模稳定，全市广泛栽培，规模化种植的主要在内黄县。内黄县桃品质优良、产量高，露地桃和设施栽培桃都发展较好。主栽有‘春蜜’、‘兴农红’等品种，内黄选育‘兴农红’、‘兴农红 2 号’2 个品种，内黄、林州、安阳县、汤阴等地均有发展较好的园区，在省内具有较高知名度，安阳县黄桃也是安阳市代表品种。内黄县桃新品种苗木繁育量较大。

种质资源　近年来，安阳市桃树引进栽培的新品种较多，发展良好，本次普查 47 品种。

1.‘豫桃 1 号’（红雪桃）

‘豫桃 1 号’（红雪桃）属蔷薇科（*Rosaceae*）桃属，为桃的栽培品种。

树势健壮，适应性强，对土壤及栽培条件要求不严，不管平原、丘陵、山区的中性和微酸性土壤均能正常开花结果，并且不用配授粉树，自花授粉坐果率极高，丰产性能好，适应性及抗裂果性强。果形端正，一般果重在 250 ~ 350 g，最大果重 550 g，外观艳丽，套袋后着色更艳，果肉白细，口感甜，含糖量 14% ~ 20%，同时，成熟在严霜来临之前的 10 月 25 日左右，解决了晚熟桃在豫北地区遭受霜冻危害的后顾之忧，特别是在四川省梁平县已实现了 10 月 1 日至 11 月中下旬陆续采摘上市，货架期达两个月。

2.‘黄水蜜桃’

‘黄水蜜桃’为黄肉鲜食桃。树势较强，树姿开张；叶片大，宽披针形；大花形；果实椭圆形至卵圆形，缝合线宽浅，两侧对称；果面茸毛稀少，果皮橙黄，向阳面着鲜红到紫红晕，外观艳丽；果皮厚，完全成熟时易剥离；果肉黄色，硬溶质，离核；平均单果重 160 g，最大果重 280 g；风味醇甜，有浓郁香味，可溶性固形物含量 12.5%。成熟期在 6 月 25 日至 7 月 5 日。自花结实率高，丰产、稳产性好。

3.‘中蟠桃10号’桃

‘红珊瑚’×‘91－4－18’杂交品种。果实扁平形，两半部对称，果顶稍凹入，梗洼浅，缝合线明显、浅，成熟状态一致。单果重160 g，最大单果重180 g。果皮有茸毛，底色乳白，果面90%以上着明亮鲜红色，呈虎皮花斑状；皮不能剥离；果肉乳白色，果实风味甜，汁液中等，纤维中等；肉质为硬溶质，耐运输，货架期长；果实黏核。可溶性固形物含量12%。果实7月初成熟。

4.‘中蟠桃11号’桃

‘红珊瑚’×‘91－4－18’杂交品种。果实扁平形，两半部对称，梗洼浅，缝合线明显、浅，成熟状态一致；单果重250 g，大果300 g；果皮有茸毛，底色黄，果面60%以上着鲜红色；皮不能剥离；果肉橙黄色，香味浓，肉质为硬溶质，耐运输；汁液多，纤维中等；实果黏核。果实可溶性固形物含量15%。在安阳地区一般8月成熟。

5.‘中桃4号’桃

杂交品种。果实近圆形，果顶平，缝合线浅，较对称；平均单果重201 g；果实梗洼深度中等，宽度中等；果皮底色白，成熟时果面大部分着玫瑰红色，艳丽；果肉白色，硬度中等，肉质细，味甜。可溶性固形物含量13.4%。无裂核，离核。果实7月上旬成熟。

6.‘中桃红玉’桃

杂交品种。果实圆形，两半部对称，果顶平；单果重169 g；梗洼浅，缝合线明显、浅，成熟状态一致；果皮有茸毛，茸毛细短，底色乳白，果面全红，呈明亮鲜红色，十分美观，果实充分成熟后皮不能剥离；果肉乳白色，果实风味甜；肉质为硬溶质，耐运输，货架期长；汁液中等；纤维中等；黏核。可溶性固形物含量12%。果实6月中旬成熟。

7.‘黄金蜜桃3号’桃

杂交品种。果实圆形，果顶圆平，偶具小突尖，果基正，缝合线浅，两半部较对称，成熟度一致；梗洼深；果个大，平均单果重245 g，大果400 g以上；果实表面茸毛中等，底色黄，成熟时多数果面着深红色；果肉黄色，硬溶质，肉质细，汁液中多，风味浓甜，黏核，近核处有红色素。可溶性固形物含量11.8%～13.6%，总糖10.6%，总酸0.34%。果实7月底成熟。

8.‘中桃22号’桃

杂交品种。果实圆形，果顶圆平，缝合线浅而明显，两半部较对称，成熟度一致；果实大，平均单果重267 g，大果430 g；果实表面茸毛中等，底色乳白，成熟时50%以上果面着深红色，较美观；果肉白色，溶质，肉质细，汁液中等，风味甜香，近核处红色素较多，黏核。可溶性固形物含量12.2%～13.7%，总糖11.4%，总酸0.32%。果核长椭圆形。果实9月中旬成熟。

9.‘中桃紫玉’桃

杂交品种。果实圆形，两半部对称，果顶平，梗洼较深，缝合线浅，成熟度一致；平均单果重180 g，大果200 g；果皮有茸毛，茸毛短，底色乳白，果面全红，成熟期鲜红色，充分成熟时紫红色，十分美观；果肉白色，红色素多，果肉硬溶质，汁液中等，纤维中等，果实风味甜，黏核。可溶性固形物含量12%。果实6月中旬成熟。

10.'春美'桃

果实椭圆形或圆形，果顶圆；缝合线浅而明显，两半部较对称，成熟度一致。果实较大，平均单果重165～188 g，大果可达310 g以上。果皮茸毛中等，底色绿白，大部分或全部果面着鲜红色或紫红色，艳丽美观。果皮厚度中等，不易剥离。果肉白色，粗纤维中等，硬溶质，果实成熟后留树时间可达10天以上，不易变软。风味甜，有香气。汁液中等，pH值5.0，可溶性固形物含量11%～14%，总糖9.53%，总酸0.47%，维生素C含量8.04 mg/100 g，品质优良。果核长椭圆形，黏核。

11.'春蜜'桃

果实椭圆形或圆形，果顶圆，偶有小突尖；缝合线浅而明显，两半部较对称，成熟度一致。果实较大，平均单果重135～162 g，大果可达278 g以上。果皮茸毛中长，底色绿白，全部果面着鲜红色或紫红色，艳丽美观。果皮厚度中等，不易剥离。果肉白色，粗纤维中等，硬溶质，果实成熟后留树时间可达10天以上，不易变软。风味甜，有香气。汁液中等，pH值5.0，可溶性固形物为9%～13%，总糖8.59%，总酸0.44%，维生素C 8.82 mg/100 g，品质优良。果核长椭圆形，黏核。果实6月初成熟。

12.'兴农红'桃

'兴农红'桃属'超早红'桃芽变品种。树姿半开张，树势健壮，直立性强，顶端优势明显，萌芽率、成枝力均强。自花结实，成花容易，花芽量大，坐果率高，生理落果轻，无采前落果现象。幼树以中长果枝结果为主，成龄大树以中短果枝结果为主。花大型，花粉量大，花期整齐。果实成熟后，果皮着浓红色，完全成熟时近表层有红色素沉淀，果个大，平均单果重200 g，最大单果重350 g，果实硬度大，可在树上挂15～20天不落。果实有香味，半离核。果实6月中旬成熟。

13.'中桃21号'桃

杂交品种。树体生长势中等，树姿较开张，萌发力中等，成枝率中等。果实圆形，果顶圆平，微凹；缝合线浅而明显，两半部较对称，成熟度一致。果实大，平均单果重265 g，果皮厚度中等，不易剥离。果肉白色，溶质，肉质细，汁液中等，风味甜香，近核处红色素较多。可溶性固形物含量12.6%～13.9%，总糖11.2%，总酸0.37%，维生素C含量12.71 mg/100 g。果核长椭圆形，黏核。安阳地区一般9月成熟。

14.'兴农红2号'桃

果实成熟比'兴农红'桃提前15天以上。果实成熟后果皮全面浓红色，套袋果粉红色，外观艳丽，果实圆形或近圆形，半离核，平均单果质量168.7 g，最大单果质量248.1 g，平均纵径72.58 mm，横径68.06 mm。果顶平或微凹，缝合线明显，两半部对称；果柄短，中粗，梗洼较深广；果面全红，果肉白色，完全成熟时近表皮处有红色沉淀；肉质细脆，不溶质，果汁中多，有香味，可溶性固形物含量9.3%。半离核。果实成熟后可挂树15～20天不落，果实硬度8.28 kg/cm^2，常温下可保存14～15天。

第三节　白梨

白梨 *Pyrus bretschneideri* Rehd

形态特征　落叶乔木，高5～8 m。树皮灰黑褐色，小方块状粗裂。枝褐色或紫褐色，幼时被密柔毛，后脱落。冬芽卵形或圆锥形，鳞片棕黑色，边缘或先端微有柔毛。叶卵形至椭圆状卵形，长5～12 cm，宽3～8 cm，先端短尾状渐尖，基部宽楔形，稀圆形，边缘具细尖锯齿，齿端刺芒状，微向前贴附弯曲；嫩叶棕红色，两面被茸毛，后脱落；叶柄长2.5～7 cm，嫩时有毛；托叶膜质，条形至条状披针形，先端渐尖，边缘有腺齿。伞形总状花序由6～10朵花组成，花梗长2～4 cm，嫩时有茸毛；花径2～3.5 cm；萼筒外面无毛，萼裂片三角状披针形，缘有细腺齿，外面无毛，内面有茸毛；花瓣卵圆形至椭圆形，先端多呈啮齿状，基有爪，白色；雄蕊20，花药浅紫红色；花柱4～5，稍长或与雄蕊等长。果卵形、倒卵形或近球形，径通常大于2 cm，成熟时颜色因品种而异，通常多绿黄色或黄色，萼片脱落；果梗长3～5 cm。

分布　栽培历史悠久，分布遍及全国。安阳市广泛栽培。

生态学特性　喜光，适生于干冷的地区。对土壤要求不严苛，山、滩、沙、黏、轻碱、薄地，只要稍加改造，有排灌条件，保证一定的土层厚度及肥力，都能栽培；喜肥沃湿润沙壤土，耐水湿。

主枝逐渐开张，树冠呈自然半圆形。树干性强，生长旺盛，顶端优势明显，枝叶生长量大。花芽以短果枝为主，顶花芽占较大比重。花序为伞房花序。每花序平均有花5朵，向心开放。自花结实率很低，大部分品种需要异品种授粉才能结果，所以梨园应注意配置授粉树。嫁接树4～5年即开始结果，6～7年即进入盛果期，经济栽培寿命50年左右。

利用价值及利用现状　常见果树，观赏树种。梨果可生食，也可加工成梨汁、梨膏，富含营养，有药用价值；边材近褐色，心材红、质细，是良好的雕刻用材。

白梨是安阳市主栽经济林树种之一，规模稳定，品质较好，全市均有栽培，规模化种植的主要在内黄县、林州市、安阳县、汤阴县部分乡镇，目前品质较好、栽培面积较大的主要是内黄县、林州市、汤阴县的‘黄金梨’、‘晚秋黄梨’等。

种质资源　近年来，安阳市白梨品种发展稳定，本次普查14品种，较常见的有‘黄金梨’、‘晚秋黄梨’等品种。

1.‘中梨1号’

‘中梨1号’幼树树姿直立，成龄树较开张；树势较强，树冠圆头形。果个大，近圆形或扁圆形，平均单果重220 g，最大单果重486 g；果皮绿色、较光滑；果点稀疏、中等大；果肉硬度中等，白色、细腻、松脆，石细胞少，汁液多，风味甘甜；果心中等大，近圆形；可溶性固形物含量12%～13.5%。果实成熟早，一般为7月中旬成熟。货架期20天左右，可自花结实。该品种抗木栓斑点病能力强，丰产稳产。

2.‘中华玉梨’

‘中华玉梨’树势强健。叶片较大，浓绿。果实倒卵形或葫芦形；果皮黄绿色，果面光滑,果点小;平均单果重 288.9 g。果肉乳白色;肉质酥脆,果心小,无石细胞或很少,汁液丰富,可溶性固形物含量 11.1% ~13.5%,总糖 8.63%,总酸 0.20%,风味甘甜微酸,具香味。果实室温条件下可储藏 30 天左右;冷藏条件下可储藏至翌年 4 ~5 月。定植 2 ~3 年开始结果,丰产稳产。抗寒,耐旱,病虫害少,大小年结果和采前落果现象不明显。

一般 9 月中下旬成熟。

3.‘黄金’梨

果实性状:果实近圆形或稍扁,平均单果重 250 g,大果重 500 g。不套袋果果皮黄绿色,储藏后变为金黄色。套袋果果皮淡黄色,果面洁净,果点小而稀。果肉白色,肉质脆嫩,多汁,石细胞少,果心极小,可食率达 95% 以上,不套袋果可溶性固形物含量 14% ~16%,套袋果 12% ~15%,风味甜。果实 9 月中下旬成熟,果实发育期 129 天左右。较耐储藏。

4.‘晚秋黄梨’

果形扁圆硕大,单果重 500 ~800 g,最大可达 1 800 g;皮薄核小,无石细胞,果肉细滑,洁白香甜,果糖含量高;富含抗氧化物,果实切面 15 天内不变色、不变质;果皮中有一层薄膜,能够锁住水分不易流失,所以储存期长达 6 ~8 个月之久。

第四节　杏

杏 *Armeniaca vulgaris* Lam

形态特征　落叶乔木,高达 10 m。树皮黑褐色或褐紫色,不规则纵裂。小枝褐色或红褐色,无毛,有光泽;无顶芽,侧芽卵圆形,单生或 2 ~3 个并生;幼叶在芽中席卷状。叶片卵圆形至近圆形,长 5 ~9 cm,宽 4 ~8 cm,先端急尖至短渐尖,基部圆形或近心形,叶缘具圆钝锯齿,侧脉多 4 ~6 对,两面无毛或仅背面脉腋处具毛;叶柄长 2 ~3 cm,近叶基处常具 2 至数个腺体。花单生,先叶开放,花径 2 ~3 cm,花梗短或近无梗;萼筒圆筒形,紫红微带绿色,微具柔毛或无毛,萼片卵形至椭圆形,开花时反折;花瓣圆形或倒卵形,长 0.7 ~1.2 cm,白色或浅粉红色;雄蕊多数,花丝短于花瓣,子房具短柔毛。核果球形,直径 2 ~3 cm,成熟时黄白色或黄红色,常具红晕,微有短茸毛或无毛;果肉厚软多汁,不开裂;果梗极短;核扁平,圆形或倒卵形,沿腹缝线有浅沟,基部常对称。种子扁圆形,先端尖,味苦或甜。

分布　原产于中国。河北、北京各区县均有栽培。在东北、华北、西北、西南及长江中下游均有分布。栽培品种很多,安阳市广泛栽培。

生态学特性　喜光树种,耐寒,能耐 -40 ℃低温,但早春寒流往往会造成冻花芽现象而降低产量,能耐高温。根系强大,穿透力强,故极耐干旱,对土壤适应性强,以肥沃而排水良好的沙壤土上生长和结实最为适宜。在海拔 1 000 m 以上的高山上也能正常生长。

寿命较长,可达二三百年以上。开花结果较早,一般 3 ~5 年即可开花结果,10 年左右进入盛果期,经济寿命 60 ~100 年;枝条的萌芽力和发枝力均较弱。播种或嫁接繁殖,嫁接一般选山杏为砧木。花期 3 ~4 月,果熟期 6 ~7 月。

利用价值及利用现状　传统果树，果实多汁，味美，营养丰富，可鲜食或加工成杏干、杏脯、饮料、罐头等。种仁含油率约50%，可榨油，也是重要的药材，有止咳定喘、润肠通便之效。也是重要的出口创汇商品。杏核壳可制活性炭。木材坚硬，花纹美丽，可用于农具、家具、器具及细木工雕刻。花繁茂美观，早春开花，有"南梅、北杏"之称，既是重要的经济树种，又是传统观花树种。

杏是安阳市特色经济林树种之一，栽培主要集中在内黄县、林州市，栽培品种和质量优良。

种质资源　近年来，安阳市杏树栽培规模稳定，本次普查14品种，较常见的有'金太阳'杏、'凯特'杏、'内选1号'杏等品种，'内选1号'杏为内黄县选育。

1.'贵妃杏'

'贵妃杏'树姿直立，树势中等，树形呈圆头形，15年生树平均树高6 m，枝展5 m，干高0.8 m，中心枝明显，主枝数目4～5个，干周长64 cm。叶片卵圆形，中厚，钝尖，叶基圆形，色泽绿色，叶面光滑，钝齿。'贵妃杏'具有抗干旱、耐瘠薄、结果早、盛果期长、投资小、收益大等特点。一般嫁接后3年就可挂果，10年后进入盛果期。在河南地区开花期3月10日左右，萌芽期3月20日左右，果实采收期6月上旬，落叶期10月底。果实储藏期7～10天。株产一般都在250 kg左右，多者可达500 kg以上。盛果期长达40余年。'贵妃杏'果实扁圆形，较对称，大如鸭蛋，果皮橙黄色，阳面有胭脂红晕；果实纵径5.7 cm，横径5.3 cm，果核纵径3 cm，横径1.7 cm，单果平均重80 g，最大的重200 g。果肉呈橙黄色，朝阳面有红晕，肉质细嫩多汁，无纤维，甜酸适口，芳香浓郁，可溶性固形物含量12.4%。适宜鲜食，也可以加工成果脯或糖水罐头。杏仁味略甜，可食用，也可入药。

2.'早红蜜'杏

树势强健，幼树干性强，生长强健，萌芽力高，成枝力低，幼树以中、长果枝结果为主，成龄树长、中、短果枝均可结果。果实近圆形，较'金太阳'果个大，平均单果重68.5 g，最大可达125 g，果平顶，缝合线较深，两半部对称。外观漂亮，果面光滑明亮，果皮黄白色，阳面着红色，裂果不明显。果肉黄白色，肉厚质细，纤维极少。可食率达97.3%，汁液多，香气浓，含可溶性固形物15.3%以上，风味极佳，半离核，核小，苦仁。耐储运，常温可存放5～7天。储后果实微软，香味更浓。

果实5月上中旬成熟。

3.'中仁1号'杏

树势中庸，树姿半开张。自花结实产量高，栽植后2～3年结果，结果株率93%～100%，4～5年进入盛果期，极丰产，盛果期单株种仁产量达2 200～2 600 g。抗性强，病虫害少，具有较强的抗倒春寒能力。果实卵形，果顶尖，缝合线较浅。果实两半部对称，梗洼浅，果柄短，果皮黄红色，离核，外果皮顺缝合线自然开裂。果实纵径2.8～3.5 cm，横径2.3～3 cm。平均单仁重0.67～0.72 g，出仁率38.5%～41.3%。果实6月下旬成熟。

4.'内选1号'杏

树冠圆形或椭圆形，芽子饱满，枝条粗壮，生长势强，枝条较一般品种杏实生苗增粗2 mm，叶色墨绿、质厚，叶片比一般品种杏实生苗大1/3，当年实生苗有花芽且多，芽子饱满。树冠侧枝呈半开张型，主干分枝较一般杏品种稍高(30 cm)，距尖端37 cm处都有饱满的花芽，下部三枝每枝尖端形成37个花芽。成花容易，花量大，花有雌蕊的占93%（其中双雌蕊占13%），雌蕊较短、败育的占7%。当年自花授粉坐果率24%，属中熟品种。果实成熟后，外观金黄色，果面有光泽。果个大（平均单果重141 g，最大果重250 g），果硬度大，离核，种仁大而饱满，口味香甜，单核双仁率30%，单核种仁平均重0.9 g，可食用。果实6月上中旬成熟。

5.‘早红蜜’杏

树势强健，幼树干性强，生长强健，萌芽力高，成枝力低，幼树以中、长果枝结果为主，成龄树长、中、短果枝均可结果。果实近圆形，较‘金太阳’果个大，平均单果重68.5 g，最大可达125 g，果平顶，缝合线较深，两半部对称。外观漂亮，果面光滑明亮，果皮黄白色，阳面着红色，裂果不明显。果肉黄白色，肉厚质细，纤维极少。可食率达97.3%，汁液多，香气浓，含可溶性固形物15.3%以上，风味极佳，半离核，核小，苦仁。耐储运，常温可存放5~7天。储后果实微软，香味更浓。

果实5月上中旬成熟。

6.‘中仁1号’杏

树势中庸，树姿半开张。自花结实产量高，栽植后2~3年结果，结果株率93%~100%，4~5年进入盛果期，极丰产，盛果期单株种仁产量达2 200~2 600 g。抗性强，病虫害少，具有较强的抗倒春寒能力。果实卵形，果顶尖，缝合线较浅。果实两半部对称，梗洼浅，果柄短。3.5 cm果皮黄红色，离核，外果皮顺缝合线自然开裂。果实纵径2.8~3.5 cm，横径2.3~3 cm。平均单仁重0.67~0.72 g，出仁率38.5%~41.3%。果实6月下旬成熟。

7.‘金太阳’杏

果实圆形，平均单果重66.9 g，最大90 g。果顶平，缝合线浅、不明显，两侧对称；果面光亮，底色金黄色，阳面着红晕，外观美丽。果肉橙黄色，味甜微酸，可食率95%，离核。肉质鲜嫩，汁液较多，有香气，可溶性固形物13.5%，甜酸爽口，5月下旬成熟，花期耐低温，极丰产。

8.‘凯特’杏

果个特大，果实近圆形，缝合线浅，果顶较平圆，平均单果重106 g，最大果重183 g，果皮橙黄色，阳面有红晕，味酸甜爽口，口感醇正，芳香味浓，可溶性固形物12.7%，糖10.9%，酸0.9%，离核。

第五节　柿

柿 *Diospyros kaki* Thunb

别名　柿树、柿子树

形态特征　落叶乔木，高达15 m。树皮黑灰色，小长方块开裂，树冠开阔，球形或钝圆形。幼枝暗红色，有褐色短柔毛，后脱落；冬芽三角状卵形，先端钝尖或尖，长宽各3~4 mm，暗红褐色，无毛或微被毛，芽鳞2枚，先端张开露出内芽鳞，贴枝。叶片革质，卵状椭圆形、阔椭圆形、长圆状椭圆形或倒卵形，长 6 ~ 18 cm，宽 3 ~ 9 cm，先端尖，基部楔形或近圆形，全缘，表面有光泽，背面淡绿色，沿脉有褐色柔毛；叶柄长 1 ~ 1.5 cm，多毛。雄花成短聚伞花序，雌花单生叶腋，花黄白色或近白色，花梗长 6 ~ 10 mm，被茸毛；萼大，4 深裂，果成熟时增大，有毛；花冠 4 裂钟状，有毛。雄花长约 1 cm，雄蕊 16 ~ 24 cm，雌花中有 8 个退化雌蕊，子房上位，8 室，花柱自基部分离，有柔毛。浆果扁球形、圆形或扁圆方形，径 3 ~ 10 cm，熟时橙黄色或鲜黄色。

分布 中国主要分布于西南部至东南部。

生态学特性 深根性，喜温，在年平均温度 10 ~ 21.5 ℃的地方均可栽培，以年平均温度 13 ~ 19 ℃的地方最适宜，能耐 -20 ℃的暂时低温，但不耐严寒；喜光，耐干旱、瘠薄的能力特别强，年降水量 450 mm 以上的地方，一般不需灌溉；不耐长期积水，淤土埋干会造成死亡；喜中性黏壤土、沙壤土及黄土，对土壤的适应性强，一般土壤均能栽培。寿命长，生长快，结实早，产量高，管理简便。一般用嫁接繁殖，用君迁子作砧木，常用的有枝接或芽接；以花期用芽接、简便易行且成活率高。一般在春季发芽前栽植。花期5 ~ 6月，果期 9 ~ 10 月。

利用价值及利用现状 传统果树，可作园林观赏树种，果可鲜食，制柿饼、柿糕或与主食混合加工成各种食品；柿果含糖分 11%、蛋白质 0.7% 及各种维生素和大量的微量元素，有降低血压、解酒、治胃病等疗效；柿叶做茶；柿漆可供油伞用；木材质硬略重，可制器具、文具、雕刻等。柿树又是良好的观叶、观果植物。

柿树是安阳市特色经济林树种，栽培面积较稳定，散植较多，山区、平原、田间地头、庭院等广泛栽培，其中以林州山区栽培较多，产业化程度较低。

种质资源 安阳市本次普查有 22 品种，较常见的有‘面’柿、‘红’柿、‘次郎’柿。

1.‘牛心’柿

‘牛心’柿属涩柿类，为落叶乔木。树高可达 13 ~ 14 m，枝叶繁茂，树冠开张如伞，呈圆形或钝圆锥形。树干灰褐色，树皮虽呈方块状深裂，但不易剥落。主要分枝多呈弯曲状，先端下垂而挺直，姿态各异。叶椭圆形或长圆形，全缘，叶面光滑，叶背和叶柄有茸毛，叶背面色淡而带白色。5 月中旬至 6 月初开花，花钟状，黄白色，多为雌雄同株而异花（单性或两性共存），花期一般为 7 ~ 12 天，花梗长 0.5 ~ 1.0 cm，有毛。萼大，4 裂，裂片内部有毛。雄蕊在雄花中有 12 ~ 16 个，两性花中 8 ~ 16 个，雌花中仅有 8 个，花丝长 1.5 ~ 2.0 cm。子房 8 室，花柱自基部分离，有短柔毛。果实牛心状（卵圆形）。果色由青转黄，10 月中下旬成熟，成熟时为橙红色。主要特点是：果大、色泽艳丽，肉细、味甜、汁多，无核或少核，品质上乘，平均单果重 250 g，最大果重 375 g。牛心柿营养丰富，据测定，鲜果含蛋白质 1.36%，脂肪 0.75%，含糖量 15.6%，维生素 C 29.1 mg/100 g，粗纤维 2.08%，水分 80.21%，灰分 0.65%。制成的柿饼，甜度大、纤维少、质地软、香甜可口，若将柿饼放在冷水中搅拌，能化成糖浆，别有风味。除食用外，还有一定的药用价值。

2.‘中柿 1 号’柿

芽变品种。果实含糖量平均为 24.29 mg/g，早实、早熟、高产、稳产。嫁接栽植后 2 ~ 3 年开始结果，4 ~ 5 年进入盛果期。果实 9 月中旬成熟。

3.‘黑柿1号’柿

自然选育品种。树冠圆锥形,半开张。果实长圆形,平均单果重126 g,最大果重232 g;纵径6.7 cm,横径5.4 cm;果实心脏形,横断面略呈方形;果面乌黑色,果粉多,擦去果粉后果面乌黑而有光泽,有极浅的纵沟;有缢痕,呈肉座状绕蒂下一圈。果肉橙黄色,硬柿肉质脆硬,软后其皮难剥,软柿肉质黏,汁液较少,味浓甜。可溶性固形物含量达19% ~24%。10月中旬果面着黑色时即可上市,采收期可延长到11月中旬。

4.‘中柿2号’柿

自然选育品种。树势较强,树姿直立。果实发育初期呈现“果顶尖凸、四裂”特征,成熟时果实为橙黄色,并一直保留这一特异性状;果实横断面呈方形,十字沟不明显;宿存萼近方形,多4裂;果肉柔软多汁,核较少,多为0~1粒;果实横径平均为8.5 cm,纵径平均为7.5 cm,平均单果重220 g。果实10月中上旬成熟。

5.‘博爱八月黄’柿

枝条生长开张,树势强健,新梢粗壮,棕褐色。果实中等大,平均重130~140 g。近扁方圆形,皮橘红色,果粉较多。果常有纵沟2条,果顶广平微凹,十字沟浅,基部方形,蒂大方形,具方形纹,果肉橙黄色,肉质细密,脆甜,偶有少数褐斑出现,纤维粗,汁中等,无核,品质上。果肉无核,含糖17% ~20%。该品种高产、稳产,树体健旺,寿命长,柿果可鲜食,宜加工,最宜制饼。该品种除易遭柿蒂虫危害外,具有较强的适应性和抗逆性。果实10月中下旬成熟。

6.‘黄金方’柿

杂交品种。树势较强,成枝力弱。叶宽椭圆形,较厚,深绿色,正面有蜡质,有光泽。果实高脚四方形,果顶平或微凹,果面有较明显的4条对称纵沟,果肉金黄色或橙红色,横径8.5 cm,纵径10.3 cm,平均果重155 g。果实有涩味,无明显病虫害。丰产性能良好。果实9月初成熟。

7.‘七月燥’柿

为乡土树种。树冠中庸,自然开张,叶片小而上卷。果色橘黄到橘红,果柄较长,为1.5 cm,果实正方形,稍扁,四棱四角明显,顶平突尖,无核或少核,颜色橘黄到橘红,鲜艳。可在树上自然脱涩,色泽鲜艳,口感好,无核少纤维,浓甜甘醇。成熟早,耐储藏。果实8月上旬成熟。

8.‘面’柿

为乡土树种。落叶乔木,树冠大,直立性强,树干灰褐色,碎块状剥落。果个大,横径6.87 cm,纵径6.64 cm,平均单果重167 g。果皮橘红色,皮薄、有光泽。果肉橙红色,含水量小,口感面,可溶性固形物含量17.72%,可溶性总糖15.1%,水分含量79.86%,维生素含量20.3 mg/100 g。8心室,核较少。果实10月下旬到11月上旬成熟。

9.‘小红’柿

为乡土树种。落叶乔木,植株偏小。枝条稀疏平展,树姿开张,树冠呈圆头形。果实圆形或卵圆形,果顶尖,果底平。蒂座大,四瓣形,果柄附近圆形凸起。果皮鲜红色,8心室,核较多。果小,平均单果重46 g,最大单果重60 g。果肉浅黄色,肉细味甜,可溶性固形物含量19.22%。丰产性好。果实10月下旬成熟。

10.‘次郎’柿

果实扁方圆形,具4条纵向的凹线,呈稍广纵沟,成熟果实果皮橙红色,果皮较薄,果粉多;果肉松脆;肉橙黄色,褐斑小而少;汁液较少,味甜,品质上乘。

第六节　李

李 *Prunus salicina* Lindl

形态特征　落叶乔木,高达12 m。树皮黑灰色,粗糙纵裂,树冠扁球形。多年生枝灰褐色,小枝红褐色,无毛。无顶芽,侧芽单生或并生,并生芽中花芽位于叶芽两侧,芽鳞7~10片,边缘被疏柔毛,幼叶在芽中席卷状。叶片倒卵形或椭圆状倒卵形,长5~10 cm,宽3~4.5 cm,先端渐尖或突渐尖,基部宽楔形,边缘具圆钝、细密重锯齿,幼时齿尖具腺,侧脉6~10对,与中脉成45°角,两面无毛,有时叶背脉腋有柔毛;叶柄长0.3~1.5 cm,无毛或被疏柔毛,近顶端处常有2~4腺体;托叶条形,边缘具腺,早落。花常3朵簇生,先叶开放,直径1.5~2 cm;花梗长0.5~1.5 cm,无毛;萼筒钟状,长2~3 mm,无毛,萼片三角状卵圆形,具细齿,无毛;花瓣白色,倒卵状宽椭圆形,长0.6~0.8 cm;花柱及子房无毛。核果卵球形,直径3~5 cm,先端稍尖或平,基部凹陷,表面具1纵沟,熟时绿色、黄色或紫红色,有光泽,外被蜡粉。核两侧扁平近圆形,具棱脊,表面有皱纹。

分布　各地常见栽培,分布于东北、华北、华东、华中。华北地区多栽植于海拔800 m以下的村镇“四旁”。安阳市常见栽培。

生态学特性　喜光、耐寒,对土壤要求不严,在半阴处生长良好。浅根性,萌芽力强,一般3~4年可进入结果期,6~8年可达到盛果期,寿命一般20~40年。嫁接、分株、播种繁殖。花期4月,果期7~8月。

利用价值及利用现状　果酸甜味美,可鲜食或制果脯、蜜饯、酿酒等。核仁含油45%,入药有活血祛痰、润肠利尿之效。根、叶、花及树胶均可药用。

花色雪白,供观赏,可作园林绿化树种及蜜源植物。

李是安阳市特色经济林树种,面积稳定,各地都有栽培,以林州市栽培较多,品质优良,但产业化程度低。

种质资源　本次普查有8品种,较常见的有‘黄甘李1号’李等品种。

‘黄甘李1号’李

选育品种。果实较大,近圆形,稍偏斜,缝合线深广,果实纵径4.77 cm,横径4.94 cm;平均单果重65.4 g,最大单果重73.3 g;可食率96.5%。成熟时果皮黄色,充分成熟后阳面为樱桃红色;果顶稍平而微凹,梗洼深,果梗中长;皮薄,果粉中多,果点椭圆形,小而密集。果肉淡黄色,柔软多汁。离核,核面粗糙。果实可溶性固形物含量13.7%,总酸0.95%,总糖6.78%,维生素C含量3.97 mg/100 g。常温下可储藏4~5天。果实7月中旬成熟。

第七节　葡萄

葡萄 *Vitis vinifera* L.

形态特征　木质藤本，长达 25 m。树皮灰褐色，条状剥裂。枝粗壮，红褐色至黄褐色，幼时无毛，有时有柔毛；具细棱；卷须与枝对生，分枝。叶片圆卵形至近圆形，长 7 ~ 15 cm，常 3 ~ 5 裂，裂片先端尖，基部深心形，叶缘为粗锯齿；两面无毛或叶背有短柔毛；叶柄长 3 ~ 7 cm。圆锥花序，与叶对生，花小而多，杂性异株；花萼盘状；花瓣 5，黄绿色，顶端黏合成帽状，由基部开裂脱落后出现雌雄蕊；雄蕊 5，对瓣，花盘隆起，基部与子房贴生；子房短，2 室，每室胚珠 2。浆果；果序下垂；果圆形至椭圆形、倒卵形等，其大小、色泽因品种而异。种子 3 ~ 4，卵形或梨形。

分布　原产于亚洲西部。各地普遍栽培。我国西北及北部各省(区)普遍栽培，且栽培品种很多。安阳市普遍栽培。

生态学特性　喜湿暖、阳光充足、较为干燥的气候；抗寒力稍差，冬季常须埋土防寒，-16 ℃低温即现冻害；对土壤要求不严；深根性，寿命长。种子、扦插或嫁接繁殖。花期 4 ~ 5 月，果期 8 ~ 9 月。

利用价值及利用现状　著名果树，重要棚架果树。品种达 200 个以上。除鲜食外，还可制葡萄干、酿酒、榨汁。加工后下脚料可提取酒石酸、酒精、单宁酸、色素等。种子含油 10%，工业用。根、叶、蔓入药，有安胎止吐的功效。

葡萄是安阳市特色经济林树种，规模稳定，全市广泛栽培，集中栽培以内黄县较多，‘京亚’、‘巨峰’、‘巨玫瑰’、‘夏黑’等品质良好，但产业化程度低。

种质资源　近年来，安阳市葡萄引进栽培的各类品种较多，本次普查有 19 品种。

1. ‘郑佳’葡萄(郑果大无核)

‘郑佳’葡萄(郑果大无核)树势较强。叶近圆形，5 裂，上裂刻深，下裂刻浅。果穗圆锥形，平均穗重 548 g，最大穗重 700 g，大小基本一致；果粒椭圆形或近圆形，绿黄色，充分成熟时呈黄白色，平均果粒重 5.4 g；果粉和果皮均薄；果肉脆，汁液中等多，可溶性固形物含量 13% 左右，味甜爽口，果香浓郁，无核。

成熟期较‘巨峰’葡萄早 20 天。该品种花芽分化结节位高，副梢结实力较差。负载过量时果味较淡，不适合在贫瘠的土壤种植。

2. ‘阳光玫瑰’葡萄

日本引进品种。果穗圆锥形，有副穗，穗重 600 g 左右，大穗可达 1 800 g 左右，平均果粒重 6 ~ 10 g；果粒与果柄较易分离；果皮略有涩味；果粒着生松散；果粒椭圆形，黄绿色，果面有光泽，果粉少；果肉鲜脆多汁，有玫瑰香味。可溶性固形物含量 20% 左右，最高可达 26%，鲜食品质极优；有种子。果实 8 月下旬成熟。

3. ‘金手指’葡萄

日本引进品种。果穗圆锥形，带副穗，平均穗重 300 ~ 500 g，最大穗可达 800 g；果粒着生松紧适度。果粒似手指状，中间粗、两头细，粒重 6 ~ 7 g，含种子 1 ~ 3 粒；果皮薄，黄绿色，完熟后果皮呈金黄色，十分诱人；果肉较脆，有浓郁的冰糖味和牛奶味，汁中多。一般黄绿色果实可溶性固形物含量17% ~18%；金黄色果实可溶性固形物含量在20%以上；最高可达25%。果实8月中旬成熟。

4.‘夏黑’葡萄

日本引进品种。果穗圆锥形或有歧肩，果穗大，平均穗重420 g左右；果穗大小整齐，果粒着生紧密；果粒近圆形；果皮紫黑色，果粉厚，果皮厚而脆，果实容易着色且上色一致，成熟一致；果肉硬脆，无肉囊，果汁紫红色，有较浓的草莓香味。可溶性固形物含量20%。果实7月底成熟。

5.‘黑巴拉多’葡萄

日本引进品种。果穗圆锥形，果粒着生紧密，平均穗重500 g左右；果粒椭圆形，平均单粒重8~12 g，成熟早，成熟期一致；果粒紫红色到紫黑色，耐储运；果柄耐拉力强；果肉脆，略带玫瑰香气。含糖量20% ~23%。果实7月中下旬成熟。

6.‘夏至红’葡萄

为‘绯红’×‘玫瑰香’杂交后代选育品种。树势中庸偏强，幼嫩枝条绿色具紫红色条纹，成熟枝条红褐色。果穗圆锥形，果穗上果粒着生紧密。果粒圆形，紫红色到紫黑色，着色一致。果梗短，抗拉力强。果皮中等厚，无涩味，果粉多。果肉硬度中等，无肉囊，果汁绿色，汁液中等。平均单穗重408 g，最大穗重612 g，平均果粒重4.3 g，可溶性固形物含量12.4%。具轻微玫瑰香味。丰产性能良好。果实7月初成熟。

7.‘巨峰’葡萄

‘巨峰’葡萄是生产中的主栽品种之一，适应性强，抗病、抗寒性能好，喜肥水。果实穗大，粒大，平均穗重400~600 g，平均果粒重12 g左右，最大可达20 g。8月下旬成熟，成熟时紫黑色，果皮厚，果粉多，果肉较软，味甜、多汁，有草莓香味，皮、肉和种子易分离，含糖量16%。

第七章　主栽干果及其他经济林树种

第一节　枣

枣 *Ziziphus jujuba* Mill.

形态特征　落叶乔木，高达 10 m。树皮灰褐色，条裂。枝有长枝、短枝和脱落性小枝 3 种；长枝舒展，呈之字形折曲，红褐色，光滑，有 2 托叶刺，1 直 1 弯；短枝通称枣股，在 2 年生以上的长枝上互生；脱落性小枝称枣吊，为纤细下垂的无芽枝，状似羽叶的总柄，常 3 ~ 7 簇生于短枝上。叶片卵形、长圆状卵形或卵状披针形，长 3 ~ 8 cm，先端钝尖，基部稍偏斜，边缘具钝锯齿，两面光滑无毛，基生三出脉；叶柄长 2 ~ 7 mm。聚伞花序，腋生；花黄绿色，两性，5 基数，花萼比花瓣大；雄蕊与花瓣对生；花盘肉质，圆形 5 裂；子房上位，下部藏于花盘内，与花盘合生，2 室，每室 1 胚珠，花柱上部 2 裂。核果熟时深红色，长圆形或椭圆形，长 1.5 ~ 5 cm，形状、大小常因品种而不同，中果皮肉质肥厚，核两端尖，2 室，常仅 1 室发育，具 1 种子；种子扁椭圆形。

分布　全国分布很广，北自辽宁南部，南至云南，东起山东，西达西藏，其中以河北、河南、山东、山西、陕西最集中。安阳市广泛栽培，安阳市内黄县为中国“红枣之乡”。

生态学特性　喜光、喜温、耐旱，还耐寒，春季温度到 13 ~ 15 ℃时才开始发芽、展叶，20 ~ 22 ℃时开花，果实成熟的适温为 18 ~ 22 ℃，气温下降到 15 ℃时开始落叶。冬眠期抗低温，－35 ℃能安全越冬。对土壤适应性较强，耐弱酸性和轻度盐碱土壤，喜深厚肥沃沙质土，忌黏土和湿地。根系发达，萌蘖力强，用嫁接和根蘖繁殖。花期 5 ~ 7 月，果期 8 ~ 9月。

利用价值及利用现状　枣为著名果树，营养丰富，含糖、蛋白质、维生素等，可生食，又可加工成蜜枣、乌枣、酥枣、枣泥、枣酒、枣醋、枣茶等；枣药用，有养胃、健脾、益血、滋补强身之效；木材坚韧致密，比重约 0.89，红褐色，供高级家具、雕刻等细木工用；花期长，蜜质好，是良好的蜜源植物。系木本粮食树之一。

枣是安阳市特色经济林树种，面积较大、规模稳定，分布栽培，主要集中在内黄县，特色品种“扁核酸”为河南省地理标志产品。内黄大枣具有耐干旱、耐瘠薄、适应沙区生长的特点，集中分布在卫河以南沙区 12 个乡镇。枣树面积较大的乡镇有城关镇、张龙乡、马上乡、东庄镇、高堤乡、卜城乡、井店乡、二安乡、六村乡、梁庄镇、中召乡。内黄县枣树苗繁育量较大。

种质资源　近年来，安阳市大枣引进栽培的新品种较多，栽培模式主要是农枣间作，平均每亩 15 ~ 20 株；部分纯枣园每亩 55 ~ 110 株，另有小部分观光园，近年来引进了部分冬枣等鲜食新品种，建起了冬枣密植园和温棚冬枣。整个内黄县大枣，观光采摘及鲜销比例约占5%，干制占75%，加工占20%。本次普查有14品种，面积最大的为安阳市特色品种扁核酸。

1. 灵宝大枣

灵宝大枣树体高大，树势强健，干性较强，枝条极性生长势旺、粗壮，树冠成自然圆头形，树枝直立或半开张，萌蘖力较弱。

灵宝大枣又称“灵宝圆枣”，为干鲜两用品种，是灵宝枣区群众经过多年栽植培育出来的优良品种。一般栽后3年开始挂果，15年进入盛果期，盛果期30～60年。单株产干果平均35 kg，百年生的枣树，单产干果可达120 kg。成熟期9月中旬。具有耐干旱、耐瘠薄、易管理、寿命长、效益高等特点，被誉为灵宝“三大宝”之一。灵宝大枣品种以圆枣为主，又称疙瘩枣。果实大，多为短圆筒形，纵径3.3～3.8 cm，横径3.4～4.5 cm，单果鲜重23.4 g左右，最大的达68 g。果皮深红，肉厚核小，果核短棱形，纵径1.34 cm，横径0.8 cm，平均核重0.51 g，核间较短，呈突尖状。质韧汁少，味甘甜，肉质松软，风味佳，带有清香，含糖量高，适宜制干枣。

灵宝大枣营养极为丰富，含有皂甙、生物碱、黄酮、氨基酸、糖、维生素、有机酸等9种对人体有益的化学成分，比一般苹果、橘子含量高2～10倍，每百克含蛋白质2.9 g，脂肪2.32 g，糖、淀粉62.94 g，热量292卡路里，并含有磷、铁、钙、铜等多种微量元素。

2. ‘豫枣1号’(无刺鸡心枣)

‘豫枣1号’(无刺鸡心枣)属鼠李科枣属，树体无刺，方便枣园管理；生长健壮、树姿开张，生长量大，一般管理条件下，定植一年能萌发出5个以上的新枝，3年形成基本的树体骨架，4年达到丰产树形；早果、丰产，定植当年着花株数100%，结果株数30%，定植一年株产鲜枣0.5 kg，定植3～4年产鲜枣5～20 kg；枣果个大、均匀、制干率高、早熟，平均单果重为4.9 g，最大果7.86 g，自然风干率为44%；营养丰富、市场潜力大，鲜枣含可溶性糖24.7%，维生素C含量24 mg/100 g，经济效益高；抗枣疯病；适应性强，在壤土、沙壤土、两合土地上生长、结果良好，沙丘上栽培，加强肥水管理，也能正常生长、结果、丰产；适合在不同土质的耕地上建丰产园或经济生态兼用林。

3. 扁核酸枣

扁核酸枣又名酸铃、铃枣、鞭干等。扁核酸枣主要产于河南黄河故道的内黄、濮阳、浚县、滑县、清丰、汤阴等县，河北邯郸和山东东明等地也有栽培。扁核酸枣为河南栽培面积最大、产量最高的品种，是河南省地理标志产品，也是全国枣树主栽品种之一，栽培历史已有2 000多年。

扁核酸枣树势强健，树体较大，树姿开张，干性不强，发枝力较高，枝条中度密，树冠自然半圆形。40余年生树干高1.6 m，干周78 cm，树高7.2 m，冠径6.5～7 m。主干灰褐色，皮裂较浅，较易剥落。枣头红褐色，生长势较强，生长量40～70 cm，节间长6～7节，二次枝自然生长4～7节，针刺较发达。皮目小而较稀，圆形，凸起，灰白色。枣股小，圆锥形或圆柱形，一般长1.2～1.4 cm，最长2 cm左右，粗1～1.2 cm，抽吊力较强，每股一般抽生3～4吊。枣吊较粗，平均长15.6 cm。叶较大，卵圆形，深绿色，叶长5.7～7 cm，宽3～3.2 cm，先端渐尖，叶基圆形或亚心形，叶缘锯齿粗，中度密。花量中等，每吊着花40～50朵，枣吊中部每花序着花5～7朵。花较小，花径6～7 mm，花为昼开型。蜜盘橘黄色。果实中等大，椭圆形，侧面略扁，纵径2.9~3.3 cm，横径2.5~2.7 cm，平均果重10 g，大小不很均匀。果梗中等长，较粗，梗洼中度广、中等深。果顶平，柱头遗存，不明显。果皮较厚，深红色，果面平滑。果点小，近圆形，分布较稀，不明显。果肉厚，绿白色，肉质粗松，稍脆，味甜酸，汁液少，适宜制干和加工枣汁，制干率56.2%。扁核酸枣鲜果含可溶性固形物27%~30%。可食率96%。干枣含糖69.8%，维生素C含量22 mg/100 g。核小，纺锤形。纵径1.9~2.1 cm，横径0.9~1 cm，重0.4 g，核尖较短，核纹较深，多无种仁。

扁核酸枣树结果较迟，定植后一般第三至第四年开始结果。当年生枣头结实力强，丰产，产量稳定，成龄树株产鲜枣40~50 kg。干性较弱，萌芽力、成枝力中等。叶卵状披针形，叶缘有钝锯齿，叶尖钝尖。花小，黄色，花瓣匙形。果实椭圆或近椭圆形，平均单果重10 g，最大可达16 g以上，果皮底色黄绿，着色后呈深红色，不裂果，果肉绿白色，稍脆，汁少味甜，略有酸味，可溶性固形物含量62%，鲜食品质中上。种子退化。适于制干和加工。丰产性强，大小年不明显，适应性强，耐干旱，耐贫瘠。

萌芽期4月中旬，盛花期5月中下旬，9月下旬至10月上旬果实成熟。

4. 冬枣

冬枣果实近圆形，果面平整光洁，似小苹果。纵径2.7~2.9 cm，横径2.6~2.9 cm。平均果重10.7 g，最大果重23.2 g，大小较整齐。果肩平圆，梗洼平，或微凹下。环洼大，中深。果顶圆，较肩端略瘦小，顶洼小，中深。果柄较长，果皮薄而脆，赭红色，不裂果。果点小，圆形，不明显。果肉绿白色，细嫩、多汁、甜味浓，略酸，含可溶性固形物40%~42%（完熟前），可食率96.9%，品质极上。果核短纺锤形，浅褐色，核纹浅，纵条状，多数具饱满种子。

5. 脆枣（梨枣）

果实经济性状：果实特大，近圆形，纵径4.1~4.9 cm，横径3.5~4.6 cm，单果平均重31.6 g，最大单果重80 g，果面不平，皮薄，淡红色，肉厚，绿白色，质地松脆，汁液中多，味甜。

第二节　核桃

核桃 *Juglans regia* L.

别名　胡桃

形态特征　乔木，高达30 m，胸径2 m。树冠宽广，树皮幼时灰绿色，平滑，老时灰白色，纵裂。1年生枝径5~10 mm，灰绿至黄绿色，常有灰白色膜层，无毛；2年生枝深灰绿至褐色；叶痕大，倒三角形。叶长22~40 cm；小叶5~9，叶片椭圆状卵形至椭圆形，长6~12(24) cm，宽2.5~6.5(10) cm，先端钝圆或微尖，侧脉常15对以下，全缘（幼树及萌枝叶具不整齐锯齿）；背面脉腋簇生淡褐色毛。雄花序长13~15 cm；雌花1~4集生枝顶，总苞被白色腺毛，柱头淡黄绿色。果序轴长4.5~6 cm，绿色，被柔毛；果球形，幼时被毛，熟后无毛，皮孔褐色；果核径2.8~3.7 cm，基部平，有2纵钝棱及浅刻纹。

分布　产太行山各地。我国北起辽宁、南至广西、东达沿海、西抵新疆广为栽培，以西北、华北为主产区。新疆霍城等山地有野生分布。全市广泛栽培，主要分布在林州市。

生态学特性　喜光、喜温暖凉爽气候，耐干冷不耐湿热。年均温 8 ~ 14 ℃，7 月均温不低于 20 ℃；年降水量 400 ~ 1 200 mm 条件下适生；极端低温 -20 ℃时易受冻害，极端高温超过 40 ℃时易受日灼。适深厚肥沃、疏松湿润，pH 5.5 ~ 8.0 的沙壤土或壤土，不耐盐碱。深根性，主根发达，寿命可达 500 年以上。种子或嫁接繁殖。

利用价值及利用现状　核桃营养丰富，富含多种营养成分及微量元素；核桃油为高级食用和工业用油；桃仁及仁间隔膜为中药；核壳可制活性碳；树皮果皮可提栲胶；木材为高级家具及工艺、军工用材。树形美观，枝叶富香气，可为庭园绿化树种。重要经济林树种。

安阳市是河南省核桃主产区，核桃是安阳市主栽干果类、木本油料类经济林树种，面积较大、规模稳定，全市各地栽培，林州市是核桃主产区，核桃是安阳市名优特产之一，在河南省具有一定的知名度。

种质资源　近年来，安阳市核桃引种栽培推广的品种较多，本次普查有 15 品种，较常见的有'清香'、'香玲'、'辽核'系列、'中林'系列等品种。

1.'中核 4 号'核桃

选育品种。树冠长椭圆形，树姿开张。幼树干性较强，萌芽力、成枝力中等。幼树以中、短果枝结果为主；成龄树以短果枝结果为主。果壳极薄，核仁饱满，香味浓，丰产性较好，适合做鲜果用。果实 8 月下旬成熟。

2.'豫丰'核桃

选育品种。树势中等，分枝力强，进入丰产期快。定植后当年开花。坚果大，椭圆形，壳面较光滑，色较浅，缝合线结合紧密，壳厚 1.2 mm。以短果枝结果为主，每果枝结果 2 ~ 3 个，有穗状结果现象。果实 9 月初成熟。

3.'中核短枝'核桃

'中核短枝'核桃树冠圆锥形，主干灰色，分枝力强，枝条节间短而粗，以短果枝结果为主。果实近圆柱形，较大，果壳较光滑，浅褐色，缝合线较窄而平，结合紧密。果基和果顶较平，平均坚果重 15.1 g，壳厚 0.9 cm，三径平均 4.09 cm，内褶壁膜质，横隔膜膜质，易取整仁。出仁率 65.8%，核仁充实饱满，仁乳黄色，无斑点，纹理不明显，核仁香而不涩。丰产稳产性较强。果实 9 月初成熟。

4.'香玲'核桃

引进品种。树体中等，树势强壮，树姿开张或半开张，分枝力强，主干浅灰棕色，树皮皮孔明显，小而突起。坚果圆形，果个较大，坚果壳色浅，壳厚 0.9 mm 左右，腹缝线紧密，壳面极光滑，纵径 3.87 cm，横径 3.30 cm，侧径 3.45 cm，易取整仁。平均单果重 12.2 g，单个核仁重 7.6 g，出仁率高达 65.4%。丰产性较好。果实 9 月上旬成熟。

5.'薄丰'核桃

该品种树势强旺，树姿开张，分枝力较强，主干浅灰棕色，树皮皮孔明显，小而突起。坚果长圆形，壳面光滑，色浅；缝合线平而窄，结合较紧，壳厚 1.0 mm。坚果纵径 4.2 cm，横径 3.5 cm，侧径 3.4 cm，坚果重 13 g 左右，最大 16 g。内褶壁退化，横隔膜膜质，可取整仁。核仁充实饱满，颜色浅黄，出仁率 58%。丰产性较好。果实 9 月初成熟。

6.'辽宁7号'核桃

该品种为引进品种。树势强壮,树体中等,树姿开张或半开张,分枝力强,主干浅灰棕色,树皮皮孔明显,小而突起。坚果圆形,果个较大,色浅,壳厚0.9 mm左右,腹缝线紧密,壳面极光滑,果实纵径3.5 cm,横径3.3 cm,侧径3.5 cm,可取整仁。单果重10.7 g,核仁重6.7 g,出仁率62.6%。丰产性较好。果实9月上旬成熟。

7.'清香'核桃

树体中等大小,树冠半开张,分枝角度较小。主干浅灰色,皮孔小而突起。坚果果壳较硬,外果皮光滑,果实(带外果皮)纵径5.4 cm,横径4.6 cm,侧径4.7 cm;坚果纵径4.06 cm,横径3.67 cm,侧径3.43 cm,单果重16.7 g。丰产性较好。果实9月上旬成熟。

8.'中宁奇'核桃

为杂交品种,适宜作核桃嫁接砧木。大树树干通直,树皮灰白色纵列,树冠圆形;分枝力强。一年生枝灰褐色,光滑无毛,节间长。皮孔小,乳白色。枝顶芽(叶芽)较大,呈圆锥形;腋芽贴生,呈圆球形,密被白色茸毛。主、副芽离生明显。奇数羽状复叶,叶片阔披针形,基部心形,叶尖渐尖,背面无毛,叶柄较短。少量结实,坚果圆形,深褐色,果顶钝尖,表面具浅刻沟,坚果厚壳,内褶壁骨质,难取仁。果实8月下旬成熟。深根性,根系发达。与核桃的嫁接亲和力强。

9.'中林1号'核桃

坚果圆形,果基圆,果顶扁圆,纵径4.0 cm,横径3.7 cm,侧径3.9 cm,平均单果重14 g,壳面较粗糙,缝合线两侧有较深麻点,缝合线中宽凸起,顶有小尖,结合紧密,壳厚1.0 mm,可取整仁或1/2仁,出仁率54%。核仁充实、饱满,中色。核仁脂肪含量65.6%,蛋白质含量22.2%。

第三节　板栗

板栗 *Castanea mollissima* Bl.

别名　栗子

形态特征　乔木,高达15 m,胸径达1 m。树皮灰褐色,深纵裂。叶片长椭圆形、长椭圆状披针形,长8~18 cm,宽4~7 cm,先端渐尖或短尖,基部圆形或宽楔形,叶缘锯齿尖锐,侧脉10~18对,伸出齿尖,表面绿色,背面密被灰白色星状毛或近平滑;叶柄长0.5~2 cm。雄花序长9~20 cm,被茸毛;雌花生于雄花序下部或另成花序。壳斗球形,直径4~6 cm;坚果(1)2~3个生于壳斗内,半球形或球形、楔形,径1.5~3 cm,深褐色,被短柔毛;花柱宿存,柱头6裂。子叶不出土。

分布　中国各山区均有栽培,北自辽宁、南至广东有栽培。林州市太行山区有栽培。

生态学特性　喜光,喜温暖,不耐严寒,喜深厚、湿润、肥沃土壤。寿命长,盛果期50~80年,200年老树仍可结果,实生苗6~8年开始结果。嫁接苗2~3年结果。播种或嫁接繁殖。花期5~6月,果期9~10月。

利用价值及利用现状　板栗是我国著名干果,营养丰富;木材坚硬,供建筑用材;树皮、壳斗含鞣质,可制栲胶;树皮、根入药,有消肿解毒功效。

板栗是安阳市特色干果经济林树种,林州市黄华镇集中栽培,黄华镇古板栗群落树龄较大,为进一步保护古板栗群,林州市建设了“中华古板栗园”,该板栗古树群是我国树龄最长(700 多年)、群落最大(3 000 多亩,8 000 余株)的古板栗群,目前,板栗群整体生长情况良好,结果良好。

第四节 花椒

花椒 *Zanthoxylum bungeanum* Maxim.

形态特征 落叶灌木或小乔木,高 3 ~7 m。具芳香。树皮深灰色,粗糙,老茎干上常有木栓质的疣状突起和增大皮刺。小枝灰褐色,无毛或疏被毛。奇数羽状复叶,叶轴两侧有狭翅,总叶柄基部两侧常有 1 对扁宽的皮刺;小叶对生,纸质,5 ~11 片,卵形或卵状长圆形,无柄或近无柄,长 1.5 ~7 cm,宽 1 ~3 cm,先端急尖或渐尖,基部近圆形,边缘具细钝齿,齿缝间常有较大透明油点,上面绿色,光滑,下面灰绿色,叶脉基部两侧常疏生细刺或茸毛。聚伞状圆锥花序,顶生,长 2 ~6 cm,花序轴被短柔毛;花单被,花被片 4 ~8,1 轮;雄蕊 5 ~7,花丝条形,在药隔中间近顶部常有 1 色泽较深的油点,具退化的子房;雌花具 3 ~4 心皮,子房无柄,花柱多侧生。蓇葖果球形,直径 4 ~6 mm,1 ~3 聚生,成熟时褐红色或紫红色,密生疣状突起的腺点。种子圆球形,直径约 3.5 mm,黑色,有光泽。

分布 全国主要分布于黄河流域的河北、河南、山东、陕西、甘肃等地,江苏、湖南、湖北、江西、福建及西藏等地也有分布,安阳市广泛栽培。

生态学特性 喜光,喜温暖树种,耐寒力差,幼苗遇到 -18 ℃低温时,枝条即受冻害;15 年以上大树在 -25 ℃低温时,也会受到冻害。不宜在山顶、风口和高山阴寒地栽植。对土壤要求不严:在中性或酸性土壤上生长良好,在山地钙质土壤上生长更好;不耐涝,短期积水或洪水冲淤都能引起死亡,不宜在低湿黏淤的土壤上栽植。萌芽力强,能耐强度修剪;抗烟害及病虫害能力也较强。花椒营养生长期较短,在厚层土地如管理得当,3 ~4 年即可结果,10 年后到达盛果期,20 ~25 年开始衰老,寿命最高可达 40 ~50 年或以上。花期 6 ~7 月,果期 8 ~9 月。

利用价值及利用现状 花椒是著名调香料树种,花椒鲜果皮是主要的调味品,并是主要的香精原料;花椒还可入药,有暖胃除风、化痰止咳、帮助消化等功能,可治牙痛、腹痛;种子可榨油,含油量 25% ~30%,出油率 22% ~25%,花椒油是很好的食用油,油渣可做肥料和饲料。叶有特殊香味,除可烹调食用外,还可放在粮库内防止虫害,或放在肉食、水果上避蝇。木材坚硬,纹理美观,可做手杖、伞柄及各种小器具。

安阳市是河南省花椒主产区,花椒是安阳市特色经济林树种,栽培面积较大,近几年稳中有升,主要在林州西部山区和殷都区都里、磊口、铜冶等地。“林州花椒”凭借南太行独特的地理、气候、土壤等条件,果实色红、粒大、肉厚、味浓、质优而闻名海内外,素有“十里香”之称，林州市也曾荣获“中国经济林花椒之乡”的称号，林州花椒也是河南省名优特产。

种质资源　近年来，安阳市花椒发展规模较大，本次普查有 4 品种，安阳市栽培以‘大红袍’为主，自主选育有“林州红”花椒品种。

1.‘大红袍’花椒

华北地区均产，喜光、喜温树种。对土壤要求不严，在水分适中、土层深厚的沙壤土和石灰性土壤上生长最好，但不宜在低湿的黏淤土地栽培。萌芽力强，耐修剪；抗烟害及病虫的能力较强。果穗密集，丰产性强，色泽鲜，粒大，果皮厚，味浓，营养丰富，抗逆性强。千粒重 100 g，进入丰产期，与对照相比，每公顷增产 15.6%。

2.‘林州红’花椒

林州市林业局和林州市林科所从‘大红袍’花椒实生群体中通过优质选育而成的花椒新品种。该品种树势稳健、紧凑，分支角度小，树姿半开张，结果早、丰产性强，抗逆性强。果梗较短，果穗紧密，果粒大，鲜果千粒重 100 g。果实成熟期在 8 月中下旬，成熟的果实不易开裂，采收期较长，品质佳。

3.‘大花椒’

该品种树势健壮，分支角度较大，树姿较开张，喜光、喜温、喜肥水，在肥沃土壤栽植，产量稳定。果实果梗较长，果穗较松散，果粒中等大，丰产性强，抗逆性较强。椒皮品质上乘，麻香味浓，在市场上颇受欢迎。

第五节　黄连木

黄连木 *Pistacia chinensis* Bunge

别名　楷木、黄连茶、木蓼、楷木、楷树、黄楝树、药树、药木、黄华、石连、黄木连、木蓼树、鸡冠木、洋杨、烂心木、黄连茶

形态特征　黄连木，漆树科黄连木属落叶乔木，高达 25 m。幼枝疏被微柔毛或近无毛，冬芽红色。偶数羽状复叶（有时奇数），小叶 5～6（7）对，叶轴被微柔毛，小叶对生或近对生，披针形或卵状披针形，长 5～10 cm，宽 1.5～2.5 cm，先端渐尖或长渐尖，基部一边窄楔形，一边圆；小叶柄长 1～2 mm。先叶开花，雄花序排列紧密，长 6～7 cm，雌花序排列疏松，长 15～20 cm，被微柔毛。雄花被片 2～4，披针形或线状披针形，大小不等，具睫毛；雄蕊 3～5，花丝短；雌花花被片 7～9，排列 2 轮，长短不等。子房球形、柱头 3，红色。核果，果径 5～6 mm，熟时红色果均为空粒，绿色果内含成熟种子。花期 4～5 月，果期 9～11 月。

生态学特性　黄连木喜光。主根发达，耐干旱瘠薄，多生于石灰岩山地。在微酸性、中性、微碱性土壤上均能生长。在土层深厚、排水良好的沙壤地上生长较快、结果多。抗风、抗污染力较强。寿命长，生长缓慢，8～10 年生树进入果期。对二氧化硫和烟的抗性

较强，据观察，距二氧化硫源300～400 m的大树不受害；抗烟力属Ⅱ级。抗病力也强。

分布 黄连木原产我国，分布很广，北自河北、山东，南至广东、广西，东到台湾，西南至四川、云南，都有野生和栽培，其中以河南、河北、山西、陕西等省最多。在河北省，黄连木主要分布于中南部的太行山区，以武安市、涉县和磁县为主。陕西省秦巴山区的安康市、汉中市和商洛市是黄连木适宜生长区。黄连木垂直分布一般在海拔2 000 m以下，其中以400～700 m最多。在河南省北部太行山区的三门峡市、洛阳市、焦作市、新乡市、鹤壁市和安阳市均有黄连木分布，现有资源以卢氏县、灵宝市、陕州区、林州市、渑池县和淇滨区为多。在安阳市主要分布在林州市及殷都区山区。

利用价值及利用现状 黄连木是木本油料树种、用材树种、荒山造林树种、园林绿化树种。黄连木油可制作肥皂、润滑油，并用于照明、治牛皮癣等，也可食用。过去河北、陕西的山区群众用黄连木种子通过土法加工后食用，由于味带苦涩，现在已不再食用。根据王涛院士等的相关研究，黄连木油脂生产的生物柴油碳链长度集中在C17～C20，与普通柴油主要成分的碳链长度极为接近，黄连木油脂非常适合用来生产生物柴油。河北武安正和生物能源公司利用黄连木初油作原料生产的生物柴油达到美国生物柴油和国内轻柴油标准；黄连木木材质地坚硬，纹理细致，可供建筑、农具、家具和雕刻等用材；黄连木嫩叶可制茶，树皮、茎可入药。黄连木全株利用潜力大、用途广泛，但至今还没有产业化开发。培育黄连木能源林，利用其果实提炼生物柴油是有关专家看好的黄连木产业发展方向。在立地条件差的荒山坡地大力营造黄连木林意义重大，另外，黄连木树冠开阔，叶繁茂而秀丽，入秋变鲜艳的深红色或橙黄色，也可作观赏绿化树种，具有绿化兼美化价值，可作为优良园林绿化树种推广。

黄连木在安阳市低山石灰岩地区生长良好，适生海拔为300～600 m。黄连木根系发达，固土能力强，耐冲刷，耐挤压，耐火烧，损伤折断采伐后都易再生，伐根萌生能力很强。约有90%以上为天然次生林，10%为人工林，黄连木表现为极强的适应性，特别耐干旱、贫瘠，在石滩、石缝、岸边、山坡等立地条件极差的地方都有黄连木大树分布，且生长结果良好。黄连木是安阳市的重要乡土树种，林州市黄连木主要分布在临淇、五龙、任村、东岗、河顺、东姚等乡（镇），多呈片状分布。成年结果树100余万株，结果大树树龄多在30～100年，树龄最大的300年左右。殷都区黄连木多为幼林，主要分布在都里，龙安区黄连木主要分布在善应镇、马家乡。

安阳市对黄连木的研究起步较早，与中国林科院、省推广站、省种苗站、省林科院合作，经过林业科技工作者多年的探索与研究，在优树类型划分、优树选择、良种繁育、丰产栽培、病虫害防治方面取得了丰硕成果。2004年，省林科院在安阳市林州东岗镇开展了黄连木嫁接开心果的技术研究，嫁接树200多棵，嫁接成活率60%以上，生长情况一般，有一定的叶部病害，至今未挂果。2006年安阳市被国家林业局定为河南省唯一的黄连木能源林培育基地。由于黄连木种子价格低，没有大规模的开发利用，安阳市黄连木资源仍处于粗放的经营管理状态，规模发展慢，品种混杂，良莠不齐，生长缓慢，结果量偏低，黄连种子小蜂等病虫为害严重。

第六节　皂荚

皂荚 *Gleditsia sinensis* Lam.

别名　皂角

形态特征　乔木，高可达30 m。树皮深灰色，粗糙。枝刺粗长，红褐色，常分枝，柱状圆锥形；幼枝淡绿带褐色，无毛。一回偶数羽状复叶，萌发枝常具二回羽状复叶；小叶常6～14枚，卵形至长椭圆形，长3～8 cm，宽1.5～3.5 cm，先端钝，具短尖头，基部斜圆或宽楔形。叶缘有细锯齿，无毛或下面沿中脉两边有柔毛；叶柄短，具细柔毛。花杂性，总状花序，腋生；萼4裂片；花瓣4，黄白色；雄蕊6～8；子房条形，沿缝线有毛。荚果，长12～30 cm，宽2～3.5 cm，稍厚，不扭曲，黑棕色，被白色粉霜。种子多数，长椭圆形，褐色。花期5～6月，果期10月。

分布　分布于东北、华北、华东、华南，以及四川、贵州。安阳常见栽培。

生态学特性　喜光，深根性，耐旱性强，喜生于土层肥沃深厚处，对土质要求不严。寿命长。

利用价值及利用现状　木材坚硬，可制作车辆、家具；荚果煎汁可代肥皂；枝刺入药，有消肿排脓作用；荚瓣、种子药用，能祛痰通窍；种子可榨油。可作庭院绿化树种和荒山平原造林树种。安阳市山区零星分布和栽培，全市乡村庭院绿化及园林绿化中有栽培，栽培数量不大。

种质资源　本次调查安阳市有皂荚品种4种。

第七节　毛梾

毛梾 *Swida walteri*（Wanger.）Sojak

别名　车梁木、油树

形态特征　落叶乔木，高达15 m。树皮黑褐色，常纵裂。枝灰褐色，幼时被白色贴伏毛。叶对生，椭圆形或长圆形，长5～9 cm，宽2.5～4 cm，先端渐尖，基部楔形，表面有贴伏柔毛，背面灰绿色，密生贴伏短柔毛，侧脉4(5)对；叶柄长1～2.5 cm。伞房状花序，长5 cm；花白色，子房近球形，密被灰白色贴伏短柔毛，花柱短，棍棒状。核果近球形，直径6 mm，黑色。花期5～6月，果熟期7～9月。

分布　分布于辽宁、山西、山东、河南、河北、陕西、甘肃，南至长江流域；垂直分布海拔300～1 800 m。产安阳太行山区。

生态学特性　喜光，能耐－23 ℃低温和43.4 ℃高温，年降水量450～1 000 mm、无霜期160～210天的地方均能生长；深根性，根系发达；生长快，萌芽力强，栽后4～6年可开花结实，30年进入盛果期，寿命可达300年。播种或扦插繁殖。

利用价值及利用现状　果肉和种子均食油脂，果含油13.8%～41.3%，出油率15%，油可食用，工业和医药用；木材坚韧供制车辆、雕刻用材。适应性强，荒山造林树种、园林绿化树种。

安阳市太行山区有分布，近几年，安阳市进行了毛梾育苗和栽培技术的研究，已掌握成熟的种子育苗技术和扦插育苗技术，并在荒山造林中大力推广使用毛梾造林，成效显著。

第八节　连翘

连翘 *Forsythia suspensa*（Thunb.）Vahl

形态特征　落叶灌木，高达3（4）m。枝直立开展，或拱形下垂，小枝圆形，稍四棱，黄褐色或灰褐色，具突起皮孔，节间中空，或仅节部具实心髓。单叶或3深裂至三出复叶，叶片卵形、椭圆形或椭圆状卵形，长3～10 cm，宽2～5 cm，先端尖或渐尖，基部楔形至近圆形；叶缘近基部1/4～1/2以上具锐锯齿；表面绿色，无毛，背面淡绿色，无毛或有疏柔毛；侧脉4～5对，不明显；叶柄长1～2 cm，光滑。花先叶开放，常单生或数朵簇生于叶腋，直径约2.5 cm；萼4深裂，裂片矩圆形，长约为萼筒的2倍，有睫毛；花冠筒长5～7 mm，与萼裂片近等长，内有橘红色条纹，花冠裂片4，椭圆形、椭圆状卵形，长2.5～3 cm，宽8～10 mm，向外开展；雄蕊2，着生于花冠筒基部；花柱长3～4 mm，柱头球形，黄绿色。蒴果狭卵圆形或椭圆形，稍扁，长1.2～2 cm，宽0.4～0.8 cm，先端长渐尖，表面散生黄褐色皮孔，熟时2瓣裂；果梗长1～1.5 cm，种子棕色，狭椭圆形，具膜质翅。花期3～4月，果期9月。

分布　分布于辽宁、河北、山西、山东、陕西、河南、湖北、四川、甘肃、安徽、江苏等地。产安阳太行山区，全市常见栽培。

生态学特性　喜光，稍耐阴，喜温暖湿润，也耐干旱瘠薄，对土壤要求不严。怕涝，抗病虫害能力较强。可扦插、压条、分株、播种繁殖，以扦插、播种为主。

利用价值及利用现状　果实入药，有清热、消肿之效，种子油可制香皂及化妆品。花期早，是北方常见的早春观花灌木；根系发达，可固堤护坡，保持水土。

安阳市太行山区分布，近几年作为中药材树种有发展集中栽培，在全市公园广泛栽培。

第八章　珍稀濒危树种及古树名木

第一节　珍稀濒危树种

珍稀濒危植物主要是第三纪古植物幸存至今的古老孑遗种和我国范围内的特有种类，既是国家自然资源的宝贵财富，也是林业资源的瑰宝。保护、发展和合理利用珍稀濒危植物资源，对维护生态平衡、挽救濒危植物、保护植物种质资源、发展经济、改善自然环境、丰富人民生活、开展科学研究，以及探讨植物界发展演化规律等方面具有重要意义。

河南省植物区系的特点是植物种类比较丰富，但温带成分占绝对优势，其中也不乏中国及东亚特有成分。太行山山脉植物区系中既保留了许多第三纪残留的孑遗植物，也特化出了一批太行山特有的类群。

根据对安阳市植物区系调查和研究的结果以及有关资料统计，经调查，《河南省国家重点保护野生植物（木本）名录》（国务院 1999 年颁布）中安阳市有野生树种 4 种，包括连香树、领春木、青檀、南方红豆杉；《河南省国家珍稀濒危保护植物（木本）名录》（1984 年国家环保局颁布）中安阳市有 14 种，包括银杏、猥实、连香树、翅果油树、杜仲、山白树、核桃楸、鹅掌楸、红椿、秤锤树、野生领春木、黄檗、青檀、珙桐；《河南省重点保护植物（木本）名录》（2005 年公布）中安阳市有 19 种，包括白皮松、中国粗榧、河南鹅耳枥、核桃楸、大果榉、青檀、太行榆、领春木、望春花、山白树、杜仲、河南海棠、飞蛾槭、七叶树、大果冬青、刺楸、河南杜鹃、玉铃花、猥实；《国家珍贵树种名录》（中华人民共和国林业部 1992 年颁布）中安阳市有 10 种，包括南方红豆杉、珙桐、刺楸、连香树、杜仲、蒙古枥、核桃楸、山槐、鹅掌楸、红椿。

第二节　古树名木

安阳是中国八大古都之一、国家历史文化名城、早期华夏文明中心之一，是甲骨文的故乡、周易的发源地、红旗渠精神的发祥地，是世界文化遗产殷墟、中国文字博物馆、曹操高陵所在地。安阳西部有太行山水，东部有枣乡风情，近郊有千年花香。古树名木不仅具有很高的欣赏价值、历史价值，还蕴藏着自然密码，从一个侧面反映并记录着历史变迁，对研究气候、水土、空气等自然变化有着重要的史料价值。古树名木保存了珍贵的物种资源，记录了大自然的历史变迁，传承了人类发展的历史文化，孕育了自然绝美的生态奇观，承载了广大人民群众的乡愁情思。

一、古树名木

通过本次普查，安阳市古树名木共 70 种，散生古树 758 株（见附表 4 安阳市古树资源名录)。树种有国槐、侧柏、皂荚、大果榉、黄连木、栓皮栎、白皮松、元宝枫、油松、黄栌、酸枣、桑树、紫薇、白榆、小叶朴、五角枫、青檀、银杏、山楂、红豆杉、枣树、臭椿、核桃、毛白杨、板栗、旱柳、香椿、槲树、荆条、流苏、栾树、沙棘、槲栎、杜梨、苦皮藤、君迁子、卫矛、毛梾、雀梅、柘树、枳树、紫藤、雪松、海棠、龙爪槐、石榴、柿树、白蜡、构树、桧柏、梨树、杏树等。

(1)文峰北路老槐树。位于文峰区文峰北路中山街口的老槐树,已有500年历史,原植于居民院内,后在文峰中路施工建设工程中,此树正好位于主干道中间,因其特殊的地理位置,为了保护这棵古树,市政建设决定"一路让树"。在树的周围砌筑了坚固的石质花池,回填了大量优质种植土和有机肥,池内种植了四季常青的地被植物,池的外侧涂抹红白相间的发光漆,为防止雷击,树的顶部安装了避雷针,这株古树极具纪念价值,已成为安阳市著名地标之一。现该树长势良好。

(2)龙泉西上庄侧柏。位于龙安区龙泉镇西上庄村的古侧柏,树龄已有2 000年。该树生于土丘上,四周空旷,无遮挡,树干粗大,主枝扭曲强壮,顶部略平,人称"平头柏"。

(3)马氏庄园"龙抱槐"。位于安阳市4A级景区马氏庄园院内,一株紫藤和一株古槐相拥,被人们称之为"龙抱槐",树龄均为130年。"龙抱槐"为马氏庄园一大奇观,在园内中区西路的第三进院内。胸径约20 cm的紫藤犹如一条巨龙,平地卧起,向上缠绕在古槐上,故而得名,它们像一对亲密的兄弟一样,互为依存,相映成趣。

(4)林州市柏尖沟千年古榔榆。柏尖沟石匣村的历史见证者——一棵在石缝中艰难生存了近千年的古榔榆,学名大果榉,当地人俗称"榔榆",它位于被誉为"神州初庙,太行奇境"的林州市柏尖山下。历经风吹雨打的古榔榆,部分枝干已腐朽,主干向东严重倾斜,群众自发垒石墙戗之。树下有一断碑,字迹模糊,立碑时间约为80年前。

(5)林州千年银杏。在林州市姚村镇西张村西北角,有一颗老银杏,树龄约为1 100年。主干以上分三股支干,齐头耸天,有顶天立地的雄壮气势。这棵树历经千年沧桑而不衰。

(6)昼锦国槐。位于昼锦堂院内,有一株近千年历史的国槐,相传是韩琦在进京赶考前栽下的。现在这株古树长得枝繁叶茂,树形优美。

二、古树群

全市共调查古树群17个,其中,林州市9个,殷都区3个,汤阴县3个,内黄县1个,滑县1个。

林州市包括1个板栗群、1个核桃群、1个大果榉群、1个古香椿群、1个古槐群和4个黄连木群。其中古板栗群落位于黄华镇桑园村,占地400 hm^2,2 000余株,平均树龄250年,据《中国栗文化初探》等资料记载,这里是我国树龄最长、群落最大(最高树龄可达700多年、株数2 000株)的古板栗群;核桃群落位于东岗镇黑石脑周围北木井、燕科村、南坡村、卢寨村,占地1 000多 hm^2 范围内分布有古核桃树160株,平均树龄120年;古大果榉群落位于原康镇柏尖山山顶,有大果榉5株,古黄栌1株,古白皮松1株,其中大果榉平均年龄600年,黄栌150年,白皮松800年,五角枫300年,占地0.1 hm^2;古香椿群落位于东姚镇齐家村内,有古香椿5株,楸树1株,侧柏1株,平均年龄150年,占地0.1 hm^2;古槐群落位于任村镇后峪村,有古槐3株,古黄连木1株,平均年龄在450年,占地10 hm^2;古黄连木群落位于东岗镇武家水村、西岗—后郊—东岗—岩峪村、罗匡—大井村、东岗镇万宝山，分别占地 40 hm^2、30 hm^2、25 hm^2、30 hm^2，数量分别为 180 株、30 株、80 株、80 株，平均树龄在 120 年～150 年。如板栗、核桃、山楂、香椿、黄连木等经济树种，时至今日，虽已迈入“花甲”，依然硕果累累。

滑县调查古树群 1 个，位于四间房乡朱店村，柿树古树群 13 株，面积 3 亩，平均年龄 200 年，生长不旺盛。

内黄县有 1 个千年以上的红枣古树群，主要分布在六村乡千口村枣树古树群，面积 200 亩，棵数 683 株。

汤阴县有 3 个侧柏群，共 45 株，分别位于汤阴县岳飞纪念馆、岳飞先茔纪念馆和羑里城纪念馆。

殷都区 3 个古树群。一处侧柏古树群位于水冶镇珍珠泉，9 株 500 年以上侧柏古树和珍珠泉冒出的汩汩泉水相映衬，形成“柏门珠照”的景观，为安阳八大景之一。另一侧柏古树群位于许家沟乡下堡村古庙前，3 株 300 年侧柏。青檀古树群位于都里镇东交口村，7 株青檀生长在该村东坡上，属于三级国家珍稀濒危保护植物，生长条件恶劣，亟待加强保护。

第九章　林木种质资源保存管理与开发利用

本次普查，基本查清了安阳市野生、栽培利用、重点保护和珍稀濒危树种与古树名木等林木种质资源的种类、分布及其生长情况，完善了河南省林木种质资源信息系统，为更好地保护及开发利用安阳市林木种质资源提供了依据。

一、总体情况

通过普查，安阳市林木种质资源共 80 科 222 属 676 种 336 品种（见附表 1）。其中，栽培利用林木种质资源，共调查统计 78 科 201 属 546 种 334 品种（见附表 2）；野生树种共 63 科 137 属 318 种（见附表 3）；散生古树名木共 28 科 49 属 70 种 758 株（见附表 4），古树群 11 种 17 个群（见附表 5）；选出优良单株 28 种 11 品种 51 株，优良林分 8 种 9 处。安阳市栽培利用林木种质资源种类最多，主要包括用材林树种、经济林树种及园林绿化类树种等，其中主要用材林包括杨树 16 种 15 个品种，柳树 10 种 1 个品种；主要经济林树种核桃品种 17 个，枣品种 16 个，桃（食用）5 种 46 个品种，苹果品种 26 个，梨品种 17 个，杏品种 13 个等。

二、安阳市林木种质资源的优势特色

（一）适宜多种树木生长，林木种质资源较丰富

安阳市林木种质资源丰富，适宜多种树木生长。安阳市属北暖温带大陆性季风区，兼有山地高原向平原过渡的地方性气候特征，具有适合多种植物生长的条件，使安阳市林木种质资源具有种类丰富、物种多样的优势。另外，独特的地理位置造就了安阳市在种质资源南树北移、驯化繁育方面的独特优势。

（二）安阳太行山区野生种质资源丰富，野生乡土树种和珍稀树种较多

安阳市西部太行山区野生种质资源丰富，珍稀保护树种较多，天然林、天然次生林内的林木种质资源丰富，包括乔木和灌木树种的种、变种，以及主要树种的优良林分、优良单株比较多。主要野生乡土树种有栓皮栎、黄连木、山桃、毛梾、白榆、毛白杨、苦楝、山杏、元宝枫、黄栌、小叶白蜡、栾树、鹅耳枥、鼠李、构树、盐肤木、蚂蚱腿子、胡枝子、弓背悬钩子、枸子、荚蒾、连翘、黄荆、酸枣、野皂荚等。

（三）特色乡土树种资源较丰富

安阳市特色乡土树种较多，许多乡土树种，既是用材和生态树种，又是观（彩）叶、花、果树种，如黄连木、毛白杨、栓皮栎、槲栎、核桃楸、国槐、毛梾、柿、桃、李、杏、山楂、楸、白榆、楝、香椿、臭椿、白蜡、鹅耳枥、盐肤木、连翘、花椒、荚蒾、溲疏、雀梅、丁香、绣线菊等，分别遍布安阳市山区、平原、丘陵和盆地。比如西部林州市的黄连木、花椒、毛白杨等，安阳市是全国黄连木示范林基地，享有“花椒之乡”的美誉。

(四)经济林树种(品种)资源丰富

安阳市经济林树种(品种)资源丰富,西部山区有核桃、花椒、板栗等干果类,李、山楂等小杂果,以及香椿、黄连木、毛梾等其他经济林资源,东部有以内黄县为主的桃、梨、枣、苹果等丰富的水果类种质资源,特别是2019年以来内黄桃产业发展迅猛,并引进及自主培育有桃品种种质资源很多,自主选育有'兴农红桃'、'兴农红桃2号'新品种。

(五)园林绿化树种(品种)较多

安阳市近年来引进栽培的园林绿化树种和品种较多,包括常绿、彩叶树种、速生树种及各种南方引入的绿化树种及品种较多。由于城市化进程的加快、绿化力度的加大,农村、城郊及城市绿化中园林绿化树种应用更多,种植面积迅速扩大,如黄杨、女贞、紫薇、樱花、悬铃木、楸树、红叶石楠等树种资源量增加迅速。

三、安阳市林木种质资源收集、保存和利用现状及潜力

(一)林木种质资源保存和利用的意义

林木种质资源保存和利用具有现实意义和长远意义,主要表现在以下几个方面:

一是保护生态安全、建设生态文明,实现林业可持续发展的基础。林木种质资源是国家重要的战略资源,是林木遗传繁衍和生物多样性的载体,是林木良种选育和遗传改良的重要物质基础,也是林业生态建设和林业产业发展最重要的基础材料。搞好种质资源普查是科学保护、积极开发、合理利用林木种质资源的基础和前提,对实现林业乃至经济社会可持续发展有着极其重要的作用。

二是林木育种的物质基础。摸清全市林木种质资源的种类、重点树种的遗传多样性及变异状况,优良林分和优良单株的选择,可以为种质资源的收集保护利用和优良采种林分的认定提供可靠依据,为林木良种选育提供宝贵材料。同时,获得树种遗传变异和多样性分布的重要基础数据,在此基础上制定遗传改良和种质资源保存利用策略,可为林木遗传育种和珍稀林木资源保存利用创造良好条件,为维护国家生态安全和经济社会可持续发展奠定坚实基础,为建设生态林业和民生林业做出重要贡献。

三是保护生物多样性,促进和提高林业生产的需要。物种多样性是遗传多样性和生态系统多样性的基石,收集和保存经自然界长期进化而来的林木种质资源,对于保护森林物种及林内动植物的多样性,提高整个生态系统的多样性,维持生态平衡,促进和提高林业生产具有极为重要的作用。

四是国家发展战略,满足国际竞争的需要。开展林木种质资源保护,抢救保护了我国珍贵、稀有、濒危和特有树种种质资源,是基因工程的源泉性基础资源,为全面实施国家林木种质资源保护与利用、构建深层次上的保护策略奠定坚实的基础。这是一项面向21世纪的国家可持续发展和国家安全的重要内容,为未来16亿人口生活质量的改善和提高,储备必要的可再生物质资源的源头资源。

(二)收集保存现状

林木种质资源保存以保护濒危树种不灭绝,并得以适当发展;种的遗传基因不丢失,并以满足利用为目的。

1. 林木种质资源的保存方式

林木种质资源的保存方式主要有原地保存、异地保存和离体保存。原地保存是指将种质资源在原生地进行保存,又称就地保存。异地保存是指将种质资源迁出原生地栽培保存,又称迁地保存。离体保存是指种质资源的种子、花粉及根、穗条、芽等繁殖材料,离开母体进行储藏。根据不同林木的特性采用相应的保存方法,林木群体以原地保存为主。

(1)原地保存。设立林木种质资源原地保存区,应尽可能利用国家和地方建立的各种类型自然保护区和保护林。建立原地保存区,应包括保存区内构成森林群体的全部树种;每个森林树种群体要有 3 个以上的保存点,并在其周围设立保护带。单独的群体和零星的个体也应建立保存点。优良林分、古树名木及优树等的原地保存,按国家及地方有关规定办理。保护区的面积必须考虑到保存林木群体的生态和遗传稳定性。保存面积,针叶树种为 100 hm^2 以上;阔叶树种为 50 hm^2 以上;珍稀濒危树种为 25 hm^2 以上。面积不足 25 hm^2,应全部保存。保存区内含两个树种,面积要增大 1/3,包含 3 个以上树种,面积要增大 2/3。

(2)异地保存。对有特殊需要的林木种质资源,应进行异地保存。异地保存必须根据气候带和生态区,选择建立林木种质资源库的地点,并根据立地类型、小气候等条件,在每一树种的分布区内,合理布局各种类型的林木种质资源保存点。异地保存需要的苗木应收集壮苗,有些珍稀濒危树种也可挖取野生苗,或收集种子、花粉、穗条、根、芽等进行繁殖或储藏。异地保存的主要形式有国家和地方建立的林木种质资源库,林木良种基地收集区(圃)、植物园、树木园及种子资源储藏库等。保存对象包括:①树种的种源群体;②部、省级复选评审出的各种林木的优良单株、优良品种;③经过遗传改良获得的抗性强的品质优良家系、无性系;④列入国家级和省级保护的珍贵、稀有、濒危树种;⑤引种成功的树种。保存数量:1 个种源,不少于 50 个家系;1 个家系,50 株以上;1 个无性系,10 株以上;珍稀树种,每种不少于 100 株;濒危树种,每种不少于 50 株;引进树种,每种不少于 100 株。

(3)离体保存。在原地、异地保存有一定困难或有特殊价值的林木种质资源,可进行离体保存。保存方法:建立林木种质资源储藏库,在特定条件下保存其活力。保存数量(以 1 个保存号计):①种子千粒重为 100 g 以上的,保存数量不少于 1 000 g;千粒重 50 ~ 100 g 的,保存数量不少于 500 g;千粒重 5 ~ 50 g 的,保存数量不少于 250 g;千粒重 5 g 以下的,保存数量不少于 50 g。②穗条、根、芽等不少于 50 条。③花粉不少于 50 g。保存的种子要按照种子区或生态区,在具有代表性的树上收集,或按照优良林分、优树测定等有关方面的要求采种。保存的穗条、根、芽等繁殖材料,一般应在休眠期收集,要求健壮无病虫害。花粉要选择有代表性的林木,撒粉期较长的树种用套袋收集,一般树种摘下花序枝直接收集或室内水培收集。

2. 安阳市野生林木种质资源保存得到加强

安阳市野生林木种质资源保存主要通过国家公益林、省级公益林、自然保护区、森林公园等形式保存,近几年来,由于加大保护力度,野生林木种质资源人为破坏较少,太行山中低山和部分丘陵地带生态逐渐恢复,野生林木种质资源开始重新焕发生机。截至 2018 年,安阳市现有国家级森林公园 1 处,省级森林公园 5 处,市级森林公园 10 处;国家级湿地公园3处;省级自然保护区1处,见表9-1。

表9-1 安阳市自然保护区、森林公园、湿地公园现状

序号	保护地名称	批建时间(年)	所在地区	面积(hm^2)
1	万宝山省级自然保护区	2004	林州市北部	8 667
2	五龙洞国家级森林公园	1995	林州市五龙镇	37 875
3	白泉省级森林公园	2013	林州市临淇镇	103 780. 35
4	好地掌省级森林公园	2012	林州市茶店乡	12 000
5	内黄省级森林公园	2009	内黄县林场	11 772
6	龙泉省级森林公园	2002	龙安区龙泉镇	7 500
7	马鞍山省级森林公园	2010	龙安区马家乡	78 375
8	林州天平山市级森林公园	2004	林州市城郊乡	19 590
9	柏尖山红叶市级森林公园	2004	林州市原康镇	3 000
10	占元市级森林公园	2005	林州市临淇镇	10 995
11	红旗渠市级森林公园	2009	林州市姚村镇	16 005
12	水河市级森林公园	2005	林州市姚村镇	11 250
13	千瀑沟市级森林公园	2010	林州市城郊乡	12 495
14	洪谷山市级森林公园	2011	林州市合涧镇	15 000
15	宝山灵泉寺市级森林公园	2004	殷都区善应镇	4 050
16	塔山市级森林公园	2004	殷都区磊口乡	2 580
17	汤河市级森林公园	2012	汤阴县韩庄镇	14 865
18	汤河国家湿地公园	2012	汤阴县韩庄镇	10 653
19	淇淅河国家湿地公园	2014	林州市临淇镇	8 622. 9
20	漳河峡谷国家湿地公园	2013	殷都区都里乡	9 695. 7

3. 栽培利用林木种质资源保存逐步加强

栽培利用林木种质资源主要通过城市公园、湿地公园、植物园、良种采穗圃、经济林集中栽培园区等形式保存,安阳市目前建有栓皮栎原地保存林及黄连木、花椒采种林,核桃良种采穗圃、大枣良种收集圃、榆属收集圃,城市公园、植物园等形式保存较稳定,但以经济效益为主的经济林园区等存在资源较不稳定的状态。近年来,各级政府加强了对种质资源的保护力度。比如,内黄县大枣种质资源减少,尽管地方采取了资源保护措施,但被破坏依然很严重。比如安阳市核桃种质资源,因受市场冲击,许多核桃园区迫于经营压力,改种其他作物,核桃种质资源遭受不同程度的破坏。

4. 古树名木的保护得到加强

安阳市对古树名木进行了调查建档、挂牌保护,古树名木的保护得到加强。但是对偏远乡村的古树名木的保护力度还不够,对树体的根系和树干的保护、病虫害防治、枯枝病虫枝的修剪等抚育不到位。如,由于城区的扩充和改造,沿线村落的拆迁,个别乡(镇)的修路征地,导致耕地面积大幅减少,原先村落里的泡桐、槐树等乡土树种大多也随之砍伐,少数加以保护和移植;再比如,对种质资源的利用方面还很欠缺;还有就是优质种苗的繁

殖基地较少;组培等繁殖率较高的技术没有得到很好的利用,这些都需要在以后的规划中加以重视。

(三)林木种质资源利用现状及潜力

1. 林木种质资源利用现状

已经栽培利用的林木种质资源主要有三大类。

一类是经济树种,如核桃、花椒、苹果、桃、李、杏、梨、山楂、樱桃、石榴、柿树等。安阳市积极利用资源进行选育并申请林木新品种审定,通过审(认)定的新品种应用于林业生产,取得了较好的经济效益和社会效益,同时加快安阳市林木良种化进程。如安阳市选育并通过审定的优良品种(品系)有扁核酸枣、'内选1号'杏、'兴农红桃'、'兴农红桃2号'、'林州红'花椒等,就是通过优良单株的选育培育而成的。一类是用材树种,如楸树、刺槐、核桃(兼用型)、侧柏、杨、泡桐、白榆等。一类是园林绿化树种,如大叶女贞、悬铃木、白蜡、五角枫、柳、银杏、雪松、紫薇(百日红)、碧桃、紫叶李、卫矛黄杨、金叶榆等。

安阳市已建有育苗基地面积3万亩,总产苗量达8 000万株,年产出"四旁"用大苗量2 000万株以上,并形成东部以内黄县为主的经济林新优品种育苗基地和用材园林绿化苗木培育地,以龙安区为中心辐射包括汤阴县、安阳县、殷都区、文峰区、北关区的市区周边园林绿化苗木培育基地,以林州市为主的木本油料树种及乡土树种育苗基地,充足的多树种品种的良种壮苗保证了各项造林用苗,推广了新优品种和优良种源。

在良种推广上,安阳市结合工程造林,培育高产优质典型样板示范基地,以点带面,加强良种宣传与示范指导,加快林木良种推广步伐,加大良种及乡土树种推广力度,推进造林良种化进程。

2. 林木种质资源利用潜力

安阳市林木种质资源丰富,利用潜力较大。

一是优良单株及优良林分资源丰富。此次普查安阳市共选出具有代表性的优良单株39种(品种)51株,选出具有代表性的优良林分9处,分别是刺槐、栓皮栎、山桃、五角枫、侧柏、中华金叶榆、楸树、栾树等树种。林州市的优株胡桃楸树干通直、树冠饱满、生长旺盛,可做园林绿化树种及用材林;文峰区的优株油桃坐果率高,4年生树体单株产量可达40 kg,酸甜可口;安阳县的优株臭椿树干通直、生长较快,可做园林绿化树种,成荫快。

二是安阳市的野生林木种质资源丰富,利用潜力较大。对野生乡土林木种质资源,可通过驯化繁殖和开展地区间的引种等途径,充分利用野生资源,进行林木品种基因改良,经过系统研究和评价,挖掘其巨大的潜力。比如,乔木树种黄连木、胡桃楸、栓皮栎、毛梾、拐枣、盐肤木、大果榉、朴树、毛白杨、白榆、楸、油松等树种,树干通直、树冠圆满、生长旺盛、寿命悠长,可以作为安阳市今后重要用材和园林绿化树种;小乔木、灌木如丁香、荚蒾、枸子、溲疏、绣线菊、黄刺玫、连翘、六道木、山桃、山杏、接骨木、雀梅、蚂蚱腿子等,或观花、果,或观枝、叶,均可作为安阳市优良的园林和森林城市用树种。

三是安阳市的地方优良乡土树种(品种)、特色经济林树种品种资源丰富,利用潜力大。安阳市乡土树种如毛白杨、栓皮栎、榆、毛梾、五角枫、侧柏、楝树等资源丰富,特色经济林树种内黄大枣、林州花椒、黄连木、香椿等特色鲜明,资源量大,另有近年来大量引入的经济林品种桃、苹果、葡萄、梨、杏、枣、核桃、花椒、樱桃、石榴、柿树等,已经积累了大量的树种和品种资源,以及种植推广的经验。

四是安阳市珍贵树种及古树名木种质资源丰富,可以有效开发利用,满足不同用途的需要,充分挖掘其生产潜力。

(四)林木种质资源收集、保存利用中存在的问题

安阳市尽管在林木种质资源的收集、保存方面采取了很多措施,但还存在很多问题,主要有:一是保存与利用相对滞后,比如对于珍稀树种、古树名木及乡土树种的保护有待加强,对各类林木种质资源的收集、开发和利用还有待加强,无法满足林业可持续发展的需要;二是林木种质资源丧失和流失比较严重,良种资源引进还有不足;三是全市还没有完备的林木种质资源数据库,科研型人才缺乏,技术力量相对滞后,无法满足科研的需要;四是林木种质资源保护资金投入严重不足,保护措施不能很好地保障。

四、安阳市林木种质资源收集、保存利用建议

(一)加强宣传,提高保护意识

充分利用各种宣传工具,大力宣传林木种质资源的作用和加强保护的意义,宣传物种多样性是维持地球生态平衡的重要性,也是人类自身继续生存的保障。使广大林业工作者增强保护管理林木种质资源的紧迫感和责任感,广大公民树立保护林木种质资源的意识,使全社会形成从物种资源保护的角度考虑资源的培育和开发利用意识。同时,还要充分认识到林木种质资源保护与管理是一项涵盖科学研究、行政管理和知识产权保护的系统工程,只有科教、管理、生产各方共同努力,密切配合,才能真正做好林木种质资源的保护。

(二)建立健全机构、机制,切实加强林木种质资源的保护与保存

安阳市野生林木种质资源,近20年来,保护与保存持续向好发展。这首先得力于安阳市开展和成立的各类风景名胜区、森林公园、地质公园、自然保护区、湿地公园、农业和水利公园及公益林建设,如林虑山风景区、红旗渠森林公园、红旗渠国家地质公园、五龙洞国家森林公园、万宝山自然保护区、汤河国家湿地公园、淇淅河国家湿地公园等,以及国家和省级公益林建设。

从林木种质资源保护与保存的专业角度来说,机构建立容易,如何建立健全长效机制,防止和解决一哄而上、重建轻管现象始终是我们尤其是林业部门要解决的头等大事。

林木种质资源保护与保存事关人类生存,事关国家战略储备,因此需要政府层面在政策、资金、人才、物资、后勤等方面给予长期有力的保障。

(三)制定林木种质资源保护和利用发展规划,科学、有序地利用林木种质资源,开展优良品系的引种、选育与推广

1. 制定林木种质资源保护和利用发展规划

加强林木种子储备和苗圃生产能力,建设林木种子储备库和保障性苗圃。进一步加强泡桐、楸树、椿树、白蜡、楝树、榆树、国槐、银杏等乡土树种的良种选育和推广,抓好野生优质种质资源开发利用,为树种结构调整提供更多可供选择的林木良种。安阳市生态建设2018~2027年规划中已规划2018~2027年底,建设和完善省级林木良种基地2个,建设林木种子储备库1个,建设和完善原地保护库2个;建设保障性苗圃4个;安阳市规划

新发展种苗生产面积 0.994 万亩,花卉 0.55 万亩,年新育苗面积 0.55 万亩以上,年生产良种苗木 4 000 万株。

2. 做好保护与保存工作

林木种质资源是大自然给予我们的最宝贵的财富,林木种质资源需要我们竭尽全力地去进行保护。

根据普查结果,从大的范围来说,可以在安阳市中低山、丘陵、平原分别建立野生林木种质资源收集圃和栽培利用林木种质资源收集圃。采取以国家投资建设为主,地方政府和社会投资为辅,既能实现林木种质资源保护、保存,又能实现群众增收致富,这对于实施和实现种质资源国家战略目标具有重要意义。

安阳市将规划建设原地保存库,使安阳市主要造林树种、珍稀濒危物种、特有树种的林木种质资源基本得到有效保护,安阳市计划在林州建设栓皮栎等树种原地保存库,在内黄县建设大枣原地保存库;异地保存主要依托国家级和省级科研单位以及重点林木良种基地,逐步建成林木种质资源异地保存库,对有条件的种类开展种质资源收集、保存工作,加强安阳市林木种质资源平台建设,实现林木种质资源的实物与信息共享。

3. 合理利用种质资源

(1)在收集、保护和研究的基础上,充分利用林木种质资源作为育种材料,培育创造新的林木品种,丰富林木种质资源。

针对各个林木种质资源的生物学特性、生态学特性,选育出抗性强、材质优、树姿优美的用材和园林树种(品种),选育出抗性强、口感好、品质优的经济树种(品种),利用现代科学手段,通过有性、无性繁殖实现规模化生产,成为人类生活、生存的好帮手。

通过确定的优良单株作为采种母树,对优良性状进行分析,采种育苗,对初选出的优树组织专家进行复选,进一步评价研究,对确定优良的资源进行收集、保存,按照育种程序及田间试验设计要求进行对比试验和区域性试验,选育为优良品种,建立种子园。侧柏、黄连木、花椒等主要以种子繁殖的树种,可以以此进行种质资源的规划利用。

对野生乡土林木种质资源,将通过驯化和开展地区间的引种等途径,充分利用野生树种基因材料改良林木品种,经过系统研究和评价,挖掘其巨大的潜力。安阳市还将充分利用好林木种质资源保存库这一保存措施,实现林木种质资源的永续利用。

(2)加大林木良种基地建设,培育生产林木良种,对优良林木种质资源扩大繁殖,满足林业生产对良种的需求。建立种子园、母树林、采穗圃、良种繁育圃等。加强乡土树种和珍贵树种苗木基地建设,高标准组织生产,配备喷灌、滴灌等设施,采用组培育苗、容器育苗、全光雾扦插育苗、轻基质育苗等新技术,提升苗木质量,增强苗木生产供给能力。

(3)营建良种示范林,加大良种推广力度,推进造林良种化进程。并结合工程造林,培育高产优质典型样板示范基地,以点带面,加强良种宣传与示范指导,加快林木良种推广步伐,加大良种推广力度,推进造林良种化进程。安阳市还将加强地方优良乡土树种(品种)、珍稀濒危树种和古树名木种质资源的有效开发利用,满足不同用途的需要,充分挖掘其生产潜力。

(四)健全古树名木档案,加大保护和管理力度

通过普查,安阳市又新发现了一批古树名木和古树群落,但是从过去对古树名木的保护和对普查中新发现的这部分古树，除少量处于有效的保护外，大部分古树生存环境不容乐观，许多古树处于放任自由的生长状态，其生长势衰弱，有的濒临死亡。在普查中，就发现个别古树已经死亡，这里既有宣传、保护、指导不到位的因素，也有各级地方政府保护意识淡漠和管护资金不到位的因素。

因此，加大古树名木保护，一是应当从宣传入手，提高全民和各级政府保护意识；二是从科学管理上入手；三是加大资金投入力度。

在古树名木保护上，既要坚持一树一策，科学保护，又要防止在保护中不切实际，修饰华丽，劳民伤财，重建轻管，抑或敷衍了事的现象。

（五）加大资金扶持力度，加强林木种质资源保护与科学研究

加大对林木种质资源保护及利用方面的资金投入力度，一方面争取财政扶持，另一方面引入社会资金，加强资源整合，建立种质资源调查及收集保存、良种选育、林木种子储备等长期稳定的投资渠道，建立和完善林木种质资源调查、收集、保存、利用的长效扶持机制，加大对林木种质资源科学研究的支持力度。积极争取多渠道融资，鼓励多种所有制形式参与林木种质资源保存与开发利用，在有效保存的前提下，开展良种选育、繁殖生产优良苗木，保证市场供应。

在全面掌握林木种质资源基本情况的前提下，积极推进林木种质资源收集、保存与开发利用和种苗生产科技创新，促进科技成果向现实生产力转化。建立林木育种与种苗生产、高新技术与常规技术、自主创新与引进技术相结合的林木种质资源科技创新体系，促进科研—生产—管理一体化，充分利用现有基础资源和科研成果，为林木种质资源的收集、保存与开发利用提供强有力的支撑和服务，突出安阳林木种质资源特色，建立健全有关技术标准。

要注重人才的培养、使用，鼓励基层林业科学技术人员独立或与科研院所协作，有序开展优良品系的引种和选育，丰富安阳市种质资源，为农民增收、生态绿化提供优良种质资源。

参考文献

[1] 谭运德,申洁梅,高福玲．河南省林木种质资源普查技术手册[M]．郑州:黄河水利出版社,2017.
[2] 郭玉生．安阳市常见树木图谱[M]．郑州:郑州大学出版社,2018.
[3] 郭玉生．太行山树木志[M]．天津:天津科学技术出版社,2010.
[4] 河南省经济林和林木种苗工作站．河南林木良种[M]．郑州:黄河水利出版社,2008.
[5] 裴海潮,菅根柱,李建祥,等．河南林木良种(二)[M]．郑州:黄河水利出版社,2013.
[6] 谭运德,裴海潮,申洁梅,等．河南林木良种(三)[M]．郑州:黄河水利出版社,2016.

附　录

附录一　河南省林木种质资源普查技术规程

1　范围

本规程规定了林木种质资源普查的总则、普查准备、外业调查、内业整理、成果总结、质量管理和验收。

本规程适用于河南省林木种质资源普查。

2　规范性引用文件

林木种质资源普查技术规程(林场发〔2016〕77 号);

林木种质资源保存原则和方法(GB/T 14072);

林木育种及种子管理术语(GB/T 16620)。

3　总则

3.1　普查对象、内容与方法

3.1.1　普查对象

普查对象为行政区域内所有的林木种质资源,包括:

a)野生林木种质资源:原始林、天然林、天然次生林内处于野生状态的林木种质资源,包括乔木和灌木树种的种、变种和主要树种的优良林分、优良单株。

b)栽培利用林木种质资源:造林工程、城乡绿化、庭院绿化、经济林果园等种植的种质资源,包括乡土树种和引进树种的种和品种,实生林中的优良林分、优良单株,无性化栽培林分中的优良变异单株。

c)重点保护和珍稀濒危树种与古树名木资源:重点保护和珍稀濒危树种包括列入国务院 1999 年批准发布的《国家重点保护野生植物名录》并在河南省分布的树种,以及列入《河南省重点保护植物名录》的树种。古树系指在人类历史过程中保存下来的年代久远或具有重要科研、历史、文化价值,树龄在 100 年以上的树木;3 株以上且成片生长的古树,划定为"古树群"。名木指在历史上或社会上有重大影响的中外历代名人、领袖人物所植或者具有极其重要的历史、文化价值、纪念意义的树木。

d)新引进和新选育林木种质资源:包括从省外(含国外、境外)引进和自主选育,处于试验阶段或试验基本结束,或已通过技术鉴定或新品种登记,但未审定推广的树种和品种(已推广应用的,列入栽培利用林木种质资源调查登记范围)。

e)已收集保存林木种质资源:种子园、采穗圃、母树林、采种林、遗传试验林、植物园、树木园、种质资源保存林(圃)、种子库等专门场所保存的种质资源。

3.1.2 普查内容

a)查清区域内乔木、灌木、竹类和木质藤本等林业植物资源的种类、数量(面积、株数)、分布及生长情况;记录分布地点的群落类型及生长环境。

b)调查树种种内的品种、品系、优良单株、变异类型等林木种质资源的来源、经济性状、抗逆性、种植面积与区域、保存状况等。

3.1.3 普查方法

采用资料查询、知情人访谈、踏查、线路调查、样方调查、单株调查等。

3.2 普查成果

林木种质资源普查成果主要包括:林木种质资源普查报告;林木种质资源名录、影像、凭证标本;林木种质资源数据库和信息管理系统;调查过程中收集和编制的各类文字技术资料及图件档案等。

3.3 普查工作程序

普查工作按以下程序进行:

a)普查准备:明确普查目的目标,制订工作方案和实施细则,准备所需的技术资料、仪器工具、物资等,组建普查队伍,培训技术人员。

b)外业调查:对河南省范围内的野生林木种质资源、栽培利用林木种质资源、重点保护和珍稀濒危树种与古树名木资源、新引进和新选育林木种质资源、已收集保存林木种质资源等分别开展外业调查、登记。

c)内业整理:普查数据的整理、录入、汇总、分析,标本鉴定、图件绘编。

d)成果总结:编制普查成果报告,建立数据库和信息系统。

e)审核验收,存档。

4 普查准备

4.1 制订实施方案

制订具体的普查工作方案和实施细则,包括调查时间、范围、进度安排、经费安排等。

4.2 组织准备

省、市、县(市、区)林业主管部门成立普查工作领导小组及办公室、专家咨询组,明确分工,分别以相关高校和市、县(市、区)为单位组成调查组开展调查。

4.3 资料准备

4.3.1 基本资料

广泛搜集调查区域内林木种质资源的相关资料:

a) 森林资源清查、森林资源规划设计调查、森林资源档案、自然保护区考察报告、林相图以及林业区划等相关资料。

b) 自然保护区、森林公园、林木良种基地、林木采种基地、植物园、树木园、品种园、现代高效农业园区、各类苗圃基地的档案资料,历次林木良种公告,选优、优树收集、引种驯化以及各类子代测定林、种源实验材料、建园(场)材料等技术档案。

c) 树木志、植物志、植物图鉴、植物检索表、地方志、植物名录、植物资源、森林资源和古树名木等资料。

4.3.2　其他资料

气候、地理、土壤和社会经济等资料。

4.4　调查用具准备

4.4.1　仪器、设备及工具

包括数码相机(不低于800万像素或分辨率不小于3 264×2 448)、电脑、数据采集仪、围尺、钢卷(围)尺、皮尺、土壤刀、测高器、GPS仪、望远镜、生长锥等必要工具。

4.4.2　图表和文具

调查表格,调查用图,记录用纸、笔、包等文具。

4.4.3　标本、样品采集器械

采集袋、标本夹、枝剪、高枝剪、手锯、放大镜、吸水纸、台纸、透明纸、浸制试剂、硅胶、采集标签和鉴定标签等。

4.4.4　辅助用品及其他

野外常用药品、野外防护装备、通信设备、安全用具等。

4.5　技术培训

开始调查前,组织调查人员学习有关文件、技术规程、树木识别和分类、安全等有关知识及技术要求,通过短期培训和试点,掌握外业、内业的工作程序与方法及外业工作安全常识等。

5　外业调查

5.1　野生林木种质资源调查

调查野生树种及其种质资源的种类、数量、分布、生境、生长情况等。调查目的树种的优良林分和优良单株。

5.1.1　资料查询

查询已有的技术档案和文献资料,掌握普查区域内林木种质资源的基础信息,了解树种分布及整体概况。

5.1.2　知情人访谈

通过会议方式,召集基层林业技术人员和熟悉情况的村民代表进行座谈,了解询问调查区域内的特异林分和单株,确定重点调查线路和重点调查区域。

5.1.3　林木种类调查

采用线路调查为主,必要时可结合样方调查,查清树种种类、数量(面积、株数)、分布等。调查线路或调查样方要根据调查内容以及调查区域的地形、地貌、海拔、生境等确定,调查线路或调查样方的设立应注意代表性、随机性、整体性及可行性相结合;样方的布局要尽可能全面,分布在整个调查地区内的各代表性地段。重点沟谷调查不得少于沟谷总数的1/2,一般沟谷调查不得少于沟谷总数的1/3。同时,也要注意到被调查区域的不同地段的生境差异,如山脊、沟谷、阳坡、阴坡、海拔等;样方根据地形地貌布设并进行调查记录。

a)踏查

根据现有资料和了解的情况,确定当地需要调查的树种,利用森林资源分布图和行政区划图,按一定的线路,了解资源分布区内树种种类、林分起源、结构、林龄、生长情况、地形地势、立地条件等。

b)线路调查

线路调查应在踏查的基础上,结合森林资源分布图、地形图或卫星图片进行设计,根据自然条件的复杂程度和植物群落的类型确定调查线路和线路密度。调查线路的长度和宽度应符合林分抽样的规定。在山区坡面地段,从谷底向山脊垂直于等高线设置;在河谷地段,沿河岸由下游向上游设置。在线路调查行进中,要不断记录新见的树种。目测能见范围内(每侧 20 cm)各树种因子,了解资源分布区树种、林分的起源、组成、林龄、生长情况、地形地势、立地条件等,调查结束时按实际调查数量进行汇总。

沿调查线路记录观察到的不同树种,填写调查表 1(野生林木种质资源树种调查表),并拍摄标准株形态照片。对于不能准确识别的树种需要采集枝、叶、花、果等器官,压制成标本,拍摄形态照片,以便鉴定。

c)样方调查

对树种种类多、分布面积较大的区域,选择有代表性的林分,根据树种种类、分布范围、地形地貌等情况设置样方进行调查。样方不宜设在林缘,不能跨越河流、道路。样方面积依据种质多样性来确定,一般样方面积设为 400 m^2;林木种质资源较少、地形比较开阔的地段样方面积可设为 600 m^2;全部为灌木类型的样方面积设为 25 m^2(5 m × 5 m)。样方为正方形或长方形,长方形样方最短边不能小于 5 m。

在丘陵和平原地区,采用线路踏查和样方调查相结合,按南北向或东西向平行、均匀布设调查线路。在野生林木种质资源分布的沿湖或沿河等确定踏查线路,沿线路进行调查,视情况每 1 ~ 3 km 设置一个代表性样方进行样方调查。

样方调查内容包括树种名称、分布、数量等。填写表 2(野生林木种质资源样方调查表)。

5.1.4 优良林分调查

确定调查的目的树种。原则上选择没有开展系统选优和良种数量不能满足生产需要的主要造林树种进行。

a)优良林分的确定

根据以下原则确定优良林分:

1)目的树种集中分布、处于中龄和近熟阶段的林分。

2)地形平缓、交通方便、分布相对集中,面积宜在 0.3 hm^2 以上,以便于管理、保护和种实采集。

3)宜选同龄林或相差 2 个龄级以内的异龄林,密度适宜,郁闭度不低于 0.6。

4)林木生长整齐、生长量及其他经济性状明显优良,没有经过人为破坏或未进行上层疏伐的林分。

b)优良林分的调查

1)样方设置

在确定的优良林分内,选择代表性地段设置样方。样方形状为正方形或长方形,样方调查面积应占候选林分总面积的 2%,样方面积不小于 400 m^2, 全部为灌木类型的样方面积设为 25 m^2(5 m×5 m)。

2)每木调查

在样方内实测每木胸径、树高、枝下高、冠幅,目测树干通直度和结实情况等。同时调查林分面积、地形、树种起源、林龄及郁闭度等,调查结束拍摄照片,填写表 3(优良林分样方调查表),并参考附录 C(优良林分标准及选择方法)。

5.1.5 优良单株调查

确定调查的目的树种,并根据目的树种制定选优指标。原则上选择没有开展系统选优和良种数量不能满足生产需要的主要造林树种进行。

a)优良单株的确定

1)林内选优:在确定的优良林分中选择或者在种源清楚且表现优良的林分中选择。

2)散生木选优:散生木因找不到对比树,选择时多以形质指标为主,同时考虑并比较其年生长量、重要经济价值,确定是否入选。散生木候选优树应该是实生起源的成年植株,还应注意其周围的立地条件和栽培措施,其土壤条件应具有一定的代表性。

3)选优方法:参考附录 D(优良单株选择常用方法),采用优势木对比法、小样地法、丰产树比较法以及优良性状入选法等方法。

b)优良单株调查

调查优良单株的树高、胸径、冠幅、重要经济性状、特异性状等,拍摄照片、采集标本,填写表 4(优良单株调查表)。

5.2 栽培利用林木种质资源调查

调查栽培利用林木种质资源的类型、数量及其分布等。调查目的树种的优良林分和优良单株。

5.2.1 资料查询

查询已有的技术档案、引种档案和文献资料,掌握该区域内栽培林木种质资源基础信息,了解栽培林木种质资源的类型及利用情况。

5.2.2 知情人访谈

通过会议方式,召集基层林业技术人员和熟悉情况的村民代表进行座谈,了解询问栽培特异林分和单株。

5.2.3 调查登记

在资料查询和访谈的基础上,进行实地调查,登记栽培树种(品种)种质资源类型、数量、分布和生长状况等,填写表 5[栽培树种(品种)调查表]和表 13(线路调查树种记载表)。

5.2.4 优良林分调查

只从采用实生苗或播种造林的目的树种人工林中选择调查。调查方法见 5.1.4。填写表 3(优良林分样方调查表)。

5.2.5 优良单株调查

调查方法见 5.1.5。其中,品种化栽培的人工林只选择优良的变异单株。填写表 4(优良单株调查表)。

5.3 重点保护和珍稀濒危树种与古树名木调查

5.3.1 重点保护和珍稀濒危树种调查

利用过去已开展的国家重点保护植物、珍稀濒危保护树种、珍贵树种和河南省重点保护树种调查成果资料，进行补充调查和现场核实，填写表6（重点保护和珍稀濒危树种调查表）。

5.3.2 古树名木调查

查询登记古树名木的现有调查成果资料，进行实地核实和补充调查，拍摄照片，填写表7（古树名木调查表）。

5.3.3 古树群调查

对普查区域内古树群分布地区逐一实地调查，记录群体生长环境及生长状况、形态特征，访问当地长者或查询历史资料等推断树龄，测量树高、胸径、枝下高、伴生植物等相关指标，拍摄群体、整株及花果的照片，填写表8（古树群调查表）。

5.4 新引进和新选育林木种质资源调查

组织有关科研、教学、生产等开展良种引进与选育的单位，进行调查登记，拍摄照片，新引进林木种质资源填写表9［新引进树种（品种）调查表］，新选育林木种质资源填写表10（新选育品种调查表）。

5.5 已收集保存林木种质资源调查

对收集保存在专门场所的林木种质资源进行调查、登记。

5.5.1 资料查询

通过查询历史技术档案资料，掌握林木种质资源的保存、定植等信息。

5.5.2 调查登记

现场核查各类林木种质资源的名称、来源、特征特性、保存场所、资源现状等信息，拍摄照片，填写表11（收集保存林木种质资源调查表）。

照片拍摄要求：拍摄生境、群体、植株以及叶、花、果实等能反映种质资源特征的照片，要求拍摄物主体突出，图像清晰，照片像素不低于800万（图像分辨率不小于3 264 × 2 448），采用.jpg格式存储，并记录照片原始编号。

6 内业整理

6.1 外业调查表整理

核对外业工作调查的内容、范围及各类调查表，补充遗漏调查内容，对外业调查表进行统计、汇总并整理成册。

6.2 影像整理

对拍摄的影像进行归类并备份。核对影像资料的编号、种质名称、拍摄时间、地点与外业调查表相一致。

6.3 凭证标本鉴定与整理

对外业调查现场无法确定的树种，要尽可能采集枝、叶、花、果等器官，制作完整的凭证标本，根据凭证标本和野外采集记录、照片，应用已出版的工具书（如植物志、树木志、树木检索表或图鉴）进行鉴定。仍不能鉴定的树种，填写树种鉴定表（表12 凭证标本采集记录表），报请专家咨询组进行鉴定。制作的标本要妥善保存。

6.4　数据录入与统计分析

根据统一编制的《河南省林木种质资源普查信息管理系统》录入数据。

以树种（品种）为单位，统计每个树种（品种）种质资源的分布点、分布总面积、株（份）数、优良林分的数量和面积、优树的数量等内容。

6.5　图件编绘

按照调查对象以 1/50 000 地形图绘制分布示意图，包括优良林分、种子园、母树林、采种林、采穗圃、保存圃、保存林、植物园、树木园等的位置图。按树种绘制种质资源分布图，标注该树种不同类型种质资源的位置，还包括县、乡、村行政界，村镇、林场、主要山峰位置、水陆交通线（包括河流、公路、铁路等）。

种质资源集中分布群落的位置及其界线，小面积的可不依比例示意其位置。注记：

$$\frac{\text{树种（品种）—编号}}{\text{面积}}$$

标记到图上。

7　成果总结

7.1　普查报告

根据附录 A（××××（市、县、区）林木种质资源普查报告）的要求撰写普查报告，报告名称《河南省××市××县（市、区）林木种质资源普查报告》。重点分析本区域的林木种质资源多样性，突出体现地区优势和特色。对林木种质资源收集、保存和利用现状、利用潜力进行客观和综合评价。根据调查结果统计、编写树种名录和林木种质资源目录。

7.2　数据库与信息管理系统

按照国家林木种质资源数据库的要求，构建《河南省林木种质资源普查信息管理系统》。

7.3　技术资料汇集

a）管理与文书资料：文件、会议纪要、工作方案、技术规程、实施细则、培训照片、领导讲话、管理规章制度、技术经济责任合同等。

b）外业调查资料：调查簿、调查记录、外业登记表、凭证标本等。

c）图件资料：林木种质资源分布图、照片、影像。

d）上述材料、图片和文字的电子文档。

e）其他成果材料。

8　质量管理

质量监督管理实行三级管理制度，即调查单位自查、市级核查、省级抽查。

8.1　检查监督

8.1.1　自查

调查组每完成一个阶段的工作，需对清查、样方测设等调查图、外业记录资料进行全面检查，根据情况进行必要的现场核查。

8.1.2　监督检查

省、市林业主管部门组织质量检查组，对调查工作质量进行检查，发现问题及时纠正。

8.1.3　检查数量

a)市级核查：市质量检查组对辖区内的各县(市、区)组织核查，核查数量不少于该市调查总量的10%。

b)省级抽查：省质量检查组对各省辖市、直管县(市)及专项调查组的调查结果进行抽查，抽查数量不少于该市、县(市)及专项调查组调查总量的5%。

8.1.4　检查内容

a)调查因子正确率检查

1)定量调查因子：各项定量调查因子，包括经纬度、坡度、海拔、树龄、树高、胸(地)径、冠幅、树种分布面积等，测量误差要求小于5%。误差允许范围之内者，以调查值为准；反之，则以检查值为准。

2)定性调查因子：各项定性调查因子定性正确，填写无误；调查技术路线的制订是否正确，制订的技术方案是否符合要求。

b)资料内业检查

调查表格是否齐全，项目填写是否符合要求，计算是否准确；文字资料有无错、漏；图、表、文字资料是否一致；是否随意改动外业调查的基本数据和文字资料。

8.1.5　技术要求与工作质量评定

普查工作质量分为优秀、合格和不合格三个等级。

工作质量评定的标准如下表所示：

质量等级	优秀	合格	不合格
种质鉴定正确率	≥95%	90%～95%	<90%
调查因子正确率	≥95%	90%～95%	<90%
种质信息漏登率	<5%	5%～10%	>10%

三项评定标准中，若有一项指标属于不合格，质量等级即判定为不合格；如三项均达到合格以上，则按最低的一项标准评定。

8.2　检查结果的处理

对外业调查(包括实测与记载)达不到调查要求的，应补充调查或重新调查；数据录入不合格的，应重新录入。

9　验收

林木种质资源普查工作成果以会议形式进行验收，验收专家组人员不少于5人，会议验收前将验收材料送专家组人员审查。验收程序主要包括普查(或专项调查)单位汇报普查(或专项调查)成果情况，质量监督检查人员发表质量检查书面意见，专家组成员各自发表审查意见，验收小组形成统一意见确定评价等次，验收小组组长宣读验收意见。

验收结果评价为优秀、合格和不合格三个等次。

表1 野生林木种质资源树种调查表

______市______县______乡(镇)______村,小地名__________

调查人:______________ 调查日期:______________ 表格编号:______________

树种编号	树种名称			生活型(乔木、灌木、竹类、藤本)	分布方式(集中、片状、散生、零星)	资源数量		标本号	原始照片编号
	中文名	俗名	拉丁文			面积(m^2)	株数		

表1填写说明

1. 表格编号:外业调查阶段由各调查单位自行编号,汇总后由技术组负责统一编号。
2. 市、县、乡、村:填写县级行政区域的全称。
3. 小地名:要写清楚,如×××林场×××林班等。
4. 调查人:填写调查队(组)的名称或调查人员,如××县林木种质资源调查1组。
5. 调查日期:采用年月日格式,例如20160405。
6. 树种编号:每个树种的流水号,按顺序编号。
7. 中文名:树种的中文名称,采用树木志中的名称。
8. 俗名:树种的别名或当地的俗称。
9. 拉丁名:树种拉丁学名,由属名和种名组成,外业阶段可不填。
10. 生活型:分为乔木、灌木、竹类、藤本4类,选填。
11. 分布方式:分为集中、片状、散生、零星4类,选填。
12. 面积:实测或估测每个群落该树种的面积,单位为m^2。
13. 株数:实测或估测每个群落该树种的株数,可用1~10、11~50、51~100、101~1 000、>1 000几个数字范围表示,单位为株。
14. 标本号:采集标本的编号,按相同的规则编号。
15. 原始照片编号:每张照片都按照相同的规则编号。

表 2　野生林木种质资源样方调查表

样方编号：＿＿＿＿＿＿＿＿＿＿ 样方面积：＿＿＿ m × ＿＿＿ m

＿＿＿市＿＿＿县＿＿＿乡（镇）＿＿＿村，小地名＿＿＿＿＿

GPS 定位：E：＿＿＿＿＿ N：＿＿＿＿＿ 海拔：＿＿＿＿＿ m

坡向：○北坡、○东北坡、○东坡、○东南坡、○南坡、○西南坡、○西坡、○西北坡

坡度：＿＿＿　坡位：○谷底、○下部、○中部、○上部、○山脊

群落类型及组成：＿＿＿＿＿＿＿＿＿＿＿＿ 干扰程度：○无、○轻、○中、○重

林分郁闭度：＿＿＿ 生境：＿＿＿＿＿＿＿＿ 土壤类型：＿＿＿＿＿

调查人：＿＿＿＿＿＿ 调查日期：＿＿＿＿＿＿＿ 表格编号：＿＿＿＿＿＿＿

层次	植物名称		物候期	数量	高度(m)	盖度(%)
	中文名	拉丁名				

表 2 填写说明

1. 样方编号：以市（2 位）+ 县（2 位）+ 小组（2 位）+ 顺序号（4 位）共 10 位数组成。

2. GPS 定位：按照度数记载，保留 5 位小数，如 N36.25220°。

3. 群落类型及组成：按乔木层优势种—灌木层优势种—草本层优势种的方式填写，如侧柏—荆条—黄背草。

4. 林分郁闭度：指乔木层郁闭度，以林地树冠垂直投影面积与林地面积之比，用十分数表示，完全裸露为 0，完全覆盖地面为 1，如 0.7。

5. 生境：平地、沟谷、阴坡、阳坡、山脊、村边、沟（塘、湖）边、路旁等。

6. 土壤类型：按土类填写，如黄棕壤、黄褐土、棕壤、褐土、潮土、砂姜黑土、山地草甸土、沼泽土、盐碱土、水稻土、红黏土、新积土、风沙土、火山灰土、紫色土、石质土、粗骨土。

7. 层次：乔木层、灌木层、草本层，木质藤本。

8. 物候期：指调查时特征，如萌芽期、花期、果期、落叶期等。

9. 数量：乔、灌木标明样方内的实际株树，草本植物不填。

10. 高度：乔木、灌木和草本填写平均高度，木质藤本不填。

11. 盖度：地上部分投影面积占地面的比率，乔木不填，灌木在小样方内目测，保留两位小数，优势草本目测，保留两位小数。

12. 调查日期：采用年月日格式，如 20160405。

表3 优良林分样方调查表

编号：

样方林分因子调查					
县 乡 村				小地名	
调查者		填表人		调查日期	
GPS 定位	E： N：			海拔(m)	
坡向		坡度		坡位	
母岩母质		土壤类型		植被类型	
样方大小(m^2)		目的树种名		林龄(年)	
枝下高(m)		平均冠幅(m)		林分平均胸径(cm)	
平均树高(m)		林分郁闭度		密度(株/hm^2)	
林分面积(hm^2)		每公顷蓄积量(m^3)		起源：○天然林 ○人工林	
人工林种源			树种组成		
林分健康状况	○良 ○中 ○差		结实情况		

样方每木调查							
株号	胸径(cm)	树高(m)	枝下高(m)	冠幅(m)	树干通直度(Ⅰ、Ⅱ、Ⅲ)	结实情况	其他

表3 填写说明

1. 编号：外业调查阶段由各调查单位自行编号，汇总后由技术组负责统一编号。
2. 县、乡、村：填写县级行政区域的全称。
3. 小地名：填写调查的具体地点，如×××林场等。
4. 调查者：填写调查队(组)的名称或调查人员，如××县林木种质资源调查1组。
5. 填表人：填写调查填表人员的姓名。
6. 调查日期：采用年月日格式，例如20160405。
7. GPS 定位：按照度数记载，保留4位小数，如N36.2522°。
8. 海拔：林木种质资源原产地的海拔，单位为m。
9. 坡向：分为东、西、南、北、东南、东北、西南、西北、无。
10. 坡度：可采用测高仪实测，单位为“°”。
11. 坡位：分为山脊、上坡、中坡、下坡、山谷、平地。
12. 母岩母质：填写优良林分林地母岩母质，如石灰岩。
13. 土壤类型：按土类填写，如黄棕壤、黄褐土、棕壤、褐土、潮土、砂姜黑土、山地草甸土、沼泽土、盐碱土、水稻土、红黏土、新积土、风沙土、火山灰土、紫色土、石质土、粗骨土。
14. 植被类型：填写具体的森林植被类型，如松栎针阔混交林等。
15. 样方大小：填写样方的面积，如20 m×20 m。

16. 目的树种名：填写优良林分的树种名。

17. 林龄（年）：根据造林资料填写人工林优良林分的年龄，估测天然林优良林分的年龄。

18. 枝下高：根据每木调查数据求算平均值。

19. 平均冠幅：根据每木调查数据求算平均值。

20. 林分平均胸径：根据每木调查数据求算平均值。

21. 平均树高：根据每木调查数据求算平均值。

22. 林分郁闭度：指乔木层郁闭度，以林地树冠垂直投影面积与林地面积之比，用十分数表示，完全裸露为0，完全覆盖地面为1，如0.7。

23. 密度（株/hm^2）：实测。

24. 林分面积：实测或估测优良林分的面积。

25. 每公顷蓄积量：根据平均胸径和平均树高求算。

26. 起源：分天然林、人工林2类，选填。

27. 人工林种源：如为人工林优良林分，根据造林资料调查该林分的种源。

28. 树种组成：优良林分的树种组成比例。

29. 林分健康状况：根据物种丰富度、群落结构、生长状况、更新状况、病虫害程度等综合评价，林分健康状况填写良、中、差。

30. 结实情况：描述优良林分结实情况，分为正常、中等、少量。

31. 株号：按调查顺序编写。

32. 胸径：使用测树尺测量，乔木量胸径，灌木、藤本量地径，单位为cm，精确到整数。

33. 树高：用测高仪（或激光测距测高仪）实测，精确至1 m。

34. 枝下高：测量从地面到树木主干上最低分枝的高度。

35. 冠幅：使用皮尺分东西、南北两个方向量测，以树冠垂直投影确定冠幅宽度，然后计算两个方向宽度的算数平均数，单位为m，精确到整数。

36. 树干通直度：目测。通直度在种源林中采用3级目测评分法，即树干地上6 m区，Ⅰ级——无弯曲；Ⅱ级——略有一个明显的弯曲；Ⅲ级——有两个或两个以上弯曲。

37. 结实情况：描述单株的结实情况，分为正常、中等、少量。

38. 其他：填写其他有价值的信息。

表4　优良单株调查表

编号：

县　　乡　　村				小地名	
调查者		填表人		调查日期	
种（变种）中文名		属中文名		科中文名	
种（变种）拉丁名		属拉丁名		科拉丁名	
GPS定位	E：	N：		海拔（m）	
坡向		坡位		坡度	
树高（m）		胸径（cm）		冠幅（m）	
枝下高（m）		单株立木蓄积（m^3）或单株产量（kg）		土壤类型	

续表 4

起源:○天然生长　○人工栽培			人工栽培种源		
树种组成			结实情况		
优良单株重要特征描述	(描述特殊形态特征、重要经济性状)				
照片编号		拍摄者		拍摄日期	
备注					

表 4 填写说明

1. 编号:外业调查阶段由各调查单位自行编号,汇总后由技术组统一编号,或由系统生成资源编号。

2. 县、乡、村:填写县级行政区域的全称。

3. 小地名:填写调查的具体地点,如×××林场等。

4. 调查者:填写调查队(组)的名称或调查人员,如××县林木种质资源调查 1 组。

5. 填表人:填写调查填表人员的姓名。

6. 调查日期:采用年月日格式,例如 20160405。

7. 种(变种)中文名:植物分类学上的中文种名。统一选用《中国植物志》及其所采用的恩格勒分类系统的种名(下同)。示例:油松。

8. 种(变种)拉丁名:树种在植物分类学上的拉丁文。示例:*Pinus tabuliformis*,外业阶段可不填。

9. 属中文名:树种在植物分类学上的中文属名。示例:松属。

10. 属拉丁名:树种在植物分类学上的拉丁文属名。示例:*Pinus*,外业阶段可不填。

11. 科中文名:树种在植物分类学上的中文科名。示例:松科。

12. 科拉丁名:树种在植物分类学上的拉丁文科名。示例:Pinaceae,外业阶段可不填。

13. GPS 定位:按照度数记载,保留 4 位小数,如 N36. 2522°。

14. 海拔:古树、名木、优良单株所在地的海拔,单位为 m。

15. 坡向:分为东、西、南、北、东南、东北、西南、西北、无。

16. 坡位:分为山脊、上坡、中坡、下坡、山谷、平地。

17. 坡度:可采用测高仪实测,单位为“°”。

18. 树高:用测高仪实测,精确至 1 m。

19. 胸径:乔木量胸径,灌木、藤本量地径,单位为 cm,精确到整数。

20. 冠幅:按东西、南北两个垂直方向测量树冠垂直投影的宽度,然后取平均值,单位为 m,精确到整数。

21. 枝下高:测量从地面到树木主干上最低分枝的高度。

22. 单株立木蓄积:根据树高、胸径求算立木蓄积。如果是经济林,测算单株产量。

23. 土壤类型:按土类填写,如黄棕壤、黄褐土、棕壤、褐土、潮土、砂姜黑土、山地草甸土、沼泽土、盐碱土、水稻土、红黏土、新积土、风沙土、火山灰土、紫色土、石质土、粗骨土。

24. 优良单株重要特征描述:包括特异性状,优树的优良性状描述。

25. 照片编号:填写资源对应的照片编号,外业调查填写相机存储的临时编号,内业及时整理。

26. 拍摄者:照片的拍摄人员。

27. 拍摄日期:照片的拍摄日期,采用年月日格式,如 20160405。

28. 备注:填写其他需要说明的事项。

表 5　栽培树种(品种)调查表

调查单位:　　　　　　　　　　　　　　　　　　　　　　　　　　　　编号:

种质名称	中文名		俗名		照片编号	
	拉丁名				来源	
	科　　　属　　　种				树龄(年)	
地点	县　　乡(镇)　　村(居委会)　　组(号)					
	小地名		GPS 定位	E:　　　N:		
种群面积(亩)		种群数量(株)	①1 ~ 10;②11 ~ 50;③51 ~ 100;④101 ~ 1 000;⑤>1 000			
分布方式	①集中分布;②片状分布;③散生;④零星分布;⑤单株分布					
繁殖方法	①种子繁殖;②扦插;③嫁接;④组培;⑤其他					
选育方式及系谱			所有者			
立地条件	海拔:　　m;坡向:　　;坡度:　　度;坡位:　　部					
	土壤类型:　　　　土壤厚度:　　cm					
	肥力状况:①肥沃;②中等;③贫瘠					
生长状况	生长势 :①旺盛;②一般;③较差;④濒死					
	开花(结实)状况:①多;②正常;③很少;④无					
	病虫害情况:①无;②轻;③重				病虫害种类:	
适应性评价	抗寒性:①强　②中　③弱 抗旱性:①强　②中　③弱 抗病性:①强　②中　③弱 抗虫性:①强　②中　③弱 抗盐碱性:①强　②中　③弱					
综合评价						

调查人:__________;调查日期:__________;审核人:__________

表 5 填写说明

1. 编号:以市(2 位)+县(2 位)+小组(2 位)+顺序号(4 位)共 10 位数组成。

2. 综合评价:

用材树种主要是木材产量和质量性状及适应性、抗病虫害性的表现。

生态树种主要是适应性、抗逆性及生长、改良土壤等性状的表现。

绿化观赏树种侧重于观赏性状、抗污染性、抗逆性及生长性状的表现。

经济林树种主要是果实经济性状：平均单果重，单株产量和推算出单位面积产量，果实品质，成分含量、储藏性能、加工性能等。

3. 土壤类型：按土类填写，如黄棕壤、黄褐土、棕壤、褐土、潮土、砂姜黑土、山地草甸土、沼泽土、盐碱土、水稻土、红黏土、新积土、风沙土、火山灰土、紫色土、石质土、粗骨土。

4. 选育方式及系谱：选育方式包括选择育种（含种源选择、林分选择、优树选择、无性系选择）、引种驯化、杂交育种、多倍体育种、辐射育种、分子育种等。系谱也称家系，是指同一植株（或无性系）的自由授粉子代，或双亲控制授粉生产的子代总和。

5. 调查日期：采用年月日格式，如 20160405。

表6　重点保护和珍稀濒危树种调查表

调查单位：　　　　　　　　　　　　　　　　　　　　　　　　编号：

调查地点	县　　　乡（镇）　　　村		样地编号	
小地名			照片编号	
树木名称	中文名		科名	
	拉丁名		属名	
GPS 定位	E　　　　　N		树龄	
种群数量（株）	①1 ~ 10；②11 ~ 50；③51 ~ 100；④101 ~ 1 000；⑤ > 1 000			
分布方式	①集中分布；②片状分布；③散生；④零星分布；⑤单株分布			
生长环境	①平地；②沟谷；③阴坡；④阳坡；⑤山脊；⑥沟（塘、湖）边；⑦路旁			
伴生植物	乔木：			
	灌木：			
	草本：			
生长性状	最大株：树高　　m；枝下高　　m；胸径　　cm； 冠　幅：东西　　m；南北　　m			
	平均树高　　m；平均枝下高　　m；平均胸径　　cm			
	生长势：①旺盛；②一般；③较差；④濒死			
立地条件	海拔：　m；坡向：　；坡度：　度；坡位：　部			
	土壤类型：　　土壤厚度：　　cm； 肥力状况：①肥沃；②中等；③贫瘠			
花果期	花期：　　　种子（果实）成熟期：			
病虫害情况	①有（严重，轻度，主要种类：　　　　）；②无			
自然更新	①好；②中；③差；④无	人为活动	①频繁；②不频繁	
受威胁状况	①严重；②一般；③未受威胁；④其他			
可利用状况	①材用；②防护；③观赏；④药用；⑤果用；⑥其他			

调查人：__________；调查日期：__________；审核人：__________

表 6 填写说明

1. 调查单位:填写调查队(组)的名称或调查人员,如××县林木种质资源调查 1 组。

2. 编号:外业调查阶段由各调查单位自行编号,汇总后由技术组统一编号,或由系统生成资源编号。

3. 调查地点:县、乡、村,填写省级行政区域的全称。

4. 小地名:填写调查的具体地点,如×××林场等。

5. 样地编号:由调查人员根据情况统一编号。

6. 照片编号:填写调查树种的对应照片编号。

7. 树木名称中文名:植物分类学上的中文种名。统一选用《中国植物志》及其所采用的恩格勒分类系统的种名(下同)。示例:油松。

8. 树木名称拉丁名:树种在植物分类学上的拉丁文。示例:*Pinus tabuliformis*,外业阶段可不填。

9. 科名:树种在植物分类学上的中文科名。示例:松科。

10. 属名:树种在植物分类学上的中文属名。示例:松属。

11. GPS 定位:经纬度按照度数记载,保留 4 位小数,如 N36. 2522°。

12. 树龄:根据文献、史料、走访等方式确定该树种的年龄。

13. 种群数量(株):估测种群数量,在相应数字上打"√"。

14. 分布方式:在相应数字上打"√"。

15. 生长环境:在相应数字上打"√"。

16. 伴生植物:分别按伴生乔木、灌木、草本填写。每个类型植物填写不超过 5 种。

17. 生长性状:实测最大株的树高、枝下高、胸径和冠幅。实测种群内多株树木,计算平均树高、平均枝下高和平均胸径。生长势根据种群内多数植株的生长情况确定其生长势等级,分旺盛、一般、较差、濒死等级,在相应数字上打"√"。

18. 立地条件:现场测定海拔、坡向、坡度、坡位;确定土壤类型、土壤厚度、肥力状况。肥力状况在相应数字上打"√"。

19. 花果期:分为花期和种子(果实)成熟期,采用年月日格式,例如 20160405。

20. 病虫害情况:现场观测树种病虫害情况,分为"有"和"无"两项。如果有病虫害的发生,在相应括号上打"√",并填写病虫害主要种类。

21. 自然更新:观测种群下方及周围幼苗、幼树有无和生长情况。在相应数字上打"√"。

22. 人为活动:观测人为活动情况和对重点保护和珍稀濒危树种的影响情况。在相应数字上打"√"。

23. 受威胁状况:现场观测人为、动物、环境等因素对重点保护和珍稀濒危树种的威胁情况。

24. 可利用状况:分析调查树种潜在的利用价值。在相应数字上打"√"。其他项须填写除前 5 项之外的具体潜在利用价值。

25. 调查人:填写调查填表人员的姓名。

26. 调查日期:采用年月日格式,例如 20160405。

27. 审核人:填写审核人员的姓名。

表 7 古树名木调查表

调查单位：　　　　　　　　　　　　　　　　　　　　　　编号：

县　　　　乡　　　　村				小地名	
调查者		填表人		调查日期	
种（变种）中文名		属中文名		科中文名	
种（变种）拉丁名		属拉丁名		科拉丁名	
资源类别	○古树　○名木				
GPS 定位	E：	N：		海拔（m）	
坡向		坡位		坡度	
树高（m）		胸径（cm）		冠幅（m）	
传说年龄（年）		估测年龄（年）		实际年龄（年）	
生长势	○旺盛○一般○较差○濒死○死亡		频度	○ 多 ○ 中 ○ 少	
古树名木重要特征描述					
古树历史传说或名木来历					
保护措施	○挂牌保护 ○未挂牌保护	是否落实专人管护	○ 是 ○ 否	原挂牌编号	
管护单位或个人					
存在问题					
建议					
照片编号		拍摄者		拍摄日期	
备注					

审核人：____________

表 7 填写说明

1. 编号：外业调查阶段由各调查单位自行编号，汇总后由技术组统一编号，或由系统生成资源编号。

2. 县、乡、村：填写省级行政区域的全称。

3. 小地名：填写调查的具体地点，如×××林场等。

4. 调查者:填写调查队(组)的名称或调查人员,如××县林木种质资源调查1组。

5. 填表人:填写调查填表人员的姓名。

6. 调查日期:采用年月日格式,例如20160405。

7. 种(变种)中文名:植物分类学上的中文种名。统一选用《中国植物志》及其所采用的恩格勒分类系统的种名(下同)。示例:油松。

8. 种(变种)拉丁名:树种在植物分类学上的拉丁文。示例:*Pinus tabuliformis*,外业阶段可不填。

9. 属中文名:树种在植物分类学上的中文属名。示例:松属。

10. 属拉丁名:树种在植物分类学上的拉丁文属名。示例:*Pinus*,外业阶段可不填。

11. 科中文名:树种在植物分类学上的中文科名。示例:松科。

12. 科拉丁名:树种在植物分类学上的拉丁文科名。示例:Pinaceae,外业阶段可不填。

13. 资源类别:分为古树、名木两种类型,打"√"表示。

14. GPS定位按照度数记载,保留5位小数,统一坐标系统为西安80。

15. 海拔:古树、名木、优良单株所在地的海拔高度,单位为m。

16. 坡向:分为东、西、南、北、东南、东北、西南、西北、无。

17. 坡位:分为山脊、上坡、中坡、下坡、山谷、平地。

18. 坡度:可采用测高仪实测,单位为"°"。

19. 树高:用测高仪实测,精确至1 m。

20. 胸径:乔木量胸径,灌木、藤本量地径,单位为cm,精确到整数。

21. 冠幅:按东西、南北两个垂直方向测量树冠垂直投影的宽度,然后取平均值,单位为m,精确到整数。

22. 传说年龄:有传说,无据可依的作"传说年龄"。

23. 估测年龄:"估测年龄"估测前要认真走访,根据不同树种的年平均生长量估计。有传说年龄的,可同时填写估测年龄。

24. 实际年龄:凡是有文献、史料及传说有据的可视作"实际年龄"。

25. 生长势:根据树木的生长情况确定其生长势等级,分旺盛、一般、较差、濒死、死亡等五级,打"√"表示。死亡古树不进行全县统一编号,但要填写调查编号。

26. 频度:根据当地资源量选填多、中、少。

27. 古树名木重要特征描述:包括特异性状、特殊性状描述,如树体连生、基部分杈、雷击断梢、干腐、根腐等,如有严重病虫害,简要描述种类及发病状况。

28. 古树历史传说或名木来历:简明记载群众中或历史上流传的对该树的各种神奇故事,以及与其有关的名人轶事和特异性状的传说等。字数多的可以记在该树卡片的背后,字数在300字以内。

29. 保护措施:分挂牌保护、未挂牌保护,打"√"表示。

30. 是否落实专人管护:打"√"表示。

31. 管护单位或个人:根据调查情况,如实填写具体负责管护古树名木的单位或个人。无单位或个人管护的,要说明。

32. 原挂牌编号:填写古树、名木、优良单位的原始编号。

33. 存在问题:提出主要针对该树保护中存在的主要问题,包括周围环境不利因素。

34. 建议:简要提出今后保护对策建议。

35. 照片编号:填写资源对应的照片编号,外业调查填写相机存储的临时编号,内业及时整理。

36. 拍摄者:照片的拍摄人员。

37. 拍摄日期:照片的拍摄日期,采用年月日格式,如20160405。

38. 备注:填写其他需要说明的事项。

表 8 古树群调查表

调查单位： 编号：

地点	县 乡 村			小地名	
GPS 定位	E： N：			海拔(m)	
坡向		坡位		坡度	
古树群古树株数		古树群面积(hm^2)		所属单位性质	○村镇 ○单位庭院 ○个人庭院 ○寺庙 ○其他
树种 1:种(变种)中文名		树种 1:属中文名		树种 1:科中文名	
树种 1:种(变种)拉丁名		树种 1:属拉丁名		树种 1:科拉丁名	
树种 2:种(变种)中文名		树种 2:属中文名		树种 2:科中文名	
树种 2:种(变种)拉丁名		树种 2:属拉丁名		树种 2:科拉丁名	
其他树种					
平均树高(m)		平均胸径(cm)		平均冠幅(m)	
平均年龄(年)		生长势	○旺盛 ○一般 ○较差 ○濒死 ○死亡		
古树群重要特征描述					
古树群历史传说或来历					
管护单位或个人					
存在问题					
建议					
照片编号		拍摄者		拍摄日期	
备注					

调查人：__________；填表人：__________；调查日期：__________；审核人：__________

表 8 填写说明

1. 编号：外业调查阶段由各调查单位自行编号，汇总后由技术组统一编号，或由系统生成资源编号。

2. 县、乡、村：填写行政区域的全称。

3. 小地名：填写调查的具体地点，如×××林场等。

4. 调查者：填写调查队(组)的名称或调查人员，如××县林木种质资源调查1组。

5. 填表人:填写调查填表人员的姓名。

6. 调查日期:采用年月日格式,例如 20160405。

7. GPS 定位:按照度数记载,保留 4 位小数,如 N36. 2522°。

8. 海拔:古树、名木、优良单株所在地的海拔,单位为 m。

9. 坡向:分为东、西、南、北、东南、东北、西南、西北、无。

10. 坡位:分为山脊、上坡、中坡、下坡、山谷、平地。

11. 坡度:可采用测高仪实测,单位为“°”。

12. 古树群古树株数:该群古树的株数。

13. 古树群面积:该群古树占地面积。

14. 所属单位性质:该树单位所在地或权属单位的性质,选择村镇、单位庭院、个人庭院、寺庙、其他填写。

15. 树种 1:种(变种)中文名:该群古树数量最多的树种在植物分类学上的中文种名。统一选用《中国植物志》及其所采用的恩格勒分类系统的种名(下同)。示例:油松。

16. 树种 1:种(变种)拉丁名:该群古树数量最多的树种在植物分类学上的拉丁文。示例:*Pinus tabuliformis*,外业阶段可不填。

17. 树种 1:属中文名:该群古树数量最多的树种在植物分类学上的中文属名。示例:松属。

18. 树种 1:属拉丁名:该群古树数量最多的树种在植物分类学上的拉丁文属名。示例:*Pinus*,外业阶段可不填。

19. 树种 1:科中文名:该群古树数量最多的树种在植物分类学上的中文科名。示例:松科。

20. 树种 1:科拉丁名:该群古树数量最多的树种在植物分类学上的拉丁文科名。示例:Pinaceae,外业阶段可不填。

21. 树种 2:种(变种)中文名:该群古树数量第二位的树种在植物分类学上的中文种名。统一选用《中国植物志》及其所采用的恩格勒分类系统的种名(下同)。示例:油松。

22. 树种 2:种(变种)拉丁名:该群古树数量第二位的树种在植物分类学上的拉丁文。示例:*Pinus tabuliformis*,外业阶段可不填。

23. 树种 2:属中文名:该群古树数量第二位的树种在植物分类学上的中文属名。示例:松属。

24. 树种 2:属拉丁名:该群古树数量第二位的树种在植物分类学上的拉丁文属名。示例:*Pinus*,外业阶段可不填。

25. 树种 2:科中文名:该群古树数量第二位的树种在植物分类学上的中文科名。示例:松科。

26. 树种 2:科拉丁名:该群古树数量第二位的树种在植物分类学上的拉丁文科名。示例:Pinaceae,外业阶段可不填。

27. 其他树种:该群古树种其他树种的中文名及拉丁名。

28. 平均树高:实测或估测该群古树的平均树高,精确至 1 m。

29. 平均胸径:实测该群古树的平均胸径,单位为 cm,精确到整数。

30. 平均冠幅:按东西、南北两个垂直方向测量树冠垂直投影的宽度,然后取平均值,单位为“m”,精确到整数。

31. 平均年龄:根据文献、史料、走访、实测等方式确定该古树群的平均年龄。

32. 生长势:根据树木的生长情况确定其生长势等级,分旺盛、一般、较差、濒死、死亡等五级,打“√”表示。死亡古树不进行全县统一编号,但要填写调查号。

33. 古树群重要特征描述:包括奇特、怪异性状,特殊性状的描述,如树体连生、基部分杈、雷击断梢、干腐、根腐等,如有严重病虫害,简要描述种类及发病状况。

34. 古树群历史传说或来历:简明记载群众中或历史上流传的对该古树群的各种传说故事,以及与其有关的名人轶事和特异性状的传说等。字数多的可以记在该树卡片的背后，字数在300字以内。

35. 管护单位或个人：根据调查情况，如实填写具体负责管护古树名木的单位或个人。无单位或个人管护的，要说明。

36. 存在问题：提出主要针对该古树群保护中存在的主要问题，包括周围环境不利因素。

37. 建议：简要提出今后的保护对策和建议。

38. 照片编号：填写资源对应的照片编号，外业调查填写相机存储的临时编号，内业及时整理。

39. 拍摄者：照片的拍摄人员。

40. 拍摄日期：照片的拍摄日期，采用年月日格式，如20160405。

41. 备注：填写其他需要说明的事项。

表9　新引进树种(品种)调查表

市　　　　县(市、区)　调查单位：　　　　　　编号：

<table>
<tr><td>中文名</td><td colspan="2"></td><td>拉丁名</td><td></td></tr>
<tr><td colspan="3">科　　　　属　　　　种(品种)</td><td>照片编号</td><td></td></tr>
<tr><td>引种来源地</td><td colspan="2"></td><td>引种单位</td><td></td></tr>
<tr><td>引种材料种类</td><td colspan="2"></td><td>引进时间</td><td></td></tr>
<tr><td rowspan="3">现栽培地点条件</td><td>地理位置</td><td colspan="3">海拔　　m；坡向　　；坡度</td></tr>
<tr><td>气候</td><td colspan="3">年均温　℃；年均降水量　　mm；年均蒸发量　　mm；无霜期　　天</td></tr>
<tr><td>土壤</td><td colspan="3">土壤类型：　　　　厚度　　cm；
pH值　　；肥力：①肥沃　②中等　③贫瘠</td></tr>
<tr><td>引种驯化方式</td><td colspan="2"></td><td>树龄(年)</td><td></td></tr>
<tr><td>主要试验地区</td><td colspan="4"></td></tr>
<tr><td>试验面积(亩)</td><td colspan="2"></td><td>鉴定(验收)时间</td><td></td></tr>
<tr><td>提供品种单位</td><td colspan="4"></td></tr>
<tr><td rowspan="2">生长性状</td><td colspan="4">平均树高　　m；平均枝下高　　m；平均胸径　　cm</td></tr>
<tr><td colspan="4">冠幅：东西　　m；南北　　m</td></tr>
<tr><td rowspan="2">生长状况</td><td colspan="4">生长势：①旺盛；②一般；③较差；④濒死</td></tr>
<tr><td colspan="4">开花(结实)状况：①多；②正常；③很少；④无；⑤其他</td></tr>
<tr><td>果实状况</td><td colspan="4">形状：　　　　颜色：　　　　品质：</td></tr>
<tr><td>观赏价值</td><td colspan="4">①观果；②观叶；③观花；④其他</td></tr>
<tr><td>适应性评价</td><td colspan="4">抗寒性：①强　②中　③弱；抗旱性：①强　②中　③弱；
抗病性：①强　②中　③弱；抗盐碱性：①强　②中　③弱
抗虫性：①强　②中　③弱；</td></tr>
<tr><td>繁殖方法</td><td colspan="4">①种子繁殖；②扦插；③嫁接；④组培；⑤其他</td></tr>
<tr><td>突出优点</td><td colspan="4"></td></tr>
<tr><td>存在问题</td><td colspan="4"></td></tr>
<tr><td>用途</td><td colspan="4"></td></tr>
</table>

调查人：__________；调查日期：__________；审核人：__________

表 9 填写说明

1. 本表用于新引进、引种驯化试验基本结束或已经通过技术鉴定，尚未审定和推广的树种品种。

2. 用途：材用、生态、观赏、化工原料、药用、食用等。

3. 编号：以市（2 位）+ 县（2 位）+ 小组（2 位）+ 顺序号（4 位）共 10 位数组成。

4. 土壤类型：按土类填写，如黄棕壤、黄褐土、棕壤、褐土、潮土、砂姜黑土、山地草甸土、沼泽土、盐碱土、水稻土、红黏土、新积土、风沙土、火山灰土、紫色土、石质土、粗骨土。

5. 引进时间、调查日期：均采用年月日格式，如 20160405。

表 10 新选育品种调查表

市　　　　县（市、区）　调查单位：　　　　　　　编号：

中文名			拉丁名	
科　　　属　　　种（品种）			照片编号	
选育单位				
亲本来源				
现栽培地点条件	地理位置	海拔（m）　　坡向　　坡度		
	气候	年均温　℃；年均降水量　mm；年均蒸发量　mm；无霜期　天		
	土壤	土壤类型：　　厚度　　cm； pH 值　　；肥力：①肥沃　②中等　③贫瘠		
选育方式			树龄	
主要试验地区				
试验面积（亩）			鉴定（验收）时间	
提供品种单位				
生长性状	平均树高　　m；平均枝下高　　m；平均胸径　　cm			
	冠幅：东西　　m；南北　　m			
生长状况	生长势：①旺盛；②一般；③较差；④濒死			
	开花（结实）状况：①多；②正常；③很少；④无；⑤其他			
果实状况	形状：　　颜色：　　品质：			
观赏价值	①观果；②观叶；③观花；④其他			
适应性评价	抗寒性：①强 ②中 ③弱；抗旱性：①强 ②中 ③弱； 抗病性：①强 ②中 ③弱；抗盐碱性：①强 ②中 ③弱 抗虫性：①强 ②中 ③弱；			
繁殖方法	①种子繁殖；②扦插繁殖；③嫁接繁殖；④组培；⑤其他			
突出优点				
存在问题				
用途				

调查人：__________；调查日期：__________；审核人：__________

表 10 填写说明

1. 本表用于新选育、试验阶段基本结束或已经通过技术鉴定，尚未审定和推广的树种品种。
2. 用途：材用、生态、观赏、化工原料、药用、食用等。
3. 编号：以市（2 位）+县（2 位）+小组（2 位）+顺序号（4 位）共 10 位数组成。
4. 土壤类型：按土类填写，如黄棕壤、黄褐土、棕壤、褐土、潮土、砂姜黑土、山地草甸土、沼泽土、盐碱土、水稻土、红黏土、新积土、风沙土、火山灰土、紫色土、石质土、粗骨土。
5. 鉴定（验收）时间、调查时间：均采用年月日格式，如 20160405。

表 11　收集保存林木种质资源调查表

市　　　县（市、区）　调查单位：　　　　　编号：

种质名称		种名		种拉丁名			
属中文名		属拉丁名		科中文名		科拉丁名	
树种类别	□国家Ⅰ级重点保护植物 □国家Ⅱ级重点保护植物 □省级重点保护植物 □我国特有树种 □国外引进树种 □其他树种						
生活型	○乔木 ○灌木 ○竹类 ○藤本 ○其他		常绿性	○常绿 ○落叶 ○半常绿			
保存方式	○原地保存 ○异地保存 ○设施保存 ○未保存		保存场所	○种子园 ○采穗圃 ○母树林 ○采种林 ○试验林 ○植物园 ○树木园 ○保存林（圃） ○种子库 ○其他			
资源类型	□群体（种源、林分） □家系 □个体（优树、无性系） □地方品种 □选育品种 □育种材料 □其他						
主要特性	□高产 □优质 □抗病 □抗虫 □抗逆 □高效 □其他						
主要用途	□材用 □食用 □药用 □防护 □观赏 □其他						
生长习性			开花结实特性				
具体用途			观测地点				
特征特性							
更新方式	□有性繁殖（种子繁殖、胎生繁殖） □无性繁殖（根繁、分蘖繁殖等）						
保存地海拔（m）		保存地 GPS	E：		N：		
保存地年均温度（℃）		保存地年均降水量（mm）			土壤类型		
土壤质地		pH 值		结实和产穗情况			
所属单位			种植日期		面积或库容		
繁殖材料	○ 植株 ○ 种子 ○ 营养器官（穗条、块根、根穗、根鞭等） ○ 花粉 ○ 培养物（组培材料） ○ 其他						
图像编号							

调查人：__________；调查日期：__________；审核人：__________

表 11 填写说明

1. 种质名称：每份林木种质资源的中文名称。示例：杉木融水种源、毛白杨 001 无性系、金枝槐等。

2. 种中文名：种质资源在植物分类学上的中文种名或亚种名。统一选用《中国树木志》及其所采用郑万钧分类系统和哈钦松分类系统的种名（下同）。示例：油松。

3. 种拉丁名：种质资源在植物分类学上的拉丁文。示例：*Pinus tabuliformis*，外业阶段可不填。

4. 属中文名：种质资源在植物分类学上的中文属名。示例：松属。

5. 属拉丁名：种质资源在植物分类学上的拉丁文属名。示例：*Pinus*，外业阶段可不填。

6. 科中文名：种质资源在植物分类学上的中文科名。示例：松科。

7. 科拉丁名：种质资源在植物分类学上的拉丁文科名。示例：Pinaceae，外业阶段可不填。

8. 树种类别：根据树种属性选填，打"√"表示，可多选。

9. 保存场所：收集保存的林木种质资源根据保存场所选填，其他类资源不填。打"√"表示，单选。

10. 生活型：选择乔木、灌木、竹类、藤木、其他填写，打"√"，单选。

11. 常绿性：选择常绿、落叶、半常绿填写，打"√"，单选。

12. 保存方式：林木种质资源保存的方式。包括原地保存、异地保存、设施保存和未保存等。根据其具体方式选择一种，打"√"。

13. 资源类型：分为群体（种源、林分）、家系、个体（优树）、地方品种、选育品种（指经过审定或认定的良种，新品种）、育种材料（指未经审定的可作为育种原始材料使用和储备的种质资源，包括优良林分、优树、半同胞家系、全同胞家系、杂交后代、无性系等），其他按实际情况选填，打"√"，可多选。

14. 主要特性：选择高产、优质、抗病、抗虫、抗逆、高效、其他填写，打"√"，可多选。

15. 主要用途：选择材用、食用、药用、防护、观赏、其他填写，打"√"，可多选。

16. 生长习性：描述林木在长期自然选择中表现的生长、适应或喜好。如落叶乔木、直立生长、喜光、耐盐碱、喜水肥、耐干旱等。

17. 开花结实特性：林木种质资源开花和结实周期，如 11 ~ 13 年始花期，结实大小年周期 2 ~ 3 年等。

18. 具体用途：林木种质资源的具体用途和价值。如生态防护树种、纸浆材、种子可榨取工业用油、园林绿化等。

19. 观测地点：林木种质资源形态、特征特性观测的地点。

20. 特征特性：林木种质资源可识别或独特性的形态、特性，如叶截形、树体塔形、结实量大等。

21. 更新方式：包括有性繁殖（种子繁殖、胎生繁殖）、无性繁殖（根繁、分蘖繁殖等），可多选。

22. 保存地海拔：林木种质资源保存地的海拔，单位为 m。

23. 保存地 GPS：按照度数记载，保留 4 位小数，如 N36.2522°。

24. 保存地年均温度：林木种质资源保存地的年平均温度，通常用当地最近气象台站的近 30 ~ 50 年的年均温度（℃）。

25. 保存地年均降水量：林木种质资源保存地的年均降水量，通常用最近气象台站的 30 ~ 50 年的年均降水量。

26. 土壤类型：按土类填写，如黄棕壤、黄褐土、棕壤、褐土、潮土、砂姜黑土、山地草甸土、沼泽土、盐碱土、水稻土、红黏土、新积土、风沙土、火山灰土、紫色土、石质土、粗骨土。

27. 土壤质地：轻壤土、中壤土、沙土、黏土、重壤土。

28. 土壤酸碱度：pH 值或 pH 值区间。pH 值区间用 pH a.0 ~pH b.0 表示。

29. 结实和产穗情况：填写种子园、采种林的结实情况，采穗圃资源的产穗情况，其他可不填。

30. 面积或库容：种子库填写库容（m^3），其他均填写面积（m^2）。

31. 所属单位：林木种质资源的所有权单位名称。

32. 种植日期：种植林木种质资源的日期，采用年月日格式，如 20160405。

33. 繁殖材料：林木种质资源的繁殖材料类型。包括：①植株；②种子；③营养器官（穗条、块根、根穗、根鞭等);④花粉;⑤培养物(组培材料);⑥其他。根据其具体类型选择,打“√”,单选。

34. 图像编号:该份资源对应图片的文件名。

35. 调查日期:采用年月日格式,如20160405。

表12　凭证标本采集记录表

编号:

<table>
<tr><td colspan="7">县　　　　乡　　　　　　　村</td><td colspan="2">采集地点</td><td colspan="2"></td></tr>
<tr><td>采集日期</td><td colspan="2"></td><td colspan="2">采集人</td><td colspan="2"></td><td colspan="2">采集份数</td><td colspan="2"></td></tr>
<tr><td>GPS定位</td><td colspan="6">E:　　　　　　N:</td><td colspan="2">海拔(m)</td><td colspan="2"></td></tr>
<tr><td>坡向</td><td colspan="2"></td><td colspan="2">坡度</td><td colspan="2"></td><td colspan="2">坡位</td><td colspan="2"></td></tr>
<tr><td>生活型</td><td colspan="6">○ 乔木 ○ 灌木 ○ 竹类 ○ 藤本 ○ 其他</td><td colspan="2">照片原始编号</td><td colspan="2"></td></tr>
<tr><td>树高(m)</td><td></td><td colspan="2">胸径(cm)</td><td></td><td>冠幅(m)</td><td colspan="3"></td><td>树龄(年)</td><td></td></tr>
<tr><td>花</td><td colspan="4"></td><td>果</td><td colspan="5"></td></tr>
<tr><td>叶(枝)</td><td colspan="4"></td><td>芽</td><td colspan="5"></td></tr>
<tr><td>其他说明</td><td colspan="10"></td></tr>
<tr><td>暂定植物名称</td><td colspan="10"></td></tr>
<tr><td colspan="11">鉴定结果</td></tr>
<tr><td>科名</td><td colspan="2"></td><td colspan="2">属名</td><td colspan="2"></td><td>种名</td><td colspan="3"></td></tr>
<tr><td>学名</td><td colspan="10"></td></tr>
</table>

表12填写说明

1. 编号:外业调查阶段由各调查单位自行编号,汇总后由技术组负责统一编号。

2. 县、乡、村:填写县级行政区域的全称。

3. 采集地点:填写采集的具体地点,如×××乡×××村,×××林场等。

4. 采集日期:采用年月日格式,例如20160405。

5. 采集人:填写采集填表人员的姓名。

6. 采集份数:按同号标本采集的实际份数填写。

7. GPS定位:按照度数记载,保留4位小数,如N36.2522°。

8. 海拔:林木种质资源原产地的海拔,单位为m。

9. 坡向:分为东、西、南、北、东南、东北、西南、西北、无。

10. 坡度:可采用测高仪实测,单位为“°”。

11. 坡位:分为山脊、上坡、中坡、下坡、山谷、平地。

12. 生活型:分为乔木、灌木、竹类、藤本、其他5类,选填。

13. 照片原始编号:每张照片都按照相同的规则编号。

14. 树高:用测高仪(或激光测距测高仪)实测,精确至0.1 m。

15. 胸径:使用皮尺测量,乔木量胸围,灌木、藤本量地围,单位为 cm,精确到整数。

16. 冠幅:使用皮尺分东西、南北两个方向量测,以树冠垂直投影确定冠幅宽度,然后计算两个方向宽度的算数平均数,单位为 m,精确到小数点后 1 位。

17. 树龄:估测树木的生长年龄。

18. 花:描述观测到的花的形态特征。

19. 果:描述观测到的果的形态特征。

20. 叶(枝):描述观测到的叶(枝)的形态特征。

21. 芽:描述观测到的芽的形态特征。

22. 其他说明:记录有利用鉴定植物的其他特征,如特殊的气味、汁液等。

23. 暂定植物名称:调查者初步判定的植物名称。

24. 科名:种质资源在植物分类学上的中文科名。

25. 属名:种质资源在植物分类学上的中文属名。

26. 种名:种质资源在植物分类学上的中文种名或亚种名。

27. 学名:该树种的拉丁名,包括属名和种名,如毛白杨的拉丁名 *Populus tomentosa*。

表 13　线路调查树种记载表

地点:________县(区)________乡(镇)________村 ________编号________

GPS 定位:E ________________ N ________________

序号	种质名称	数量(株)	面积(亩)	分布方式	备注
附记					

注:1. 注明 GPS 定位点在村庄的方位;2. 种质名称知道品种的填到品种;3. 分布方式:①集中分布,②片状分布,③散生,④零星分布;4. 数量和面积只填其一:其中散生木、零星分布的树种和面积在 5 亩以下的片状分布的树木填株数;面积在 5 亩以上的片状分布树木填面积。

调查日期:__________　调查人:__________　审核人:__________

附录 A

××××(市、县、区)林木种质资源普查报告

(参考提纲)

第一章 基本情况

一、自然条件:如地理位置、地质地貌、气候、植被与野生动植物、土壤。

二、社会经济条件:如社会经济基本情况、基础设施。

三、调查概况:汇总现状主要指标,以便了解总体概貌。

第二章 调查工作简介

调查用图准备、组织准备、调查技术资料、用具与文具准备、宣传发动与技术培训、室内区划与外业调查、外业辅导与质量检查验收、统计汇总与成果报告编制、成果评审验收等工作过程的起止时间、具体做法。

第三章 资源现状

一、野生林木种质资源

二、栽培利用林木种质资源

三、重点保护和珍稀濒危树种与古树名木资源

四、新引进和新选育林木种质资源

五、已收集保存的林木种质资源

六、优良林分和优株选择情况

第四章 综合分析

总体情况比较,突出优势、特色;对本市、县(市、区)的林木种质资源收集、保存和利用现状、利用潜力进行客观分析和综合评价。

第五章 建议

一、原地与异地保护总体设想。

二、重点树种种质利用计划设想。

附录 B(资料性附录)

环境因子分类标准

1. 地形因子

1.1 地貌 按大地形确定所在的地貌,分为中山、低山、丘陵、平原几大类。

(1)中山:海拔为 1 000 ~3 499 m 的山地。

(2)低山:海拔 <1 000 m 的山地。

(3)丘陵:没有明显的脉络,坡度较缓和,且相对高差小于 100 m。

(4)平原:平坦开阔,起伏很小。

1.2 坡向　地面朝向,分为9个坡向。

(1)北坡:方位角338°~360°,0°~22°;

(2)东北坡:方位角23°~ 67°;

(3)东坡:方位角68°~112°;

(4)东南坡:方位角113°~157°;

(5)南坡:方位角158°~202°;

(6)西南坡:方位角203°~247°;

(7)西坡:方位角248°~292°;

(8)西北坡:方位角293°~337°;

(9)无坡向:坡度<5°的地段。

1.3 坡位　分脊、上、中、下、谷、平地6个坡位。

(1)脊部:山脉的分水线及其两侧各下降垂直高度15 m的范围。

(2)上坡:从脊部以下至山谷范围内的山坡三等分后的最上等分部位。

(3)中坡:三等分的中坡位。

(4)下坡:三等分的下坡位。

(5)山谷(或山洼):汇水线两侧的谷地,若处于其他部位中出现的局部山洼,也应按山谷记载。

(6)平地:处在平原和台地上的部位。

1.4 坡度　Ⅰ级为平坡<5°;Ⅱ级为缓坡5°~14°;Ⅲ级为斜坡15°~24°;Ⅳ级为陡坡25°~34°;Ⅴ级为急坡35°~44°;Ⅵ级为险坡45°以上。

2. 土壤类型

土壤类型根据《河南土壤》(中国农业出版社)和《河南省森林资源规划设计调查技术操作细则》,河南省土壤类型分为7个土纲、17个土类。附表中只调查记载土类。河南省土壤类型及分布如下:

(1)黄棕壤:主要分布在伏牛山南坡与大别山、桐柏山海拔1 300 m以下的山地。

(2)黄褐土:主要分布在沙河干流以南,伏牛山、桐柏山、大别山海拔500 m以下的低丘、缓岗及阶地上。

(3)棕壤:主要分布在豫西北部的太行山区与豫西伏牛山区800~1 000 m以上的中山,以及豫南大别山、桐柏山地1 000 m以上。从垂直带谱看,伏北和太行山下部与褐土相连,伏南和大别桐柏山地下部与黄棕壤相连,其上部往往与山地草甸土相接。

(4)褐土:主要分布在伏牛山主脉与沙河、汾泉河一线以北、京广线以西的广大地区。

(5)潮土:主要分布在河南省东部黄、淮、海冲积平原,西以京广线为界与褐土相连,另外淮河干流以南,唐、白河,伊、洛河,沁、漭河诸河流沿岸及沙河、颍河上游多呈带状小面积分布。

(6)砂姜黑土:主要分布在伏牛山、桐柏山的东部,大别山北部的淮北平原的低洼地区及南阳盆地中南部。

(7)山地草甸土:多分布在1 500~2 500 m的中山平缓山顶,位于棕壤之上。

(8)沼泽土:主要分布在太行山东侧山前交接洼地的蝶形洼地中。

(9)盐碱土:盐碱土与盐土、碱土插花分布,主要分布在豫东、豫东北黄河、卫河沿岸冲积平原上的二坡地和一些槽形、蝶形洼地的老盐碱地上。

(10)水稻土:集中分布在淮南地区,豫西伏牛山区及豫北太行山区较大河流沿岸、峡谷、盆地及山前交接洼地,凡有水资源可灌溉者均有水稻土分布,但较零星。

(11)红黏土:主要分布在京广线以西。

(12)新积土:主要分布在河流两侧的新滩地上,经常被河流涨水时所淹没,新积土在任何气候下均可出现,故河南省各地均有分布。

(13)风沙土:主要分布在黄河历代变迁的故道滩地,由主流携带的沙质沉积物再经风力搬运而形成的,在豫北、豫东黄河故道均有分布。

(14)火山灰土:主要分布在豫西熊耳山与外方山的余脉和太行山东侧余脉低山丘陵地区。

(15)紫色土:集中分布在伏牛山南侧的低山丘陵,呈狭长的带状。

(16)石质土:在大别山、桐柏山、伏牛山等地区,可见到的无植被防护或生长稀疏植被的薄层山丘土壤。石质土多分布于母质坚实度大、山坡陡峻的花岗岩、板岩、硅质砂岩、石灰岩地区。

(17)粗骨土:在大别山、桐柏山、伏牛山等地区,可见到的无植被防护或生长稀疏植被的薄层山丘土壤。粗骨土则多分布于坡度稍缓、母质松软易碎、硬度较小的页岩、千枚岩地区。表层以岩石碎片为主。

附录 C(资料性附录)

优良林分标准及选择方法

1. 优良林分定义

在同等立地下,与其他同龄林分相比,在速生、优质、抗性等方面居于前列,通过自然稀疏或疏伐,优良木可占绝对优势,能完全排除劣等木和大部分中等木的林分。

本定义中,林分是指内部结构特征基本相同,而与周围森林有明显区别的一片森林区段。优良木是指在林分内生长健壮、干形良好、结实正常,在同龄的林木中树高直径明显大于林分平均值的树木;劣等木是指在林分内生长不良、品质低劣、感染病虫害较重,在同龄的林木中树高直径明显小于林分平均值的树木;在林分中介于优良木和劣等木之间的树木为中等木。

2. 优良林分标准

(1)林分标准。

1)处于结实盛期或进入结实期的林分;

2)同龄林或相差 2 个龄级以内的异龄林(生长慢、寿命长的树种 20 年一个龄级;如云杉、冷衫、红松、樟、栎等;生长和寿命中庸的树种 10 年一个龄级,如桦木、槭树、油松、马尾松和落叶松等;速生树种和无性更新的软阔叶树种 5 年一个龄级,如杨、柳、杉木、桉树等);

3)没有经过人为破坏或未进行上层疏伐的林分；

4)林木生长整齐、生长量及其他经济性状明显优良；

5)密度适宜，郁闭度不低于0.6；

6) 林分中优良母树株数占20%以上；

7)无病虫害感染；

8)林分为实生起源的天然林或种源清楚的人工林。

(2)地点条件。

1)该树种的优良种源区或适宜种源区；

2)该树种集中分布区或原定采种区，气候生态和土壤条件与用种区相同或相近；

3)地形较平缓、背阴向阳，有利于树木结实和采种；

4)交通方便、面积相对集中。主要造林树种面积在2 hm^2 以上，其他优良针、阔叶林面积在0.5 hm^2 以上，便于管理、保护和今后的种实采集；

5)原则上在国有林场(所、圃)和基础较好的集体林场内选择。

3. 优良林分选择

(1)确定典型调查林分。

根据本次普查操作规程及相关标准，充分利用现有资料(森林资源调查、规划设计等图片资料)进行座谈走访，深入实地调查，对在林分中组成占二成以上的树种进行普查登记，其中组成占五成以上的树种视为该树种在该区域为集中分布。在普查登记、调查走访或进行线路踏查的基础上，根据优良林分标准进行选择，记录其位置、范围、面积，作为优良林分的候选林分。

(2)典型林分调查。

在候选林分中有代表性的地段内设置实测样方进行典型林分各项因子调查。样方形状为正方形，面积为400 m^2。设置数量依据操作规程要求确定。样方要进行每木调查，实测胸径，目测树干通直圆满度、树皮厚度、冠形宽窄完整情况、侧枝粗细和健康状况；对样方内的标准木实测树高、枝下高、冠幅等因子，一般不少于20 株。同时调查林分面积、地形、树种起源、林龄级、郁闭度等，数据填入调查表。

在与候选林分立地条件相似，树种、林龄与候选林分相同，株行距、经营措施与候选林分相近的林分中，选取典型地段设置对照样方，按上项要求测定平均胸径、树高。填写调查表，并在调查表右上角注明“×号样方 ck”字样。对照林分也可以利用现有调查资料。

(3)母树评级。

样方调查结束进行母树评级。母树是生长旺盛、发育良好、树干通直、结实丰富、未感染病虫害并且专供采种的的树木。在同龄林中树高大于林分平均值5%以上，胸径大于林分平均值10%以上。

针叶树母树应具备以下条件：

1)生长迅速、体形高大，单株材积大于同龄、同地位级林分平均单株材积的15%以上；

2)树干通直圆满，木材纹理通直；

3)冠幅较窄，冠型匀整，侧枝较细；

4）无病虫害，无机械损伤，无大的死节和枯枝；

5）能正常结实。

（4）确定优良林分。

1）将候选林分与对照样方进行比较，凡平均胸径大于10%以上，平均树高大于5%以上者，可确定为该树种的优良林分；或者两样方林木生长量相近，但具有某种优良性状的也可划为优良林分。

2）Ⅰ级母树占林分目的树种总株数20%以上，Ⅱ级母树占70%以上，经改造后Ⅰ级母树占保留母树的70%以上，幼林经改造后基本上为Ⅰ级母树的候选林分确定为优良林分。

3）在天然林中，可以通过对林分郁闭度、根系、腐殖质厚度等因子的观测，选择林木与下层植物生存比较稳定、生态环境相对平衡的林分，确定为优质生态林分。

（5）精度要求。

林分起源清楚，种源清楚，测定数据正确，描述恰当，利用等级确定合理。

4. 确定优良林分应注意的事项

（1）无性起源的林分不进行优良林分调查。

（2）林分内个别单株优良性状显著的可进行优良单株或优良类型调查。但属于通过人为营林措施的改善而生长优良的林分一般不宜选择为优良林分。

（3）在踏查或调查中发现有价值的珍稀濒危树种集中分布达到0.1 hm^2的小面积林分，可随时设置样方进行调查，记载立地因子，每木调查胸径、树高、枝下高，计算每公顷株数，估计结实量，折算总株数和总结实量。

（4）在以阔叶树为主的混交林内设置样方时，样方内目的树种应不少于30株。

（5）优良林分的选择，还可请熟悉情况的老护林员和老职工拟定一条贯穿全林的踏查路线，对调查因子进行目测，或者通过条状机械抽样检尺的办法进行调查；对生长量大、树干通直、形质优异的林分可设置样方，在一般林分设对照样方进行调查；也可利用现已有的全林分的平均值作为对照，在林龄、立地、疏密度、管理措施等因子基本相近的情况下，选择那些生长量大、形质优异的林分，作为优良林分进行调查。

（6）对连片林相整齐的优良林分，可以拍摄全景照片。

附录D（资料性附录）

优良单株选择常用方法

1. 优势木对比法

优势木对比法又称三株优势木对比法或五株优势木对比法，以候选优树为中心，在立地条件相对一致的10～15 m半径范围内（其中包括30株以上的树木），选出仅次于候选优树的3～5株优势木，实测候选优树和优势木的树高、胸径，并计算材积，求出优势木各项指标的平均值，与候选优树进行比较，若候选优树生长指标超过规定标准即可入选；否则，予以淘汰。该法一般在人工林或年龄结构较一致的天然林中使用，多用于林分内选优

树。(填写附表1)

附表1　候选优树与对比树生长量对比记录表

项目		胸径(cm)	树高(m)	单株材积(m^3)	对比结果	
					优树 > 对比树	
优树					胸径	%
对比树	1				树高	%
	2				材积	%
	3				优树年平均生长量	
	4				胸径	cm
	5				树高	m
平均					材积	m^3

2. **小样地法**

以候选树为中心的一定范围内(如500 m^2),规划包括40～60株林木的林地作为小样地,把候选树与小样地内的林木按优树标准项目逐项观测评定,当候选树达到样地林木平均值规定标准时定为优树。

3. **丰产树比较法**

以候选优树为中心,在树龄、立地条件和抚育管理措施等一致条件下,在10～15 m半径范围内,选择3株仅次于候选优树的结果量多、品质好、无病虫害的对比树,测量其单株产量,若候选优树单株产量高于对比树单株平均产量30%以上的,可选为优树。此法主要应用于经济林树种选择优良单株,优良类型和优良品系。(填写附表2)

附表2　候选优树及丰产树对比记录表

项目		树高(m)	胸/地径(cm)	冠幅(m)	目的产物产量(kg)	出籽率(%)	含油率(%)	平均单果鲜重(g)	病虫害情况	……
优树										
丰产树	1									
	2									
	3									
	平均									
结果比较:优树单株产量 > 丰产树平均产量　　　　%。 其他:										

4. **行道树的选优**

在防护林带和行道树中选优采用此法。以候选优树为中心,在其两侧各测5～10株树木的树高、胸径,计算平均值并与候选优树进行比较,达到标准的定为优树。

5. **散生木的选优**

散生木因不易找对比树，选择时多以形质指标为主，同时考虑并比较其年生长量（测量树高、胸径，并计算材积），确定是否入选。散生木候选优树应是实生起源、树龄 10～30 年生；还应注意其周围（半径 10 m 以内）的立地条件和栽培措施，不应有粪坑、猪圈、河流等特殊优越的土壤水肥环境，其土壤条件应具有一定的代表性。

6. **特异植株的选择**

对于某些具有特异形状，其表现超出正常范围且稳定的树木，可以不受林分起源、分布状况等限制，只要有超常规的特殊表现均可选择。其选择目标有以下 6 点：

（1）抗病虫害。对成灾病虫、专食性害虫、专主寄生病具有明显抗性的单株。

（2）抗逆性强。在同种树种中特别抗盐碱、抗干旱、抗低温、耐瘠薄、耐水湿的单株；抗污染（工业废水、废气、粉尘等）能力特强的植株。

（3）生长性状特异植物。高或径生长特快的植株；大冠树种中树冠狭窄，平顶树中的主干明显者；雌雄异株或同株树种中的相反花型株；无性繁殖困难树种中的易生根株；多籽树种中的无花或无籽株；芽、叶、枝条、花序、花型、花色、果型异常而稳定的植株；矮生、花蜜腺丰富、香味浓郁的植株。

（4）物候异常的植株。比同种树种中发芽、开花、结实、落叶等物候期提前或推后明显，花期特长者。

（5）具有性状变异的植株或芽变。

（6）叶、花、果、木材、树皮、根皮、分泌物、内含物等有特殊利用价值的树木。

附录二　安阳市林木种质资源名录

附表 1　安阳市林木种质资源名录

序号	科	科学名	属	中文名	学名	分类等级
1	银杏科	Ginkgoaceae	银杏属	银杏	*Ginkgo biloba* L.	种
2	松科	Pinaceae	云杉属	云杉	*Picea asperata* Mast.	种
3				白杄	*Picea meyeri* Rehd. et Wils.	种
4				青杄	*Picea wilsonii* Mast.	种
5			落叶松属	落叶松	*Larix principis-rupprechtii* Mayr.	种
6			雪松属	雪松	*Cedrus deodara* (Roxb.) G. Don	种
7			松属	华山松	*Pinus armandii* Franch.	种
8				白皮松	*Pinus bungeana* Zucc.	种
9				油松	*Pinus tabulaeformis* Carr.	种
10				黑松	*Pinus thunbergii* Parl.	种
11				湿地松	*Pinus elliottii* Engelm.	种
12				樟子松	*Pinus sylvestris* var. *mongolica* Litv.	种
13	杉科	Taxodiaceae	杉木属	杉木	*Cunninghamia lanceolata* (Lamb.) Hook.	种
14			落羽杉属	落羽杉	*Taxodium distichum* (L.) Rich.	种
15			水杉属	水杉	*Metasequoia glyptostroboides* Hu & W. C. Cheng	种
16	柏科	Cupressaceae	侧柏属	侧柏	*Platycladus orientalis* (L.) Franco	种
17				千头柏	*Platycladus orientalis* (L.) Franco 'Sieboldii'	种
18			崖柏属	美国侧柏	*Thuja occidentalis* L.	种
19			扁柏属	日本花柏	*Chamaecyparis pisifera* (Sieb. et Zucc.) Endl.	种
20			柏木属	柏木	*Cupressus funebris* Endl.	种
21			圆柏属	北美圆柏	*Sabina virginiana* Ant.	种
22				圆柏	*Sabina chinensis* (L.) Ant.	种

续附表1

序号	科	科学名	属	中文名	学名	分类等级
23	柏科	Cupressaceae	圆柏属	龙柏	*Sabina chinensis* (L.) Ant. cv. Kaizuca	种
24				球桧	*Sabina chinensis* (Linn.) Ant. cv. Globosa	种
25				地柏	*Sabina chinensis* ‘sargentii’	种
26				垂枝圆柏	*Sabina chinensis* (L.) Ant. f. *pendula* (Franch.) Cheng	种
27				蜀桧	*Sabina chinensis* cv. ‘Pyramidalis’	种
28				铺地柏	*Sabina procumbens* (Endl.) Iwata et Kusaka	种
29			刺柏属	欧洲刺柏	*Juniperus communis* L.	种
30				刺柏	*Juniperus formosana* Hayata	种
31	罗汉松科	Podocarpaceae	罗汉松属	罗汉松	*Podocarpus macrophyllus* (Thunb.) D. Don	种
32	三尖杉科	Cephalotaxaceae	三尖杉属	中国粗榧	*Cephalotaxus sinensis* (Rehd. et Wils.) Li	种
33	红豆杉科	Taxaceae	红豆杉属	红豆杉	*Taxus chiuensis* Rehd.	种
34				南方红豆杉	*Taxus chiuensis* Rehd. var. *mairei* (Lemee et Levl.) Cheng et L. K. Fu	种
35	杨柳科	Salicaceae	杨属	银白杨	*Populus alba* L.	种
36				新疆杨	*Populus alba* L. var. *pyramidalis* Bge.	种
37				河北杨	*Populus hopeiensis* Hu et Chow	种
38				毛白杨	*Populus tomentosa* Carr.	种
39				北林雄株1号	*Populus* ‘Beilinxiongzhu 1’	品种
40				‘黄淮1号’杨	*Populus deltoides* ‘Huanghuai No. 1’	品种
41				‘黄淮2号’杨	*Populus deltoides* ‘Huanghuai No. 2’	品种
42				毛白杨30号	*Populus tomentosa* Carr. cv.	品种
43				毛白杨 CFG1012	*Populus tomentosa* Carr. cv.	品种
44				毛白杨 CFG34	*Populus tomentosa* Carr. cv.	品种
45				毛白杨 CFG37	*Populus tomentosa* Carr. cv.	品种
46				毛白杨 CFG9832	*Populus tomentosa* Carr. cv.	品种
47				毛白杨 CFG0301	*Populus tomentosa* Carr. cv.	品种

续附表 1

序号	科	科学名	属	中文名	学名	分类等级
48	杨柳科	Salicaceae	杨属	‘小叶 1 号’毛白杨	*Populus tomentosa* Carr. cv.	品种
49				‘中豫 2 号’杨	*Populus deltoides* ‘Zhongyu No. 2’	品种
50				山杨	*Populus davidiana* Dode	种
51				大叶杨	*Populus lasiocarpa* Oliv.	种
52				小叶杨	*Populus simonii* Carr.	种
53				垂枝小叶杨	*Populus simonii* Carr. f. *pendula* Schneid	种
54				菱叶小叶杨	*Populus simonii* Carr. f. *rhombifolia* (Kitag.) C.	种
55				欧洲大叶杨	*Populus candicans* Ait.	种
56				青杨	*Populus cathayana* Rehd.	种
57				黑杨	*Populus nigra* L.	种
58				钻天杨	*Populus nigra* var. *italica* (Moench) Koehne	种
59				加杨	*Populus* × *canadensis* Moench	种
60				北杨	*Populus* × *beijingensis* W. Y. Hsu	品种
61				欧美杨 107 号	*Populus* × *euramericana* ‘Neva’	品种
62				欧美杨 108 号	*Populus* × *euramericana* ‘Guariento’	品种
63				欧美杨 2012	*Populus* × *canadensis* Moench	品种
64				沙兰杨	*Populus* × *canadensis* ‘Sacrau 79’	种
65				大叶钻天杨	*Populus monilifera* Ait.	种
66			柳属	腺柳	*Salix chaenomeloides* Kimura	种
67				腺叶腺柳	*Salix chaenomeloides* var. *glandulifolia*	种
68				旱柳	*Salix matsudana* Koidz.	种
69				‘豫新’柳	*Salix matsudana* ‘Yuxin’	品种
70				龙爪柳	*Salix matsudana* f. *tortusa* (Vilm.) Rehd.	种
71				馒头柳	*Salix matsudana* f. *umbraculifera* Rehd.	种
72				垂柳	*Salix babylonica* L.	种
73				小叶柳	*Salix hypoleuca* Seemen	种

续附表1

序号	科	科学名	属	中文名	学名	分类等级
74	杨柳科	Salicaceae	柳属	中华柳	*Salix cathayana* Diels	种
75				中国黄花柳	*Salix sinica* (Hao) C. Wang et C. F. Fang—S. caprea L. var. *sinica* Hao	种
76				红皮柳	*Salix sino-purpurea* C. Wang et Ch. Y. Yang.	种
77	胡桃科	Juglandaceae	化香树属	化香树	*Platycarya strobilacea* Sieb. et Zucc.	种
78			枫杨属	枫杨	*Pterocarya stenoptera* DC.	种
79			胡桃属	胡桃	*Juglans regia* L.	种
80				‘薄丰’核桃	*Juglans regia* ‘Bo Feng’	品种
81				‘辽核4号’核桃	*Juglans regia* L. cv.	品种
82				‘辽宁1号’核桃	*Juglans regia* L. cv.	品种
83				‘辽宁7号’核桃	*Juglans regia* ‘Liao Ning 7’	品种
84				‘宁林1号’核桃	*Juglans regia* ‘Ning Lin 1’	品种
85				‘清香’核桃	*Juglans regia* ‘Qing Xiang’	品种
86				西扶	*Juglans regia* L. cv.	品种
87				‘香玲’核桃	*Juglans regia* ‘Xiang Ling’	品种
88				新疆薄壳核桃	*Juglans regia* L. cv.	品种
89				‘豫丰’核桃	*Juglans regia* L. cv.	品种
90				元丰	*Juglans regia* L. cv.	品种
91				‘中核4号’核桃	*Juglans regia* L. cv.	品种
92				‘中核短枝’核桃	*Juglans regia* ‘Zhong He Duan Zhi’	品种
93				‘中林1号’核桃	*Juglans regia* L. cv.	品种
94				‘中宁奇’核桃	*Juglans* ‘Zhongningqi’	品种
95				野胡桃	*Juglans cathayensis* Dode	种
96				胡桃楸	*Juglans mandshurica* Maxim.	种
97			山核桃属	美国山核桃	*Carya illinoensis* (Wangenh.) K. Koch.	种
98				山核桃	*Carya cathayensis* Sarg.	种

续附表 1

序号	科	科学名	属	中文名	学名	分类等级
99	胡桃科	Juglandaceae	山核桃属	‘中豫长山核桃Ⅱ号’美国山核桃	*Carya illinoensis* ‘Zhongyu Ⅱ’	品种
100				黑核桃	*Juglans* spp.	种
101	桦木科	Betulaceae	桦木属	白桦	*Betula platyphylla* Suk.	种
102				豫白桦	*Betula honanensis*	种
103				坚桦	*Betula chinensis* Maxim.	种
104				糙皮桦	*Betula utilis* D. Don	种
105				红桦	*Betula albo-sinensis* Burk.	种
106			桤木属	桤木	*Alnus cremastogyne* Burk.	种
107			榛属	刺榛	*Corylus ferox* var. *thibetica*	种
108				榛	*Corylus heterophylla* Fisch. ex Trautv.	种
109				角榛	*Corylus mandshurica*	种
110			鹅耳枥属	千金榆	*Carpinus cordata* Bl.	种
111				川鄂鹅耳枥	*Carpinus hupeana* Hu var. *henryana*（H. Winkl.）P. C. Li	种
112				鹅耳枥	*Carpinus turczaninowii* Hance	种
113				小叶鹅耳枥	*Carpinus turczaninowii* var. *stipulata*（Winkl.）H. Winkl	种
114				河南鹅耳枥	*Carpinus funiushanensis*	种
115			虎榛属	虎榛	*Ostryopsis davidiana* Decne.	种
116	壳斗科	Fagaceae	栗属	板栗	*Castanea mollissima* Bl.	种
117				茅栗	*Castanea seguinii* Dode	种
118			栎属	栓皮栎	*Quercus variabilis* Bl.	种
119				麻栎	*Quercus acutissima* Carr.	种
120				短柄枹树	*Quercus glandulifera* var. *brevipetiolata*（DC.）Nakai	种
121				槲栎	*Quercus aliena* Bl.	种
122				锐齿栎	*Quercus aliena* Bl. var. *acuteserrata* Maxim.	种
123				槲树	*Quercus dentata* Thunb.	种

续附表 1

序号	科	科学名	属	中文名	学名	分类等级
124	壳斗科	Fagaceae	栎属	蒙古栎	*Quercus mongolica* Fisch. ex Turcz.	种
125				辽东栎	*Quercus liaotungensis* Koidz.	种
126				橿子栎	*Quercus baronii* Skan	种
127	榆科	Ulmaceae	榆属	大果榆	*Ulmus macrocarpa* Hance	种
128				脱皮榆	*Ulmus iamellosa* T. Wang et S. L. Chang	种
129				太行榆	*Ulmus taihangshanensis* S. Y. Wang	种
130				裂叶榆	*Ulmus laciniata* (Trautv.) Mayr.	种
131				榆树	*Ulmus pumila* L.	种
132				‘豫杂 5 号’白榆	*Ulmus pumila* ‘Yuza No. 5’	品种
133				龙爪榆	*Ulmus pumila* ‘Pendula’	种
134				垂枝榆	*Ulmus pumila* ‘Tenue’	种
135				中华金叶榆	*Ulmus pumila* ‘Jinye’	种
136				黑榆	*Ulmus davidiana* Planch.	种
137				春榆	*Ulmus propinqua* var. *japonica* (Rehd.) Nakai.	种
138				旱榆	*Ulmus glaucescens* Franch.	种
139				榔榆	*Ulmus parvifolia* Jacq.	种
140				圆冠榆	*Ulmus densa* Litw.	种
141			刺榆属	刺榆	*Hemiptelea davidii* (Hance) Planch.	种
142			榉属	榉树	*Zefkova sefineideriana* Hand. -Mazz.	种
143				大果榉	*Zelkova sinica* Schneid.	种
144			朴属	大叶朴	*Celtis koraiensis* Nakai	种
145				毛叶朴	*Celtis pubesces* S. Y. Wang et C. L. Chang	种
146				小叶朴	*Celtis bungeana* Bl.	种
147				紫弹树	*Celtis biondii* Pamp.	种
148				朴树	*Ceitis sinensis* Pers. (Celtis tetrandra Roxb. Ssp. sinensis (Pers.) Y. C. Tang)	种

续附表 1

序号	科	科学名	属	中文名	学名	分类等级
149	榆科	Ulmaceae	朴属	黄果朴	*Celtis labilis* Schneid.	种
150			青檀属	青檀	*Pteroceltis tatarinowii* Maxim.	种
151	桑科	Moraceae	桑属	华桑	*Morus cathayana* Hemsl.	种
152				桑	*Morus alba* L.	种
153				白桑	*Morus alba* L. cv.	品种
154				白玉王	*Morus alba* L. cv.	品种
155				大黑桑	*Morus alba* L. cv.	品种
156				大红皮桑	*Morus alba* L. cv.	品种
157				红果 1 号	*Morus alba* L. cv.	品种
158				花桑	*Morus alba* ‘Laciniata ’	品种
159				鸡桑	*Morus australis* Poir.	品种
160				江椹 10 号	*Morus alba* L. cv.	品种
161				桑树新品种 7946	*Morus alba* L. cv.	品种
162				无籽大 10	*Morus alba* L. cv.	品种
163				垂枝桑	*Morus alba* cv. ‘Pendula’	种
164				花叶桑	*Morus alba* ‘Laciniata’	种
165				鲁桑	*Morus alba* cv. ‘Muhicaulis’	种
166				蒙桑	*Morus mongolica* (Bur.) Schneid.	种
167				山桑	*Morus mongolica* var. *diabolica* Koidz.	种
168				鸡桑	*Morus australis* Poir.	种
169			构属	构树	*Broussonetia papyrifera* (L.) L’Hérit. ex Vent.	种
170				‘红皮’构树	*Broussonetia papyrifera* ‘Hongpi’	品种
171				‘花皮’构树	*Broussonetia papyrifera* ‘Huapi’	品种
172				‘金蝴蝶’构树	*Broussonetia papyrifera* ‘Jinhudie’	品种
173				‘饲料’构树	*Broussonetia papyrifera* ‘Siliao’	品种
174				花叶构树	*Broussonetia papyrifera* ‘Variegata’	种

续附表1

序号	科	科学名	属	中文名	学名	分类等级
175	桑科	Moraceae	构属	小构树	*Broussonetia kazinoki*	种
176			榕属	无花果	*Ficus carica* L.	种
177				沙漠王(大鸭梨青皮)	*Ficus carica* L. cv.	品种
178				异叶榕	*Ficus heteromorpha* Hemsl.	种
179			柘树属	柘树	*Cudrania tricuspidata* (Carr.) Bureau ex Lavall.	种
180	桑寄生科	Loranthaceae	栎寄生属	欧洲栎寄	*Hyphear europaeum* Dans.	种
181			桑寄生属	毛桑寄生	*Viscum diospyrosicola* Hayata	种
182	马兜铃科	Aristolochiaceae	马兜铃属	木通马兜铃	*Aristolochia mandshuriensis* Komar.	种
183	领春木科	Eupteleaceae	领春木属	领春木	*Euptelea pleiosperma* Hook. f. et Thoms.	种
184	连香树科	Cercidiphyllaceae	连香树属	连香树	*Cercidiphyllum japonicum* Sieb. et Zucc	种
185	毛茛科	Ranunculaceae	芍药属	牡丹	*Paeonia suffruticosa* Andr.	种
186				凤丹牡丹	*Paeonia suffruticosa* Andr. cv.	品种
187				‘争艳’牡丹	*Paeonia suffruticosa* ‘Zhengyan’	品种
188			铁线莲属	钝齿铁线莲	*Clematis apiifolia* var. *obtusidentata*	种
189				钝萼铁线莲	*Clematis peterae* Hand. -Mazz.	种
190				粗齿铁线莲	*Clematis argentilucida* (Levi. et Vant.) W. T. Wang	种
191				短尾铁线莲	*Clematis brevicaudata* DC.	种
192				威灵仙	*Clematis chinensis* Osbeck	种
193				太行铁线莲	*Clematis kirilowii* Maxim.	种
194				狭裂太行铁线莲	*Clematis kirilowii* Maxim. var. *chanetii* (Lévl.) Hand. -Mazz	种
195				黄花铁线莲	*Clematis intricata* Bunge	种
196				大叶铁线莲	*Clematis heracleifolia* DC.	种
197				长瓣铁线莲	*Clematis macropetala* Ledeb.	种
198	木通科	Lardizabalaceae	木通属	三叶木通	*Akebia trifoliata* (Thunb.) Koidz.	种
199				木通	*Akebia quinata*(Thunb.) Decne.	种

续附表 1

序号	科	科学名	属	中文名	学名	分类等级
200	小檗科	Berberidaceae	小檗属	毛叶小檗	*Berberis brachypoda* Maxim.	种
201				细叶小檗	*Berberis poiretii* Schneid.	种
202				大叶小檗	*Berberis amurensis* Rupr.	种
203				首阳小檗	*Berberis dielsiana* Fedde	种
204				日本小檗	*Berberis thunbergii* DC.	种
205				紫叶小檗	*Berberis thunbergii* var. *atropurpurea* Chenault.	种
206			十大功劳属	阔叶十大功劳	*Mahonia bealei* (Fort.) Carr.	种
207				十大功劳	*Mahonia forunei* (Lindl.) Fedde.	种
208			南天竹属	南天竹	*Nandina domestica* Thunb.	种
209				火焰南天竹	*Nandina domestica* ‘Firepower’	种
210	防己科	Menispermaceae	千金藤属	金钱吊乌龟	*Stephania cepharantha* Hayata	种
211			蝙蝠葛属	蝙蝠葛	*Menispermum dauricum* DC.	种
212			木防己属	木防己	*Cocculus trilobus* (Thunb.) DC.	种
213			防己属	防己	*Stephania tetrandra* S. Moore	种
214	木兰科	Magnoliaceae	木兰属	夜合花	*Magnolia coco* (Lour.) DC.	种
215				荷花玉兰	*Magnolia grandiflora* L.	种
216				望春玉兰	*Magnolia biondii* Pamp.	种
217				‘粉荷’星花玉兰	*Magnolia stellata* ‘Fenhe’	品种
218				桃实望春玉兰	*Magnolia biondii* ‘Ovata’	品种
219				‘宛丰’望春玉兰	*Magnolia biondii* ‘Wanfeng’	品种
220				辛夷	*Magnolia liliflora* Desr.	种
221				玉兰	*Magnolia denudata* Desr.	种
222				‘紫霞’玉兰	*Magnolia liliiflora* ‘Zixia’	品种
223				红玉兰	*Magnolia denudata* Desr.	品种
224				飞黄玉兰	*Magnolia denutata* ‘Feihuang’	种
225				武当玉兰	*Magnolia sprengeri* Pamp.	种

续附表 1

序号	科	科学名	属	中文名	学名	分类等级
226	木兰科	Magnoliaceae	木莲属	木莲	*Manglietia fordiana* Oliv.	种
227			含笑花属	含笑花	*Michelia figo* (*Lour.*) Spreng.	种
228				‘白玉’含笑	*Michelia platypetala* ‘Baiyu’	品种
229				深山含笑	*Michelia maudiae* Dunn	种
230			鹅掌楸属	鹅掌楸	*Liriodendron chinense* Sarg.	种
231				北美鹅掌楸	*Liriodendron tulipifera* Linn.	种
232			八角属	红茴香	*Illicium henryi*	种
233			五味子属	五味子	*Schisandra chinensis* (Turcz.) Baill.	种
234				华中五味子	*Schisandra sphenanthera* Rehd. et Wils.	种
235	蜡梅科	Calycanthaceae	蜡梅属	蜡梅	*Chimonanthus praecox* (L.) Link	种
236				馨口蜡梅	*Chimonanthus praecox* (L.) Link cv.	品种
237				素心蜡梅	*Chimonanthus praecox* ‘Concolor’	种
238			夏蜡梅属	美国蜡梅	*Calycanthus floridus* L.	种
239	虎耳草科	Saxifragaceae	绣球属	圆锥绣球	*Hydrangea paniculata* Sieb.	种
240				东陵绣球	*Hydrangea bretschneideri* Dipp.	种
241			溲疏属	大花溲疏	*Deutzia grandiflora* Bge.	种
242				李叶溲疏	*Deutzia hamata* Koehne	种
243				小花溲疏	*Deutzia parviflora* Bge.	种
244				溲疏	*Deutzia scabra* Thunb	种
245			山梅花属	太平花	*Philadelphus pekinensis* Rupr.	种
246				山梅花	*Philadelphus incanus* Koehne	种
247				毛萼山梅花	*Philadelphus dasycalyx* (Rehd.) S. Y. Hu	种
248			茶藨子属	刺梨	*Ribes burejense* Fr. schmidt	种
249				华茶藨子	*Rihes fasciculaturn* var. *chinense* Maxim.	种
250				尖叶茶藨子	*Ribes maximowiczianum* Kom.	种
251	海桐花科	Pittosporaceae	海桐花属	海桐	*Pittosporum tobira*	种

续附表 1

序号	科	科学名	属	中文名	学名	分类等级
252	金缕梅科	Hamamelidaceae	枫香属	枫香树	*Liquidambar formosana* Hance	种
253				北美枫香	*Liquidambar styraciflua* L.	种
254			木檵属	红花檵木	*Loropetalum chinense* Oliv var. *rubrun* Yieh	种
255			山白树属	山白树	*Sinowilsonia henryi* Hemsl.	种
256			蚊母树属	蚊母树	*Distyllium racemosum* Sieb. et Zucc.	种
257	杜仲科	Eucommiaceae	杜仲属	杜仲	*Eucommia ulmoides* Oliv.	种
258				‘大果 1 号’杜仲	*Eucommia ulmoides* ‘Da Guo 1’	品种
259				‘华仲 1 号’杜仲	*Eucommia ulmoides* ‘Hua Zhong 1’	品种
260	悬铃木科	Platanaceae	悬铃木属	三球悬铃木	*Platanus orientalis* Linn.	种
261				‘少球 1 号’悬铃木	*Platanus acerifolia* ‘Shao Qiu 1’	品种
262				‘少球 2 号’悬铃木	*Platanus acerifolia* ‘Shao Qiu 2’	品种
263				‘少球 3 号’悬铃木	*Platanus acerifolia* ‘Shaoqiu No. 3’	品种
264				一球悬铃木	*Platanus occidentalis* L.	种
265				二球悬铃木	*Platanus orientalis* L.	种
266	蔷薇科	Rosaceae	绣线菊属	华北绣线菊	*Spiraea fritschiana* Schneid.	种
267				耧斗菜叶绣线菊	*Spiraea aquilegifolia* Pall.	种
268				金丝桃叶绣线菊	*Spiraea hypericifolia* L.	种
269				绢毛绣线菊	*Spiraea sericea* Turcz.	种
270				土庄绣线菊	*Spiraea pubescens* Turcz.	种
271				毛花绣线菊	*Spiraea dasyantha* Bunge	种
272				中华绣线菊	*Spiraea chinensis* Maxim.	种
273				麻叶绣线菊	*Spiraea cantoniensis* lour. Fl. Cochinch.	种
274				三裂绣线菊	*Spiraea trilobata* L.	种
275				绣球绣线菊	*Spiraea blumei* G. Don	种
276				中华绣线菊	*Spiraea chinensis* Maxim.	种
277				绣线菊	*Spiraea salicifolia* L.	种

续附表 1

序号	科	科学名	属	中文名	学名	分类等级
278	蔷薇科	Rosaceae	珍珠梅属	珍珠梅	*Sorbaria sorbifolia* (L.) A. Br.	种
279				华北珍珠梅	*Sorbaria kirilowii* (Regel.) Maxim.	种
280			白鹃梅属	白鹃梅	*Exochorda racemosa* (Lindl.) Rehd.	种
281				红柄白鹃梅	*Exochorda giraldii* Hesse.	种
282			栒子属	水栒子	*Cotoneaster multiflorus* Bunge	种
283				毛叶水栒子	*Cotoneaster submuitiflorus* Popov	种
284				平枝栒子	*Cotoneaster horizontalis* Decne.	种
285				黑果栒子	*Cotoneaster melanocarpus* Lodd.	种
286				灰栒子	*Cotoneaster acutifolius* Turcz.	种
287				西北栒子	*Cotoneaster zabelii* Schneid.	种
288			火棘属	全缘火棘	*Pyracantha atalantioides* (Hance) Stapf.	种
289				火棘	*Pyracantha fortuneana* (Maxim.) Yu et Chiang	种
290			山楂属	山楂	*Crataegus pinnatifida* Bunge	种
291				敞口(大红石榴、大敞口、青口、黑头)	*Crataegus pinnatifida* Bunge cv.	品种
292				大红袍	*Crataegus pinnatifida* Bunge cv.	品种
293				大红子	*Crataegus pinnatifida* Bunge cv.	品种
294				大金星	*Crataegus pinnatifida* Bunge cv.	品种
295				大山楂	*Crataegus pinnatifida* Bunge cv.	品种
296				大五楞	*Crataegus pinnatifida* Bunge cv.	品种
297				丹峰	*Crataegus pinnatifida* Bunge cv.	品种
298				短枝金星	*Crataegus pinnatifida* Bunge cv.	品种
299				林县山楂(北楂)	*Crataegus pinnatifida* Bunge cv.	品种
300				双红	*Crataegus pinnatifida* Bunge cv.	品种
301				小糖球	*Crataegus pinnatifida* Bunge cv.	品种
302				山里红	*Crataegus pinnatifida* var. *major* N. E. Brown	种

续附表1

序号	科	科学名	属	中文名	学名	分类等级
303	蔷薇科	Rosaceae	山楂属	野生楂	*Crataegus cuneata* Sieb. et Zucc.	种
304				华中山楂	*Crataegus wilsonii* Sarg.	种
305				橘红山楂	*Crataegus aurantia* Pojark.	种
306			石楠属	贵州石楠	*Photinia Bodinieri*	种
307				石楠	*Photinia serrulata* Lindl.	种
308				光叶石楠	*Photinia glabra* (Thunb.) Maxim.	种
309				小叶石楠	*Photinia parvifolia* (Pritz.) Schneid.	种
310				中华石楠	*Photinia beauverdiana* C. K. Schneid.	种
311				红叶石楠	*Photinia* ×*fraseri* Dress	种
312			枇杷属	枇杷	*Eriobotrya japonica* (Thunb.) Lindl.	种
313			花楸属	水榆花楸	*Sorbus alnifolia* (Sieb. et Zucc.) K. Koch.	种
314				北京花楸	*Sorbus discolor* (Maxim.) Maxim.	种
315				花楸树	*Sorbus pohuashanensis* (Hance) Hedl.	种
316			木瓜属	皱皮木瓜	*Chaenomeles speciosa* (Sweet) Nakai	种
317				毛叶木瓜	*Chaenmeles cathayensis* (Hemsl.) schneid.	种
318				日本木瓜	*Chaenomeles japonica* (Thunb.) Lindl.	种
319				木瓜	*Chaenomeles sinensis* (Thouin) Koehne	种
320				金苹果木瓜	*Chaenomeles sinensis* 'Jin Pingguo'	品种
321				圆香木瓜	*Chaenomeles sinensis* 'Yuanxiang'	品种
322			梨属	栽培西洋梨	*Pyrus communis* var. *sativa*	种
323				木梨	*Cydonia oblonga* Mill.	种
324				太行山梨	*Pyrus taihangshanensis* S. Y. Wang	种
325				豆梨	*Pyrus calleryana* Decne.	种
326				白梨	*Pyrus bretschneideri* Rehd.	种
327				爱宕梨	*Pyrus bretschneideri* Rehd. cv.	品种
328				奥冠红梨	*Pyrus bretschneideri* Rehd. cv.	品种

续附表 1

序号	科	科学名	属	中文名	学名	分类等级
329	蔷薇科	Rosaceae	梨属	巴梨	*Pyrus bretschneideri* Rehd. cv.	品种
330				砀山酥梨	*Pyrus bretschneideri* Rehd. cv.	品种
331				丰水梨	*Pyrus bretschneideri* Rehd. cv.	品种
332				‘红宝石’梨	*Pyrus pyrifolia* ‘Hongbaoshi’	品种
333				‘华山’梨	*Pyrus pyrifolia* ‘Whasan’	品种
334				皇冠梨	*Pyrus bretschneideri* Rehd. cv.	品种
335				黄金梨	*Pyrus bretschneideri* Rehd. cv.	品种
336				库尔勒香梨	*Pyrus bretschneideri* Rehd. cv.	品种
337				七月酥梨	*Pyrus pyrifolia* ‘Qiyuesu’	品种
338				晚秋黄梨	*Pyrus bretschneideri* Rehd. . cv.	品种
339				雪花梨	*Pyrus bretschneideri* Rehd. cv.	品种
340				‘圆黄’梨	*Pyrus pyrifolia* ‘Wonwhang’	品种
341				早红考蜜思梨	*Pyrus bretschneideri* Rehd.	品种
342				早酥梨	*Pyrus bretschneideri* Rehd. cv.	品种
343				‘早酥香’梨	*Pyrus pyrifolia* ‘Zaosuxiang’	品种
344				中华玉梨	*Pyrus bretschneideri* ‘Zhonghuayuli’	品种
345				‘中梨 1 号’	*Pyrus bretschneideri* ‘Zhongli No. 1’	品种
346				‘中梨 2 号’	*Pyrus pyrifolia* ‘Zhongli No. 2’	品种
347				沙梨	*Pyrus pyrifolia* (Burro. f.) Nadai	种
348				杜梨	*Pyrus betulaefolia* Bunge	种
349			苹果属	山荆子	*Malus baccata* (L.) Borkh.	种
350				湖北海棠	*Malus hupehencis* (Pamp.) Rehd.	种
351				垂丝海棠	*Malus haillana* Koehne	种
352				苹果	*Malus pumila* Mill. cv.	种
353				帝国嘎啦	*Malus pumila* Mill. cv.	品种
354				‘富嘎’苹果	*Malus pumila* ‘Fu Ga’	品种

续附表 1

序号	科	科学名	属	中文名	学名	分类等级
355	蔷薇科	Rosaceae	苹果属	‘富华’苹果	*Malus pumila* ‘Fuhua’	品种
356				富士	*Malus pumila* Mill. cv.	品种
357				富士将军	*Malus pumila* Mill. cv.	品种
358				弘前富士	*Malus pumila* Mill. cv.	品种
359				红将军	*Malus pumila* Mill. cv.	品种
360				红露	*Malus pumila* Mill. cv.	品种
361				‘华丹’苹果	*Malus pumila* ‘Huadan’	品种
362				华冠	*Malus pumila* Mill. cv.	品种
363				‘华佳’苹果	*Malus pumila* ‘Huajia’	品种
364				‘华美’苹果	*Malus pumila* ‘Huamei’	品种
365				‘华瑞’苹果	*Malus pumila* ‘Huarui’	品种
366				‘华硕’苹果	*Malus pumila* ‘Huashuo’	品种
367				‘华玉’苹果	*Malus pumila* ‘Huayu’	品种
368				皇家嘎啦	*Malus pumila* Mill. cv.	品种
369				金冠	*Malus pumila* Mill. cv.	品种
370				金帅	*Malus pumila* Mill. cv.	品种
371				‘锦秀红’苹果	*Malus pumila* ‘Jinxiuhong’	品种
372				丽嘎啦	*Malus pumila* Mill. cv.	品种
373				灵宝短富	*Malus pumila* Mill. cv.	品种
374				美国八号	*Malus pumila* Mill. cv.	品种
375				乔纳金	*Malus pumila* Mill. cv.	品种
376				润太一号	*Malus pumila* Mill. cv.	品种
377				藤牧 1 号	*Malus pumila* Mill. cv.	品种
378				新红星	*Malus pumila* Mill. cv.	品种
379				烟富系列	*Malus pumila* Mill. cv.	品种
380				早红苹果	*Malus pumila* ‘Zaohong’	品种

续附表 1

序号	科	科学名	属	中文名	学名	分类等级
381	蔷薇科	Rosaceae	苹果属	花红	*Malus asiatica* Nakai	种
382				楸子	*Malus prunifolia* (Willd.) Borkh.	种
383				海棠花	*Malus spectabilis* (Ait.) Borkh.	种
384				西府海棠	*Malus micromalus* Makino	种
385				河南海棠	*Malus henanensis* Rehd.	种
386				三叶海棠	*Malus sieboidii* (Regel.) Rehd.	种
387				北美海棠	*North American* Begonia	种
388			棣棠花属	棣棠花	*Kerria japonica* (L.) DC.	种
389				重瓣棣棠花	*Kerria japonica* f. *pleniflora* (Witte.) Rehd.	种
390			鸡麻属	鸡麻	*Rhodotypos scandens* (Thunb.) Makino	种
391			悬钩子属	光滑高粱泡	*Rubus lambertianus* var. *glaber*	种
392				三花悬钩子	*Rubus trianthus*	种
393				山莓	*Rubus corchorifolius* L. f.	种
394				牛迭肚	*Rubus crataegifolius* Bunge	种
395				粉枝莓	*Rubus biflorus* Buch. —Ham.	种
396				绵果悬钩子	*Rubus lasiostylus* Focke	种
397				茅莓	*Rubus parvifolius* L.	种
398				覆盆子	*Rubus idaeus* L.	种
399				弓茎悬钩子	*Rubus flosculosus* Focke	种
400			蔷薇属	木香花	*Rosa banksiae* Ait.	种
401				小果蔷薇	*Rosa cymosa*	种
402				香水月季	*Rosa odorata* (Andr.) Sweet.	种
403				月季	*Rosa chinensis* Jacq.	种
404				‘东方之子’月季	*Rosa chinensis* ‘DongFangZhiZi’	品种
405				‘粉扇’月季	*Rosa chinensis* ‘FenShan’	品种
406				‘锦上添花’月季	*Rosa chinensis* ‘Jinshangtianhua’	品种

续附表1

序号	科	科学名	属	中文名	学名	分类等级
407	蔷薇科	Rosaceae	蔷薇属	小月季	*Rosa chinensis* var. *minima*	种
408				紫月季花	*Rosa chinensis* var. *semperflorens*	种
409				野蔷薇	*Rosa multiflora* Thunb.	种
410				粉团蔷薇	*Rosa multiflora* var. *cathayensis*	种
411				七姊妹	*Rosa multiflora*‘Grevillei’	种
412				白玉堂	*Rosa multiflora* var. *albo-plena*	种
413				缫丝花	*Rosa roxburghii* Tratt.	种
414				黄刺玫	*Rosa xanthina* Lindl.	种
415				单瓣黄刺玫	*Rosa xanthina* f. *normalis*	种
416				玫瑰	*Rosa rugosa* Thunb.	种
417				粉红单瓣玫瑰	*Rosa rugosa* f. *rosea*	种
418				紫花重瓣玫瑰	*Rosa rugosa* f. *plena*	种
419				刺梗蔷薇	*Rosa corymbulosa*	种
420				华西蔷薇	*Rosa moyesii* Hemsl. et Wils.	种
421				美蔷薇	*Rosa bella* Rehd. et Wils.	种
422				钝叶蔷薇	*Rosa sertata* Rolfe	种
423			桃属	榆叶梅	*Prunus triloba* Lindl.	种
424				重瓣榆叶梅	*Amygdalus triloba* ‘Multiplex’	种
425				山桃	*Prunus davidiana* (Carr.) Franch	种
426				红花山桃	*Amygdalus davidiana* var. *rubra*	种
427				桃	*Amygdalus persica* L.	种
428				安农水蜜	*Amygdalus persica* L. cv.	品种
429				白凤	*Amygdalus persica* L. cv.	品种
430				北农早艳	*Amygdalus persica* L. cv.	品种
431				仓方早生	*Amygdalus persica* L. cv.	品种
432				春蕾	*Amygdalus persica* L. cv.	品种

续附表1

序号	科	科学名	属	中文名	学名	分类等级
433	蔷薇科	Rosaceae	桃属	‘春美’桃	*Amygdalus persica* ‘Chunmei’	品种
434				‘春蜜’桃	*Amygdalus persica* ‘Chunmi’	品种
435				春晓	*Amygdalus persica* L. cv.	品种
436				大红桃	*Amygdalus persica* L. cv.	品种
437				大久保	*Amygdalus persica* L. cv.	品种
438				丰白	*Amygdalus persica* L. cv.	品种
439				‘红菊花’桃	*Amygdalus persica* L. cv.	品种
440				红雪桃	*Amygdalus persica* L. cv.	品种
441				‘黄金蜜桃3号’桃	*Prunus persica* ‘Huangjinmitao No. 3’	品种
442				黄水蜜桃	*Amygdalus persica* ‘Huangshuimi’	品种
443				金童5号	*Amygdalus persica* L. cv.	品种
444				锦绣黄桃	*Amygdalus persica* L. cv.	品种
445				九九桃王	*Amygdalus persica* L. cv.	品种
446				莱山蜜	*Amygdalus persica* L. cv.	品种
447				农神蟠桃	*Amygdalus persica* L. cv.	品种
448				蟠桃皇后	*Amygdalus persica* L. cv.	品种
449				‘秋甜’桃	*Amygdalus persica* ‘QiuTian’	品种
450				日本大沙红	*Amygdalus persica* L. cv.	品种
451				‘洒红龙柱’桃	*Amygdalus persica* L. cv.	品种
452				沙红	*Amygdalus persica* L. cv.	品种
453				曙光	*Amygdalus persica* L. cv.	品种
454				五月鲜	*Amygdalus persica* L. cv.	品种
455				夏之梦	*Amygdalus persica* L. cv.	品种
456				新川中岛	*Amygdalus persica* L. cv.	品种
457				‘兴农红’桃	*Amygdalus persica* ‘XingNongHong’	品种
458				映霜红	*Amygdalus persica* L. cv.	品种

续附表1

序号	科	科学名	属	中文名	学名	分类等级
459	蔷薇科	Rosaceae	桃属	豫白	*Amygdalus persica* L. cv.	品种
460				豫桃1号(红雪桃)	*Amygdalus persica* 'Yutao No. 1'	品种
461				早超红	*Amygdalus persica* L. cv.	品种
462				早凤王	*Amygdalus persica* L. cv.	品种
463				早露蟠桃	*Amygdalus persica* L. cv.	品种
464				中华寿桃(风雪桃)	*Amygdalus persica* L. cv.	品种
465				'中蟠桃10号'	*Amygdalus persica* L. cv.	品种
466				'中蟠桃11号'	*Amygdalus persica* L. cv.	品种
467				中秋王桃	*Amygdalus persica* L. cv.	品种
468				'中桃21号'	*Prunus persica* 'Zhong Tao 21'	品种
469				'中桃22号'	*Amygdalus persica* L. cv.	品种
470				'中桃4号'	*Prunus persica* 'Zhong Tao. 4'	品种
471				'中桃5号'	*Prunus persica* 'Zhongtao No. 5'	品种
472				'中桃红玉'	*Prunus persica* 'Zhongtaohongyu'	品种
473				'中桃紫玉'	*Amygdalus persica* L. cv.	品种
474				'中油桃16号'	*Amygdalus persica* L. cv.	品种
475				离核毛桃	*Amygdalus persica* var. *aganopersica*	种
476				油桃	*Amygdalus persica* var. *nectarine*	种
477				千年红油桃	*Amygdalus persica* var. *nectarine* 'Qiannianhong'	品种
478				'中油桃10号'	*Amygdalus persica* var. *nectarine* 'Zhongyoutao No. 10'	品种
479				'中油桃12号'	*Amygdalus persica* var. *nectarine* 'Zhong You Tao 12'	品种
480				'中油桃13号'	*Prunus persica* var. *nectarine* 'Zhongyoutao 13'	品种
481				'中油桃14号'	*Amygdalus persica* var. *nectarine* 'Zhong You Tao 14'	品种
482				'中油桃4号'	*Amygdalus persica* var. *nectarine* 'Zhongyoutao No. 4'	品种
483				'中油桃5号'	*Amygdalus persica* var. *nectarine* 'Zhongyoutao No. 5'	品种
484				'中油桃8号'	*Prunus persica* var. *nectarine* 'Zhong You Tao 8'	品种

续附表 1

序号	科	科学名	属	中文名	学名	分类等级
485	蔷薇科	Rosaceae	桃属	‘中油桃 9 号’	*Amygdalus persica* var. *nectarine* ‘Zhong You Tao 9’	品种
486				蟠桃	*Amygdalus persica* var. *compressa*	种
487				紫叶桃	*Amygdalus persica* ‘Atropurpurea’	种
488				碧桃	*Amygdalus persica* ‘Duplex’	种
489				红叶碧桃	*Amygdalus persica* ‘Duplex’ cv.	品种
490				寿星桃	*Amygdalus persica* ‘Densa’	种
491				千瓣白桃	*Amygdalus persica* ‘albo-plena’	种
492				垂枝碧桃	*Amygdalus persica* f. *pendula*	种
493			杏属	杏	*Armeniaca vulgaris* Lam.	种
494				超仁	*Armeniaca vulgaris* Lam. cv.	品种
495				‘大红’杏	*Armeniaca vulgaris* Lam. cv.	品种
496				丰仁	*Armeniaca vulgaris* Lam. cv.	品种
497				贵妃杏	*Armeniaca vulgaris* ‘Guifei’	品种
498				金太阳	*Armeniaca vulgaris* Lam. cv.	品种
499				凯特杏	*Armeniaca vulgaris* Lam. cv.	品种
500				麦黄八达杏	*Armeniaca vulgaris* Lam. cv.	品种
501				麦黄杏	*Armeniaca vulgaris* Lam. cv.	品种
502				密香杏	*Armeniaca vulgaris* Lam. cv.	品种
503				‘内选 1 号’杏	*Armeniaca vulgaris* ‘Neixuan No. 1’	品种
504				‘濮杏 1 号’	*Armeniaca vulgaris* ‘Pu Xing 1’	品种
505				仰韶杏	*Armeniaca vulgaris* Lam. *cv.*	品种
506				‘早红蜜’杏	*Armeniaca vulgaris* ‘Zaohongmi’	品种
507				‘中仁 1 号’杏	*Armeniaca vulgaris* ‘Zhongren No. 1’	品种
508				野杏	*Armeniaca vulgaris* var. *ansu*	种
509				山杏	*Prunus rsibirica* L.	种
510				梅	*Armeniaca mume* Sieb.	种

续附表 1

序号	科	科学名	属	中文名	学名	分类等级
511	蔷薇科	Rosaceae	杏属	红梅	*Armeniaca mume f. alphandii*	种
512				‘垂枝’梅	*Armeniaca mume* ‘Pendula’	种
513			李属	白梅	*Prunus mume f. alba*	种
514				杏李	*Prunls simonii* Carr.	种
515				味厚杏李	*Prunls domestica* × *armeniaca*‘Weihou’	品种
516				紫叶李	*Prunus cerasifera* ‘Pissardii’	种
517				李	*Prunus salicina* Lindl.	种
518				安哥雷洛	*Prunus salicina* Lindl. cv.	品种
519				大玫瑰	*Prunus salicina* Lindl. cv.	品种
520				大石早生	*Prunus salicina* Lindl. cv.	品种
521				黑宝石	*Prunus salicina* Lindl. cv.	品种
522				红美丽	*Prunus salicina* Lindl. cv.	品种
523				红肉李	*Prunus salicina* Lindl. cv.	品种
524				‘黄甘李 1 号’李	*Prunus salicina* ‘Huangganli No. 1’	品种
525				美国大李	*Prunus salicina* Lindl.	品种
526				紫叶稠李	*Prunus virginiana* ‘Canada Red’	种
527				欧洲李	*Prunus domestica* L.	种
528				美人梅	*Prunus* × *blireana* cv. Meiren	种
529				紫叶矮樱	*Prunus* × *cistena*	种
530			樱属	微毛樱桃	*Cerasus clarofolia*	种
531				多毛樱桃	*Cerasus polytricha*	种
532				樱桃	*Prunus pseudocerasus* Lindl.	种
533				布鲁克斯	*Prunus pseudocerasus* Lindl. cv.	品种
534				黑珍珠	*Prunus pseudocerasus* Lindl. cv.	品种
535				红灯	*Prunus pseudocerasus* Lindl. cv.	品种
536				红艳	*Prunus pseudocerasus* Lindl. cv.	品种

续附表 1

序号	科	科学名	属	中文名	学名	分类等级
537	蔷薇科	Rosaceae	樱属	‘红叶’樱花	*Prunus pseudocerasus* Lindl. cv.	品种
538				‘红樱’樱桃	*Prunus pseudocerasus* Lindl. cv.	品种
539				雷尼	*Prunus pseudocerasus* Lindl. cv.	品种
540				美早	*Prunus pseudocerasus* Lindl. cv.	品种
541				‘赛维’樱桃	*Prunus pseudocerasus* Lindl. cv.	品种
542				‘万寿红’樱桃	*Prunus pseudocerasus* Lindl. cv.	品种
543				东京樱花	*Prunus yedoensis* Matsum.	种
544				山樱花	*Prunus serrulata* Lindl.	种
545				日本晚樱	*Cerasus serrulata* var. *lannesiana*	种
546				华中樱桃	*Cerasus conradinae*	种
547				毛樱桃	*Prunus tonentosa* Thunb.	种
548				郁李	*Cerasus japonica* (Thunb.) Lois.	种
549				麦李	*Cerasus glandulosa* (Thunb.) Lois.	种
550				欧李	*Cerasus humilis* (Bge.) Sok.	种
551			稠李属	稠李	*Padus racemosa* L.	种
552			臭樱属	臭樱	*Maddenia hypoleuca*	种
553	豆科	Leguminosae	合欢属	山槐	*Albizia kalkora* (Roxb.) Prain	种
554				合欢	*Albizia julibrissin* Durazz.	种
555				‘朱羽’合欢	*Albizia julibrissin* ‘Zhuyu’	品种
556			肥皂荚属	肥皂荚	*Gymnocladus chinensis* Baill.	种
557			皂荚属	皂荚	*Gleditsia sinensis* Lam.	种
558				‘金叶’皂荚	*Gleditsia sinensis* ‘Jinye’	品种
559				‘密刺’皂荚	*Gleditsia sinensis* ‘MiCi’	品种
560				‘嵩刺1号’皂荚	*Gleditsia sinensis* ‘Songci No. 1’	品种
561				‘无刺’皂荚	*Gleditsia sinensis* ‘WuCi’	品种
562				野皂荚	*Gleditsia microphylla* Gordon ex Y. T. Lee	种

续附表 1

序号	科	科学名	属	中文名	学名	分类等级
563	豆科	Leguminosae	皂荚属	山皂荚	*Gleditsia japonica* Miq.	种
564				美国皂荚	*Gleditsia triacanthos* Linn.	种
565			紫荆属	湖北紫荆	*Cercis glabra* Pampan.	种
566				紫荆	*Cercis chinensis* Bunge.	种
567				‘晚霞’加拿大紫荆	*Cercis canadensis* ‘Wanxia’	品种
568				‘樱桐’巨紫荆	*Cercis gigantea* ‘Ying Tong’	品种
569				‘重阳’紫荆	*Cercis canadensis* ‘Chongyang’	品种
570				‘紫叶’加拿大紫荆	*Cercis canadensis* ‘Ziye’	品种
571				短毛紫荆	*Cercis chinensis* f. *pubescens*	种
572				白花紫荆	*Cercis chinensis* Bunge f. *alba* Hsu	种
573				加拿大紫荆	*Cercis canadensis* L.	种
574			槐属	白刺花	*Sophora davidii* (Franch) Pavilini	种
575				槐	*Sophora japonica* L.	种
576				龙爪槐	*Sophora japonica Linn.* var. *japonica* f. *pendula* Hort	种
577				五叶槐	*Sophora japonica Linn.* var. *japonica* f. *oligophylla* Franch.	种
578				毛叶槐	*Sophora japonica* var. *pubescens*	种
579				金叶国槐	*Sophora japonica* cv. Jinye	种
580				金枝槐	*Sophora japonica* ‘Golden Stem’	种
581			香槐属	香槐	*Cladrastis wilsonii*	种
582				小花香槐	*Cladrastis sinensis* Hemsl.	种
583			木蓝属	花木蓝	*Indigofera kirilowii* Maxim. ex Palibin.	种
584				多花木蓝	*Indigofera amblyantha* Craib.	种
585				木蓝	*Lndigofera tinctoria* L.	种
586				河北木蓝	*Indigofera bungeana* Steud.	种
587			紫穗槐属	紫穗槐	*Amorpha fruticosa* L.	种
588			紫藤属	紫藤	*Wisteria sinensis* (Sims) Sweet.	种

续附表 1

序号	科	科学名	属	中文名	学名	分类等级
589	豆科	Leguminosae	紫藤属	藤萝	*Wisteria villosa* Rehd.	种
590			刺槐属	刺槐	*Robinia pseudoacacia* L.	种
591				二度红花刺槐	*Robinia pseudoacacia* ‘Bella-rosea’	品种
592				‘黄金’刺槐	*Robinia pseudoacacia* L.	品种
593				‘箭杆’刺槐	*Robinia pseudoacacia* ‘JianGan’	品种
594				‘豫刺槐 1 号’	*Robinia pseudoacacia* ‘Yucihuai No. 1’	品种
595				‘豫刺槐 2 号’	*Robinia pseudoacacia* ‘Yucihuai No. 2’	品种
596				‘豫刺槐 3 号’	*Robinia pseudoacacia* ‘Yucihuai No. 3’	品种
597				‘豫引 1 号’刺槐	*Robinia pseudoacacia* ‘Yuyin No. 1’	品种
598				毛刺槐	*Robinia hispida* L.	种
599				红花刺槐	*Robinia pseudoacacia* ‘decaisneana’	种
600			锦鸡儿属	毛掌叶锦鸡儿	*Caragana leveillei* Kom.	种
601				红花锦鸡儿	*Caragana rosea* Turcz.	种
602				锦鸡儿	*Caragana sinica* (Buchholz) Rehd.	种
603				柄荚锦鸡儿	*Caragana stipitata* Kom.	种
604				树锦鸡儿	*Caragana arborescens* (Atom.) Lam.	种
605				北京锦鸡儿	*Caragana penkinensis* Kom.	种
606			长柄山蚂蝗属	长柄山蚂蝗	*Podocarpium podocarpum* (DC.) Yang et Huang	种
607			胡枝子属	胡枝子	*Lespedeza bicolor* Turcz.	种
608				美丽胡枝子	*Lespedeza formosa* (Vog.) Koehne	种
609				短梗胡枝子	*Lespedeza cyrtobotrya* Miq.	种
610				绿叶胡枝子	*Lespedeza buergeri* Miq.	种
611				细梗胡枝子	*Lespedeza virgata* (Thunb.) DC.	种
612				兴安胡枝子	*Lespedeza davurica* (Laxm.) Schindl.	种
613				多花胡枝子	*Lespedeza floribunda* Bunge	种
614				长叶铁扫帚	*Lespedeza caraganae* Bunge	种

续附表 1

序号	科	科学名	属	中文名	学名	分类等级
615	豆科	Leguminosae	胡枝子属	赵公鞭	*Lespedzea hedysaroides*	种
616				截叶铁扫帚	*Lespedeza cuneata* (Dum. —Caurs.) G. Don	种
617				阴山胡枝子	*Lespedeza inschanica* (Maxim.) Schindl.	种
618				中华胡枝子	*Lespedeza chinensis* G. Don	种
619			杭子梢属	杭子梢	*Campylotropis macrocarpa* (Bunge) Rehd.	种
620			葛属	葛	*Pueraria lobata* (Willd.) Ohwi.	种
621			黄檀属	黄檀	*Dalbergia hupeana* Hance.	种
622	芸香科	Rutaceae	吴茱萸属	臭檀吴萸	*Evodia daniellii* (Benn.) Hemsl.	种
623			花椒属	刺异叶花椒	*Zanthoxylum ovalifolium* var. *spinifolium*	种
624				竹叶花椒	*Zanthoxylum armatum* DC.	种
625				野花椒	*Zanthoxylum simulans* Hance	种
626				花椒	*Zanthoxylum bungeanum* Maxim.	种
627				大红椒(油椒、二红袍、二性子)	*Zanthoxylum bungeanum* Maxim. cv.	品种
628				大红袍花椒	*Zanthoxylum bungeanum* Maxim. cv.	品种
629				‘林州红’花椒	*Zanthoxylum bungeanum* ‘Linzhouhong’	品种
630				小红袍(小椒子、米椒、马尾椒、枸椒)	*Zanthoxylum bungeanum* Maxim. cv.	品种
631				毛叶花椒	*Zanthoxylum bungeanum* var. *pubescens*	种
632				朵花椒	*Zanthoxylum molle* Rehd.	种
633				小花花椒	*Zanthoxylum* micranthum Hemsl.	种
634			枳属	枳	*Poncirus trifoliate* (L.) Raf.	种
635			柑橘属	柑橘	*Citrus reticulata*	种
636	苦木科	Simarubaceae	苦木属	苦木	*Picrasma quassioides*	种
637			臭椿属(樗属)	刺臭椿	*Ailanthus vilomoriniana* Dode.	种
638				老臭椿	*Ailanthus giraldii*	种

续附表 1

序号	科	科学名	属	中文名	学名	分类等级
639	苦木科	Simarubaceae	臭椿属(樗属)	臭椿	*Ailathus altissima* (Mill.) Swingle.	种
640				‘白皮千头’椿	*Ailathus altissima* ‘BaipiQiantou’	品种
641	楝科	Meliaceae	香椿属	香椿	*Toona sinensis* (A. Juss.) Roem.	种
642				‘豫林1号’香椿	*Toona sinensis* ‘Yulin No. 1’	品种
643				红椿	*Toona microcarpa* (C. DC.) Harms	种
644			楝属	楝	*Melia azedarach* L.	种
645	大戟科	Euphorbiaceae	白饭树属	一叶萩	*Flueggea suffruticosa* (Pall.) Baill.	种
646			雀儿舌头属	雀儿舌头	*Leptopus chinensis* (Bunge) Pojark.	种
647			重阳木属	重阳木	*Bischofia polycarpa* (Levl.) Airy Shaw	种
648			野桐属	野梧桐	*Mallotus japonicus* (Thunb.) Muell. Arg.	种
649			乌桕属	乌桕	*Sapium sebiferum* (L.) Roxb.	种
650	黄杨科	Buxaceae	黄杨属	锦熟黄杨	*Buxus sempervirens* Linn.	种
651				黄杨	*Buxus sinica* Cheng	种
652				彩叶北海道黄杨	*Euonymus japonicus* ‘Caiye’	品种
653				小叶黄杨	*Buxus sinica* (Rehd. et Wils.) Cheng subsp. *sinica* var. *parvifolia* M. Cheng	种
654				尖叶黄杨	*Buxus sinica* (Rehd. et Wils.) Cheng ex M. Cheng subsp. *aemulans* (Wils.) M. Cheng	种
655				雀舌黄杨	*Buxus bodinieri* Levl.	种
656	漆树科	Anacardiaceae	黄连木属	黄连木	*Pistacia chinensis* Bunge	种
657			盐肤木属	盐肤木	*Rhus chinensis* Mill.	种
658				火炬树	*Rhus typhina* L.	种
659				青麸杨	*Rhus potaninii* Maxim.	种
660			漆属	漆	*Toxicodendron vernicifluum* (Stokes.) F. A. Barkley	种
661				漆树	*Toxicodendron vernicifluum* (Stokes.) F. A. Barkley	种
662			黄栌属	粉背黄栌	*Cotinus coggygria* var. *glaucophylla* C. Y. Wu	种

续附表1

序号	科	科学名	属	中文名	学名	分类等级
663	漆树科	Anacardiaceae	黄栌属	‘紫叶’黄栌	*Cotinus coggygria* ‘Ziye’	品种
664				毛黄栌	*Cotinus coggygria* var. *pubescens* Engl.	种
665				红叶	*Cotinus coggygria* var. *cinerea* Engl.	种
666				美国黄栌	*Cotinus obovatus*	种
667	冬青科	Aquifoliaceae	冬青属	大叶冬青	*Ilex latifolia* Thunb.	种
668				冬青	*Ilex chinensis* Sims	种
669				大果冬青	*Ilex macrocarpa* Oliv.	种
670				齿叶冬青	*Ilex crenata* Thunb.	种
671				枸骨	*Ilex cornuta* Lindl.	种
672				无刺枸骨	*Ilex cornuta* var *fortunei*	种
673				细刺枸骨	Ilex hylonoma Hu & T. Tang	种
674	卫矛科	Celastraceae	卫矛属	卫矛	*Euonymus alatus* (Thunb.) Sieb.	种
675				小卫矛	*Euonymus nanoides* Loes. et Rehd.	种
676				栓翅卫矛	*Euonymus phellomanus* Loes.	种
677				白杜	*Euonymus maackii* Rupr.	种
678				西南卫矛	*Euonymus hamiltonianus* Wall. ex Roxb.	种
679				角翅卫矛	*Euonymus cornutus*	种
680				陕西卫矛	*Euonymus schensianus* Maxim.	种
681				石枣子	*Euonymus sanguineus* Loes.	种
682				小果卫矛	*Euonymus microcarpus*	种
683				大果卫矛	*Euonymus myrianthus*	种
684				冬青卫矛	*Euonymus japonicus* L.	种
685				扶芳藤	*Euonymus fortunei* (Turcz.) Hand. -Mazz.	种
686				胶东卫矛	*Euonymus kiautschovicus* Loes.	种
687				大叶黄杨	*Euonymus japonicus* L.	种
688			南蛇藤属	南蛇藤	*Celastrus orbiculatus* Thunb.	种

续附表 1

序号	科	科学名	属	中文名	学名	分类等级
689	卫矛科	Celastraceae	南蛇藤属	短梗南蛇藤	*Celastrus rosthornianus* Loes.	种
690				刺苞南蛇藤	*Celastrus flagellaris* Rupr.	种
691				苦皮藤	*Celastrus angulatus* Maxim.	种
692	省沽油科	Staphyleaceae	省沽油属	省沽油	*Staphylea bumalda* DC.	种
693				膀胱果	*Staphylea holocarpa* Hemsl.	种
694			野鸦椿属	野鸦椿	*Euscaphis japonica* (Thunb.) Dippel	种
695	槭树科	Aceraceae	槭属	元宝槭	*Acer truncatum* Bunge	种
696				五角枫	*Acer mono* Maxim.	种
697				三尖色木枫	*Acer pictum* subsp. *tricuspis*	种
698				鸡爪槭	*Acer palmatum* Thunb.	种
699				羽毛枫	*Acer palmatum* 'Dissectum'	种
700				红枫	*Acer palmatum* 'Atropurpureum'	种
701				杈叶枫	*Acer ceriferum*	种
702				茶条槭	*Acer ginnala* Maxim.	种
703				深灰槭	*Acer caesium Wall.* ex Brandis subsp. *caesium*	种
704				三角槭	*Acer buergerianum* Miq.	种
705				飞蛾槭	*Acer oblongum*	种
706				青榨槭	*Acer davidii* Franch.	种
707				葛罗枫	*Acer davidii* subsp. *grosseri*	种
708				血皮槭	*Acer griseum* (Franch.) Pax	种
709				建始槭	*Acer henryi* Pax	种
710				梣叶槭	*Acer negundo* L.	种
711				'花叶'复叶槭	*Acer negundo* 'Huaye'	品种
712				'金叶'复叶槭	*Acer negundo* 'Jinye'	品种
713				'中豫青竹'复叶槭	*Acer negundo* 'Zhongyu Qingzhu'	品种
714				挪威槭	*Acer platanoides* L.	种

续附表 1

序号	科	科学名	属	中文名	学名	分类等级
715	槭树科	Aceraceae	槭属	糖槭	*Acer saccharum* Marsh	种
716	七叶树科	Hippocastanaceae	七叶树属	七叶树	*Aesculus chinensis* Bge.	种
717				红花七叶树	*Aesculus* × *carnea* Zeyh.	种
718	无患子科	Sapindaceae	无患子属	无患子	*Sapindus saponaria*	种
719			栾树属	栾树	*Koelreuteria paniculata* Laxm.	种
720				复羽叶栾树	*Koelreuteria bipinnata* Franch.	种
721				黄山栾树	*Koelreuteria bipinnata* Franch. var. *integrifoliola* (Merr.) T. Chen	种
722			黄梨木属	黄梨木	*Boniodendron minus* (Hemsl.) T. Chen	种
723			文冠果属	文冠果	*Xanthoceras sorbifolia* Bge.	种
724	清风藤科	Sabiaceae	泡花树属	垂枝泡花树	*Meliosma flexuosa* Pamp.	种
725	鼠李科	Rhamnaceae	雀梅藤属	对刺雀梅藤	*Sageretia pycnophylla* Schneid.	种
726				少脉雀梅藤	*Sageretia paucicostata* Maxim.	种
727				雀梅藤	*Sageretiathea* (Osbeck.) Johnst.	种
728			鼠李属	卵叶鼠李	*Rhamnus bungeana* J. Vass.	种
729				小叶鼠李	*Rhamnus parvifolius* Bge.	种
730				锐齿鼠李	*Rhamnus arguta* Maxim.	种
731				圆叶鼠李	*Rhamnus globosa* Bge.	种
732				薄叶鼠李	*Rhamnus leptophylla* Schneid.	种
733				鼠李	*Rhamnus davurica* Pall.	种
734				冻绿	*Rhamnus utilis* Decne.	种
735			枳椇属	北枳椇	*Hovenia dulcis* Thunb.	种
736				枳椇	*Hovenia acerba*	种
737			猫乳属(长叶绿柴属)	猫乳	*Rhamnella franguloides* (Maxim.) Weberb.	种

续附表 1

序号	科	科学名	属	中文名	学名	分类等级
738	鼠李科	Rhamnaceae	勾儿茶属(牛儿藤属)	勾儿茶	*Berchemia sinica* Schneid.	种
739			枣属	枣	*Ziziphus jujuba* Mill.	种
740				扁核酸枣	*Ziziphus jujuba* ‘Bianhesuan’	品种
741				冬枣(庙上福、雁来红、苹果枣)	*Ziziphus jujuba* Mill. cv.	品种
742				灰枣(若羌枣)	*Ziziphus jujuba* Mill. cv.	品种
743				鸡心枣(小枣)	*Ziziphus jujuba* Mill. cv.	品种
744				‘尖脆’枣	*Ziziphus jujuba* ‘Jian Cui’	品种
745				九月青(十月青、冬枣、长红)	*Ziziphus jujuba* Mill. cv.	品种
746				灵宝大枣	*Ziziphus jujuba* ‘Lingbao Dazao’	品种
747				新郑灰枣	*Ziziphus jujuba* ‘Xinzheng Huizao’	品种
748				‘新郑早红’枣	*Ziziphus jujuba* ‘Xinzhengzaohong’	品种
749				豫枣 1 号(无刺鸡心枣)	*Ziziphus jujuba* ‘Yuzao No. 1’	品种
750				长红枣	*Ziziphus jujuba* Mill. cv.	品种
751				‘中牟脆丰’枣	*Ziziphus jujuba*‘Zhongmoucuifeng’	品种
752				酸枣	var. *spinosa* (Bunge) Hu ex H. F. Chow	种
753				葫芦枣	*f. lavgeniformis* (Nakai) Kitag.	种
754				龙爪枣	*f. tortuosa* C. Y. Cheng et M. J. Liu	种
755	葡萄科	Vitaceae	葡萄属	变叶葡萄	*Vitis piasezkii* Maxim	种
756				秋葡萄	*Vitis romanetii* Roman.	种
757				桑叶葡萄	*Vitis ficifola* Bge.	种
758				小叶葡萄	*Vitis sinocinerea*	种
759				华北葡萄	*Vitis bryoniaefolia* Bge.	种
760				毛葡萄	*Vitis quinquangularis* Rehd.	种

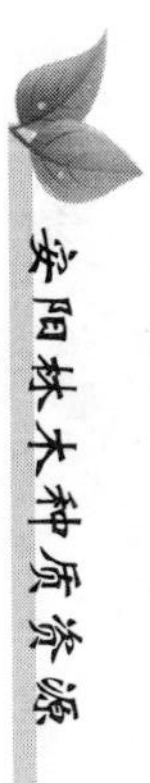

续附表 1

序号	科	科学名	属	中文名	学名	分类等级
761	葡萄科	Vitaceae	葡萄属	葡萄	*Vitis vinifera* L.	种
762				‘黑巴拉多’葡萄	*Vitis vinifera* ‘Kurobaladi’	品种
763				红巴拉多	*Vitis vinifera* L. cv.	品种
764				红宝石无核	*Vitis vinifera* L. cv.	品种
765				红地球	*Vitis vinifera* L. cv.	品种
766				‘红美’葡萄	*Vitis vinifera* ‘Hongmei’	品种
767				户太八号	*Vitis vinifera* L. cv.	品种
768				‘金手指’葡萄	*Vitis vinifera* ‘Goldfinger’	品种
769				京亚	*Vitis vinifera* L. cv.	品种
770				巨峰	*Vitis vinifera* L. cv.	品种
771				巨玫瑰	*Vitis vinifera* L. cv.	品种
772				可瑞森无核	*Vitis vinifera* L. cv.	品种
773				美人指	*Vitis vinifera* L. cv.	品种
774				摩尔多瓦	*Vitis vinifera* L. cv.	品种
775				藤稔	*Vitis vinifera* L. cv.	品种
776				维多利亚	*Vitis vinifera* L. cv.	品种
777				‘夏黑’葡萄	*Vitis vinifera* ‘Summerblack’	品种
778				‘夏至红’葡萄	*Vitis vinifera* ‘Xiazhihong’	品种
779				‘阳光玫瑰’葡萄	*Vitis vinifera* ‘Bailey’	品种
780				郑佳葡萄(郑果大无核)	*Vitis vinifera* ‘Zhengjia’	品种
781				山葡萄	*Vitis amurensis* Rupr.	种
782				桦叶葡萄	*Vitis betulifolia* Diels et Gilg	种
783				华东葡萄	*Vitis pseudoreticulata* W. T. Wang	种
784			蛇葡萄属	蛇葡萄	*Ampelopsis sinica*(Mig.) W. T. Wang.	种
785				蓝果蛇葡萄	*Ampelopsis bodinieri* (Levl. et Vant.) Rehd.	种
786				葎叶蛇葡萄	*Ampelopsis humulifolia* Bge.	种

续附表1

序号	科	科学名	属	中文名	学名	分类等级
787	葡萄科	Vitaceae	蛇葡萄属	掌裂蛇葡萄	var. *glabra* Diels et Gilg	种
788				乌头叶蛇葡萄	*Ampelopsis aconitifolia* Bge. s	种
789			地锦属(爬山虎属)	地锦	*Parthenocissus tricuspidata*.	种
790				异叶地锦	*Parthenocissus dalzielii* Gagnep.	种
791				三叶地锦	*Parthenocissus semicordata* (Wall. ex Roxb.) Planch.	种
792				五叶地锦	*Parthenocissus quinquefolia* (L.) Planch.	种
793	椴树科	Tiliaceae	椴树属	辽椴	*Tilia mandschurica* Rupr. et Maxim.	种
794				毛糯米椴	*Tilia henryans*	种
795				蒙椴	*Tilia mongolica* Maxim.	种
796				少脉椴	*Tilia paucicostata* Maxim.	种
797				光叶糯米椴	*Tilia henryana* Szyszyl. var. *subglabra* V. Engl.	种
798			扁担杆属	扁担杆	*Grewia biliba* G. Don	种
799				小花扁担杆	*Grewia biliba* var. *parviflora* (Bge.) Hand. -Mzt.	种
800	锦葵科	Malvaceae	木槿属	木芙蓉	*Hibiscus mutabilis* L.	种
801				木槿	*Hibiscus syriacus* L.	种
802	梧桐科	Sterculiaceae	梧桐属	梧桐	*Firmiana platanifolia* (L. f.) Marsili	种
803	猕猴桃科	Actinidiaceae	猕猴桃属	中华猕猴桃	*Actinidia chinensis* Planch.	种
804	山茶科	Theaceae	山茶属	山茶	*Camellia japonica* L.	种
805	藤黄科	Guttiferae	金丝桃属	金丝桃	*Hypericum* chinensis	种
806	柽柳科	Tamaricaceae	柽柳属	柽柳	*Tamarix chinensis* Lour.	种
807	大风子科	Flacourtiaceae	山拐枣属	山拐枣	*Poliothyrsis sinenis* Oliv.	种
808	胡颓子科	Elaeagnaceae	胡颓子属	牛奶子	*Elaeagnus umbellata* Thunb.	种
809				佘山羊奶子	*Elaeagnus argyi* Levl.	种
810			沙棘属	翅果油树	*Elaeagnus mollis* Diels	种
811				中国沙棘	*Hippophae rhmnoides* subsp. *sinensis*	种
812	石榴科	Punicaceae	石榴属	石榴	*Punica granatum* L.	种

续附表 1

序号	科	科学名	属	中文名	学名	分类等级
813	石榴科	Punicaceae	石榴属	白花重瓣	*Punica granatum* L. cv.	品种
814				薄皮	*Punica granatum* L. cv.	品种
815				大白甜	*Punica granatum* L. cv.	品种
816				大果青皮酸	*Punica granatum* L. cv.	品种
817				大红甜	*Punica granatum* L. cv.	品种
818				‘冬艳’石榴	*Punica granatum* L. cv.	品种
819				范村软籽	*Punica granatum* L. cv.	品种
820				粉红花重瓣	*Punica granatum* L. cv.	品种
821				河阴软籽	*Punica granatum* L. cv.	品种
822				红如意	*Punica granatum* L. cv.	品种
823				‘绿丰’石榴	*Punica granatum* ‘Lvfeng’	品种
824				牡丹花	*Punica granatum* L. cv.	品种
825				青皮	*Punica granatum* L. cv.	品种
826				泰山红	*Punica granatum* L. cv.	品种
827				突尼斯软籽石榴	*Punica granatum* L. cv.	品种
828				小红果酸	*Punica granatum* L. cv.	品种
829				以色列软籽	*Punica granatum* L. cv.	品种
830				月季	*Punica granatum* L. cv.	品种
831				白石榴	*Punica granatum* ‘Albescens’	种
832				月季石榴	*Punica granatum* ‘Nana’	种
833				重瓣白石榴	*Punica granatum* ‘Multiplex’	种
834				重瓣红石榴	*Punica granatum* ‘Planiflora’	种
835				玛瑙石榴	*Punica granatum* ‘Lagrellei’	种
836	千屈菜科	Lythraceae	紫薇属	紫薇	*Lagerstroemia indica* L.	种
837				国旗红	*Lagerstroemia indica* L. cv.	品种
838				红火箭	*Lagerstroemia indica* Red Rocket	品种

续附表 1

序号	科	科学名	属	中文名	学名	分类等级
839	千屈菜科	Lythraceae	紫薇属	红火球	*Lagerstroemia indica* Dynamite	品种
840				‘红云’紫薇	*Lagerstroemia indica* ‘HongYun’	品种
841				银薇	*Lagerstroemia indica* var. *alba* Nichols.	种
842				南紫薇	*Lagerstroemia subcostata* Koehne	种
843				云南紫薇	*Lagerstroemia entrmedia* Koehne	种
844				川黔紫薇	*Lagerstroemia excelsa* (Dode) Chun	种
845	蓝果树科	Nyssaceae	喜树属	喜树	*Camptotheca acuminata* Decne.	种
846			珙桐属	珙桐	*Davidia involucrata* Baill.	种
847	八角枫科	Alangiaceae	八角枫属	八角枫	*Alangium chinense* (Lour.) Harms	种
848				瓜木	*Alangium platanifolium* (Sieb. et Zucc.) Harms	种
849	五加科	Araliaceae	常春藤属	常春藤	*Hedera nepalensis* K. Koch var. *sinensis* (Tobl.) Rehd.	种
850			刺楸属	刺楸	*Kalopanax pictus* (Thunb.) Nakai.	种
851			五加属	糙叶五加	*Acanthopanax henryi* (Oliv.) Harms	种
852			楤木属	楤木	*Aralia chinensis* L.	种
853				辽东楤木	*Aralia elata* (Miq.) Seem.	种
854			八角金盘属	八角金盘	*Fatsia japonica* (Thunb.) Decne. et Planch	种
855	山茱萸科	Cornaceae	灯台树属	灯台树	*Aralia elata* (Miq.) Seem.	种
856			梾木属	红瑞木	*Swida alba* Opiz	种
857				沙梾	*Swida bretschneideri* (L. Henry) Sojak.	种
858				梾木	*Swida macrophylla* (Wall.) Sojak.	种
859				毛梾	*Swida walteri* (Wanger.) Sojak	种
860			山茱萸属	山茱萸	*Cornus officinalis* Sieb. et Zucc.	种
861			四照花属	四照花	*Dendrobenthamia japonica* (DC.) Fang var. *chinensis* (A. Osborn) Fang	种
862	杜鹃花科	Ericaceae	杜鹃花属	照山白	*Rhododendron micranthum* Turcz.	种
863				河南杜鹃	*Rhododendron henanense* W. P. Fang	种

续附表 1

序号	科	科学名	属	中文名	学名	分类等级
864	杜鹃花科	Ericaceae	杜鹃花属	杜鹃花	*Rhododendron simsii* Planch.	种
865			越橘属	越橘	*Vaccinium vitis-idaea* Linn.	种
866	柿树科	Ebeanaceae	柿树属	柿	*Diospyros kaki* Thunb	种
867				‘博爱八月黄’柿	*Diospyros kaki* ‘Bayuehuang’	品种
868				次郎	*Diospyros kaki* Thunb cv.	品种
869				盖柿	*Diospyros kaki* Thunb cv.	品种
870				‘黑柿 1 号’柿	*Diospyros kaki* ‘Heishi No. 1’	品种
871				‘黄金方’柿	*Diospyros kaki* ‘Huangjinfang’	品种
872				斤柿	*Diospyros kaki* Thunb cv.	品种
873				罗田甜柿	*Diospyros kaki* Thunb cv.	品种
874				绵柿	*Diospyros kaki* Thunb cv.	品种
875				‘面’柿	*Diospyros kaki* ‘Mian’	品种
876				磨盘柿	*Diospyros kaki* Thunb	品种
877				牛心柿	*Diospyros kaki* ‘Niuxin’	品种
878				‘七月燥’柿	*Diospyros kaki*‘Qiyuezao’	品种
879				前川次郎	*Diospyros kaki* Thunb cv.	品种
880				‘四瓣’柿	*Diospyros kaki* ‘SiBan’	品种
881				小方柿	*Diospyros kaki* Thunb cv.	品种
882				‘小红’柿	*Diospyros kaki* ‘XiaoHong’	品种
883				小柿	*Diospyros kaki* Thunb cv.	品种
884				新秋	*Diospyros kaki* Thunb cv.	品种
885				血柿	*Diospyros kaki* Thunb cv.	品种
886				‘中柿 1 号’柿	*Diospyros kaki* ‘Zhongshi No. 1’	品种
887				‘中柿 2 号’柿	*Diospyros kaki* ‘Zhongshi No. 2’	品种
888				油柿	*Diospyros oleifera* Cheng	种

续附表 1

序号	科	科学名	属	中文名	学名	分类等级
889	柿树科	Ebeanaceae	柿树属	野柿	*Diospyros kaki* Thunb. var. *silvestris* Makino	种
890				君迁子	*Diospyros lotus* L.	种
891	山矾科	Symplocaceae	山矾属	山矾	*Symplocos sumuntia* Buch. -Ham. ex D. Don	种
892	野茉莉科	Styracaceae	野茉莉属	玉铃花	*Styrax obassia* Sieb. et Zucc.	种
893				野茉莉	*Styrax japonica* Sieb. et Zucc.	种
894				老鸹铃	*Styrax hemsleyanus* Diels.	种
895			秤锤树属	秤锤树	*Sinojackia xylocarpa* Hu	种
896	木樨科	Oleaceae	雪柳属	雪柳	*Fontanesia fortunei* Carr.	种
897			白蜡树属	小叶白蜡树	*Fraxinus bungeana* DC.	种
898				白蜡树	*Fraxinus chinensis* Roxb.	种
899				大叶白蜡树	*Fraxinus rhynchophylla* Hance	种
900				美国白蜡树	*Fraxinus americana* L.	种
901				水曲柳	*Fraxinus mandshurica* Rupr.	种
902				光蜡树	*Fraxinus griffithii*	种
903			连翘属	连翘	*Forsythia suspensa*(Thunb.) Vahl	种
904				‘金脉’连翘	*Forsythia suspensa* ‘Goldvein’	品种
905				‘金叶’连翘	*Forsythia suspensa* ‘Sauon Gold’	品种
906				金钟花	*Forsythia viridissima* Lindl.	种
907			丁香属	北京丁香	*Syringa pekinensis* Rupr.	种
908				暴马丁香	*Syringa reticulata* var. *amurensis*(Rupr.) Pringle	种
909				华北丁香	Syringa oblata	种
910				花叶丁香	*Syringa*‘ × ’persica L.	种
911				小叶丁香	*Syringa pubescens* Turcz.	种
912				紫丁香	*Syringa oblata* Lindl.	种
913			木樨属	木樨	*Osmanthus frsgrans* (Thunb.) Lour.	种
914				丹桂	*Osmanthus frsgrans* ‘Aurantiacus’	品种

续附表 1

序号	科	科学名	属	中文名	学名	分类等级
915	木犀科	Oleaceae	木樨属	‘潢川金’桂	*Osmanthus frsgrans* ‘Huang Chuan Thunbergii’	品种
916				金桂	*Osmanthus frsgrans* ‘Jingui’	品种
917				银桂	*Osmanthus frsgrans* ‘latifolius’	品种
918			流苏树属	流苏树	*Chionanthus retusus* Lindl. et Paxt.	种
919			女贞属	女贞	*Ligustrum lucidum* Ait.	种
920				花带女贞	*Ligustrum lucidum* Ait. cv.	品种
921				辉煌女贞	*Ligustrum lucidum*‘Excelsum Superbum’	品种
922				金森女贞	*Ligustrum japonicum* ‘Howardii’	品种
923				‘平抗 1 号’金叶女贞	*Ligustrum lucidum* ‘Pingkang No. 1’	品种
924				日本女贞	*Ligustrum japonicum* Thunb.	种
925				小蜡	*Ligustrum sinense* Lour.	种
926				小叶女贞	*Ligustrum quihoui* Carr.	种
927				水蜡树	*Ligustrum obtusifolium* Sieb. et Zucc.	种
928				卵叶女贞	*Ligustrum* ovalifolium Hassk.	种
929			茉莉属（素馨属）	探春花	*Jasminum floridum* Bunge	种
930				迎春花	*Jasminum nudiflorum* Lindl.	种
931	马钱科	Loganiaceae	醉鱼草属	醉鱼草	*Buddleja lindleyana* Fortune	种
932	夹竹桃科	Apocynaceae	夹竹桃属	夹竹桃	*Nerium indicum* Mill.	种
933			络石属	络石	*Trachelospermum jasminoides*(Lindl.) Lem.	种
934	萝藦科	Asclepiadaceae	杠柳属	杠柳	*Periploca sepium* Bunge	种
935	紫草科	Boraginaceae	厚壳树属	粗糠树	*Ehretia macrophylla*	种
936	马鞭草科	Verbenaceae	紫珠属	白棠子树	*Callicarpa dichotoma*(Lour.) K. Koch.	种
937				紫珠	*Callicarpa japonica* Thunb.	种
938			牡荆属	黄荆	*Vitex negundo* L.	种
939				牡荆	*Vitex negundo* var. *cannabifolia* (Sieb. et Zucc.) Hand. -Mazz.	种

续附表 1

序号	科	科学名	属	中文名	学名	分类等级
940	马鞭草科	Verbenaceae	牡荆属	荆条	*Vitex negundo* var. *heterophylla*(Franch.)Rehd.	种
941			大青属（桢桐属）	臭牡丹	*Clerodendrum bungei* Steud.	种
942				海州常山	*Clerodendrum trichotomum* Thunb.	种
943			莸属	光果莸	*Caryopteris tangutica* Maxim.	种
944				三花莸	*Caryopteris terniflora* Maxim.	种
945	唇形科	Labiatae	香薷属	柴荆芥	*Elsholtzia stauntoni* Benth.	种
946	茄科	Solanaceae	枸杞属	枸杞	*Lycium chinense* Mill.	种
947				宁夏枸杞	*Lycium barbarum* L.	种
948	玄参科	Scrophulariaceae	泡桐属	毛泡桐	*Paulownia tomentosa*(Thunb.)Steud.	种
949				‘白四’泡桐	*Paulownia fortunei* ‘Bai Si’	品种
950				‘兰四’泡桐	*Paulownia elongate* ‘Lan Si’	品种
951				光泡桐	*Paulownia tomentosa* var. *tsinlingensis* (Pai)Gong Tong	种
952				兰考泡桐	*Paulownia elongata* S. Y. Hu	种
953				楸叶泡桐	*Paulownia catalpifolia* Gong Tong	种
954				白花泡桐	*Paulownia fortunei*(Seem.)Hemsi.	种
955	紫葳科	Bignoniaceae	梓树属	梓树	*Catalpa ovata* G. Don	种
956				楸树	*Catalpa bungei* C. A. Mey.	种
957				‘百日花’楸树	*Catalpa bungei* ‘Bairihua’	品种
958				‘金楸 1 号’楸树	*Catalpa bungei* ‘Jinqiu No. 1’	品种
959				‘金丝楸 0432’	*Catalpa bungei* ‘Jinsiqiu No. 0432’	品种
960				‘豫楸 1 号’	*Catalpa bungei* ‘Yuqiu No. 1’	品种
961				灰楸	*Catalpa fargesii* Bur.	种
962			凌霄属	凌霄	*Gampsis grandiflora*(Thunb.)Schum.	种
963				美洲凌霄	*Campsis radicans*(L.)Seem.	种
964	茜草科	Rubiaceae	水团花属	水冬瓜	*Adina pilulifera*	种
965			栀子属	栀子	*Gardenia jasminoides* Ellis.	种

续附表 1

序号	科	科学名	属	中文名	学名	分类等级
966	茜草科	Rubiaceae	栀子属	栀子花	*Gardenia jasminoides* var. *grandflora*	种
967			野丁香属	薄皮木	*Leptodermis oblonga* Bunge	种
968			鸡矢藤属	鸡矢藤	*Paederia scandens*(Lour.) Merr.	种
969	忍冬科	Caprifoliaceae	接骨木属	接骨木	*Sambucus williamsii* Hance	种
970				‘金羽’接骨木	*Sambucus racemosa* ‘Plumosa Aurea’	品种
971				‘紫云’接骨木	*Sambucus nigra* ‘Thunder Cloud’	品种
972			荚蒾属	绣球荚蒾	*Viburnum macrocephalum* Fort.	种
973				琼花	*Viburnum macrocephalum* Fort. f. *keteleeri* (Carr.) Rehd.	种
974				陕西荚蒾	*Viburnum schensianum* Maxim.	种
975				蒙古荚蒾	*Viburnum mongolicum*(Pall.) Rehd.	种
976				皱叶荚蒾	*Viburnum rhytidophyllum* Hemsl.	种
977				珊瑚树	*Viburnum odoratissimum* Ker-Gawl.	种
978				桦叶荚蒾	*Viburnum betulifolium* Batal.	种
979				北方荚蒾	*Vinurnum hupehense* Rehd. subsp. *septentrionale* Hs	种
980				荚蒾	*Viburnum dilatatum* Thunb.	种
981				鸡树条荚蒾	*Viburnum opulus* var. *calvescens*(Rehd.) Hara	种
982			蝟实属	蝟实	*Kolkwitzia amabilis* Graebn.	种
983			六道木属	糯米条	*Abelia chinensis* R. Br.	种
984				六道木	*Abelia biflora* Turcz.	种
985				南方六道木	*Abelia dielsii* (Graebn.) Rehd.	种
986			锦带花属	锦带花	*Weigela florida* (Bunge) A. DC.	种
987			忍冬属	小叶忍冬	*Lonicera microphylla* Willd. ex Roem. et Schult.	种
988				华北忍冬	*Lonicera tatarionwill* Maxim.	种
989				葱皮忍冬	*Lonicera ferdinandii* Franch.	种
990				郁香忍冬	*Lonicera fragrantissima* Lindl. ct Paxt.	种
991				苦糖果	*Lonicera standishii* Carr.	种

续附表 1

序号	科	科学名	属	中文名	学名	分类等级
992	忍冬科	Caprifoliaceae	忍冬属	金花忍冬	*Lonicera chrysantha* Turcz.	种
993				金银忍冬	*Lonicera maackii* (Rupr.) Maxim.	种
994				忍冬	*Lonicera japonica* Thunb.	种
995				金银花	*Lonicera japonica* Thunb.	种
996				‘金丰1号’金银花	*Lonicera japonica* ‘Jinfeng No. 1’	品种
997	菊科	Compositae	帚菊属	华帚菊	*Pertya sinensis* Oliv.	种
998			蚂蚱腿子属	蚂蚱腿子	*Myripnois dioica* Bunge	种
999	禾本科	Graminae	刚竹属	毛竹	*Phyllostachys heterocycla* cv. ‘Pubescens’	种
1000				刚竹	*Phyllostachys sulpurea* var. *viridis* R. A. Yong	种
1001				早园竹	*Phyllostachys propinqua* McClure	种
1002				淡竹	*Phyllostachys glauca* McClure	种
1003				紫竹	*Phyllostachys nigra* (Lodd. ex Lindl.) Munro	种
1004				罗汉竹	*Phyllostachys aurea* Carr. ex A. et C. Riv.	种
1005			箬竹属	阔叶箬竹	*Indocalamus latifolius* (Keng) McClure	种
1006				箬叶竹	*Indocalamus longiauritus* Hand. -Mazz.	种
1007			刺竹属	凤凰竹	*Bambusa multiplex* (Lour.) Raeusch. ex *Schult.* ‘Fernleaf’ R. A. Young	种
1008	棕榈科	Palmae	棕榈属	棕榈	*Trachycarpus fortunei* (Hook. f.) H. Wendl.	种
1009	百合科	Liliaceae	丝兰属	凤尾丝兰	*Yucca gloriosa* L.	种
1010			菝葜属	华东菝葜	*Smilax sieboldii* Miq.	种
1011				鞘柄菝葜	*Smilax stans* Maxim.	种
1012				短梗菝葜	*Smilax scobinicaulis* C. H. Wright.	种

附表 2　安阳市栽培利用树种名录

序号	科	科学名	属	中文名	学名	分类等级
1	银杏科	Ginkgoaceae	银杏属	银杏	*Ginkgo biloba* L.	种
2	松科	Pinaceae	云杉属	云杉	*Picea asperata* Mast.	种
3				白杄	*Picea meyeri* Rehd. et Wils.	种
4				青杄	*Picea wilsonii* Mast.	种
5			落叶松属	落叶松	*Larix principis-rupprechtii* Mayr.	种
6			雪松属	雪松	*Cedrus deodara*（Roxb.）G. Don	种
7			松属	华山松	*Pinus armandii* Franch.	种
8				白皮松	*Pinus bungeana* Zucc.	种
9				马尾松	*Pinus massoniana* Lamb.	种
10				油松	*Pinus tabulaeformis* Carr.	种
11				黑松	*Pinus thunbergii* Parl.	种
12				湿地松	*Pinus elliottii*	种
13				樟子松	*Pinus sylvestris var. mongolica* Litv.	种
14	杉科	Taxodiaceae	杉木属	杉木	*Cunninghamia lanceolata*（Lamb.）Hook.	种
15			落羽杉属	落羽杉	*Taxodium distichum*（L.）Rich.	种
16				池杉	*Taxodium ascendens* Brongn.	种
17			水杉属	水杉	*Metasequoia glyptostroboides* Hu & W. C. Cheng	种
18	柏科	Cupressaceae	侧柏属	侧柏	*Platycladus orientalis*（L.）Franco	种
19				千头柏	*Platycladus orientalis*（L.）Franco ‘Sieboldii’	种
20			崖柏属	美国侧柏	*Thuja occidentalis* L.	种
21			扁柏属	日本花柏	*Chamaecyparis pisifera*（Sieb. et Zucc.）Endl.	种
22			柏木属	柏木	*Cupressus funebris* Endl.	种
23			圆柏属	北美圆柏	*Sabina virginiana* Ant.	种
24				圆柏	*Sabina chinensis*（L.）Ant.	种
25				龙柏	*Sabina chinensis*（L.）Ant. cv. Kaizuca	种
26				地柏	*Sabina procumbens*(Endl.)Iwata et Kusaka	种

续附表 2

序号	科	科学名	属	中文名	学名	分类等级
27	柏科	Cupressaceae	圆柏属	球桧	*Sabina chinensis* (*Linn.*) Ant. cv. Globosa	种
28				垂枝圆柏	*Sabina chinensis* (L.) Ant. f. pendula (Franch.) Cheng	种
29				铺地柏	*Sabina procumbens* (Endl.) Iwata et Kusaka	种
30				蜀桧	*Sabina chinensis cv.* Pyramidalis	种
31			刺柏属	欧洲刺柏	*Juniperus communis*	种
32				刺柏	*Juniperus formosana* Hayata	种
33	罗汉松科	Podocarpaceae	罗汉松属	罗汉松	*Podocarpus macrophyllus* (Thunb.) D. Don	种
34	粗榧科	Cephalotaxaceae	三尖杉属	中国粗榧	*Cephalotaxus sinensis* (Rehd. et Wils.) Li	种
35	红豆杉科	Taxaceae	红豆杉属	红豆杉	*Taxus wallichiana var.* chinensis (Pilg.) Florin	种
36				南方红豆杉	*Taxus mairei* (Leme. et Levl.) S. Y. Hu ex liu	种
37	杨柳科	Salicaceae	杨属	银白杨	*Populus alba* L.	种
38				新疆杨	var. *pyramidalis* Bge.	种
39				河北杨	*Populus hopeiensis* Hu et Chow	种
40				毛白杨	*Populus tomentosa* Carr.	种
41				北林雄株 1 号	*Populus tomentosa* Carr. cv.	品种
42				‘黄淮 1 号’杨	*Populus tomentosa* Carr. cv.	品种
43				‘黄淮 2 号’杨	*Populus tomentosa* Carr. cv.	品种
44				毛白杨 30 号	*Populus tomentosa* Carr. cv.	品种
45				毛白杨 CFG1012	*Populus tomentosa* Carr. cv.	品种
46				毛白杨 CFG34	*Populus tomentosa* Carr. cv.	品种
47				毛白杨 CFG37	*Populus tomentosa* Carr. cv.	品种
48				毛白杨 CFG9832	*Populus tomentosa* Carr. cv.	品种
49				‘小叶 1 号’毛白杨	*Populus tomentosa* Carr. cv.	品种
50				‘中豫 2 号’杨	*Populus tomentosa* Carr. cv.	品种
51				山杨	*Populus davidiana* Dode	种
52				响叶杨	*Populus adenopoda* Maxim.	种

续附表 2

序号	科	科学名	属	中文名	学名	分类等级
53	杨柳科	Salicaceae	杨属	大叶杨	*Populus lasiocarpa* Oliv.	种
54				小叶杨	*Populus simonii* Carr.	种
55				垂枝小叶杨	*Populus simonii* Carr. form. pendula Schneid	种
56				菱叶小叶杨	*Populus simonii* Carr. *var. simonii f. rhombifolia*	种
57				欧洲大叶杨	*Populus candicans* Ait.	种
58				青杨	*Populus cathayana* Rehd.	种
59				黑杨	*Populus nigra* L.	种
60				钻天杨	*Populus nigra* var. italica (Moench) Koehne	种
61				加杨	*Populus × canadensis* Moench	种
62				北杨	*Populus × canadensis* Moench cv.	品种
63				欧美杨 107 号	*Populus × canadensis* Moench cv.	品种
64				欧美杨 108 号	*Populus × canadensis* Moench cv.	品种
65				欧美杨 2012	*Populus × canadensis* Moench cv.	品种
66				沙兰杨	*Populus × canadensis* ‘Sacrau 79’	种
67				大叶钻天杨	*Populus monilifera*	种
68			柳属	腺柳	*Salix chaenomeloides* Kimura	种
69				腺叶腺柳	*Salix chaenomeloides var.* glandulifolia	种
70				旱柳	*Salix matsudana* Koidz.	种
71				‘豫新’柳	*Salix matsudana* Koidz. cv.	品种
72				龙爪柳	*Salix matsudana* f. tortusa(Vilm.) Rehd.	种
73				馒头柳	*Salix matsudana* f. umbraculifera Rehd.	种
74				垂柳	*Salix babylonica* L.	种
75				小叶柳	*Salix hypoleuca* Seemen	种
76				中华柳	*Salix cathayana* Diels	种
77				红皮柳	*Salix sino-purpurea* C. Wang et Ch. Y. Yang.	种
78	胡桃科	Juglandaceae	化香树属	化香树	*Platycarya strobilacea* Sieb. et Zucc.	种

续附表 2

序号	科	科学名	属	中文名	学名	分类等级
79	胡桃科	Juglandaceae	枫杨属	枫杨	*Pterocarya stenoptera* DC.	种
80			胡桃属	胡桃	*Juglans regia* L.	种
81				‘薄丰’核桃	*Juglans regia* ‘Bo Feng’	品种
82				辽核 4 号	*Juglans regia* L. cv.	品种
83				辽宁 1 号	*Juglans regia* L. cv.	品种
84				‘辽宁 7 号’核桃	*Juglans regia* ‘Liao Ning 7’	品种
85				‘宁林 1 号’核桃	*Juglans regia* ‘Ning Lin 1’	品种
86				‘清香’核桃	*Juglans regia* ‘Qing Xiang’	品种
87				西扶	*Juglans regia* L. cv.	品种
88				‘香玲’核桃	*Juglans regia* ‘Xiang Ling’	品种
89				新疆薄壳核桃	*Juglans regia* L. cv.	品种
90				‘豫丰’核桃	*Juglans regia* L. cv.	品种
91				元丰	*Juglans regia* L. cv.	品种
92				‘中核 4 号’核桃	*Juglans regia* L. cv.	品种
93				‘中核短枝’核桃	*Juglans regia* ‘Zhong He Duan Zhi’	品种
94				中林 1 号	*Juglans regia* L. cv.	品种
95				‘中宁奇’核桃	*Juglans* ‘zhongningqi’	品种
96				野胡桃	*Juglans cathayensis* Dode	种
97				胡桃楸	*Juglans mandshurica* Maxim.	种
98			山核桃属	美国山核桃	*Carya illinoensis* (Wangenh.) K. Koch.	种
99				山核桃	*Carya cathayensis* Sarg.	种
100				‘中豫长山核桃Ⅱ号’美国山核桃	*Carya illinoensis* ‘Zhongyu Ⅱ’	品种
101				黑核桃	*Juglans spp.*	种
102	桦木科	Betulaceae	桦木属	白桦	*Betula platyphylla* Suk.	种
103				豫白桦	*Betula honanensis*	种

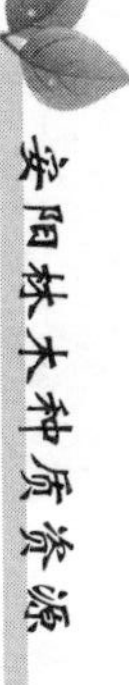

续附表 2

序号	科	科学名	属	中文名	学名	分类等级
104	桦木科	Betulaceae	桤木属	桤木	*Alnus cremastogyne* Burk.	种
105			榛属	刺榛	*Corylus ferox var.* thibetica	种
106				榛	*Corylus heterophylla* Fisch. ex Trautv.	种
107			鹅耳枥属	鹅耳枥	*Carpinus turczaninowii* Hance	种
108				河南鹅耳枥	*Carpinus funiushanensis*	种
109	壳斗科	Fagaceae	栗属	板栗	*Castanea mollissima* Bl.	种
110			栎属	栓皮栎	*Quercus variabilis* Bl.	种
111				槲栎	*Quercus aliena* Bl.	种
112				槲树	*Quercus dentata* Thunb.	种
113	榆科	Ulmaceae	榆属	大果榆	*Ulmus macrocarpa* Hance	种
114				太行榆	*Ulmus taihangshanensis* S. Y. Wang	种
115				裂叶榆	*Ulmus laciniata*（Trautv.）Mayr.	种
116				榆树	*Ulmus pumila* L.	种
117				‘豫杂 5 号’白榆	*Ulmus pumila* ‘Yuza No. 5’	品种
118				龙爪榆	*Ulmus pumila* ‘Pendula’	种
119				垂枝榆	*Ulmus pumila* ‘Tenue’	种
120				中华金叶榆	*Ulmus pumila* ‘Jinye’	种
121				春榆	*Ulmus propinqua* var. japonica（Rehd.）Nakai.	种
122				旱榆	*Ulmus glaucescens* Franch.	种
123				榔榆	*Ulmus parvifolia* Jacq.	种
124				圆冠榆	*Ulmus densa* Litw.	种
125			刺榆属	刺榆	*Hemiptelea davidii*（Hance）Planch.	种
126			榉树属	榉树	*Zelkova sefineideriana* Hand. -Mazz.	种
127				大果榉	*Zelkova sinica* Schneid.	种
128			朴属	大叶朴	*Celtis koraiensis* Nakai	种
129				小叶朴	*Celtis bungeana* Bl.	种

续附表 2

序号	科	科学名	属	中文名	学名	分类等级
130	榆科	Ulmaceae	朴属	朴树	*Ceitis sinensis* Pers. (Celtis tetrandra Roxb. ssp. sinensis (Pers.) Y. C. Tang)	种
131				黄果朴	*Celtis labilis* Schneid.	种
132			青檀属	青檀	*Pteroceltis tatarinowii* Maxim.	种
133	桑科	Moraceae	桑属	华桑	*Morus cathayana* Hemsl.	种
134				桑	*Morus alba* L.	种
135				白桑	*Morus alba* L. cv.	品种
136				白玉王	*Morus alba* L. cv.	品种
137				大黑桑	*Morus alba* L. cv.	品种
138				大红皮桑	*Morus alba* L. cv.	品种
139				红果 1 号	*Morus alba* L. cv.	品种
140				花桑	*Morus alba* 'Laciniata '	品种
141				鸡桑	*Morus australis* Poir.	品种
142				江椹 10 号	*Morus alba* L. cv.	品种
143				桑树新品种 7946	*Morus alba* L. cv.	品种
144				无籽大 10	*Morus alba* L. cv.	品种
145				垂枝桑	*Morus alba* cv. 'Pendula'	种
146				鲁桑	*Morus alba* cv. 'Muhicaulis'	种
147				蒙桑	*Morus mongolica* (Bur.) Schneid.	种
148				山桑	*Morus mongolica* var. *diabolica* Koidz.	种
149				鸡桑	*Morus australis* Poir.	种
150			构属	构树	*Broussonetia papyrifera* (L.) L' Hérit. ex Vent.	种
151				'红皮'构树	*Broussonetia papyrifera* 'Hongpi'	品种
152				'花皮'构树	*Broussonetia papyrifera* 'Huapi'	品种
153				'金蝴蝶'构树	*Broussonetia papyrifera* 'Jinhudie'	品种
154				'饲料'构树	*Broussonetia papyrifera* 'Siliao'	品种

续附表 2

序号	科	科学名	属	中文名	学名	分类等级
155	桑科	Moraceae	构属	花叶构树	*Broussonetia papyrifera* ‘Variegata’	种
156				小构树	*Broussonetia* kazinoki	种
157			榕属	无花果	*Ficus carica* L.	种
158				沙漠王(大鸭梨青皮)	*Ficus carica* L. cv.	品种
159				异叶榕	*Ficus heteromorpha* Hemsl.	种
160			柘树属	柘树	*Cudrania tricuspidata* (Carr.) Bureau ex Lavall.	种
161	桑寄生科	Loranthaceae	桑寄生属	毛桑寄生	*Viscum diospyrosicola* Hayata	种
162	领春木科	Eupteleaceae	领春木属	领春木	*Euptelea pleiosperma* Hook. f. et Thoms.	种
163	连香树科	Cercidiphyllaceae	连香树属	连香树	*Cercidiphyllum japonicum* Sieb. et Zucc	种
164	毛茛科	Ranunculaceae	芍药属	牡丹	*Paeonia suffruticosa* Andr.	种
165				凤丹牡丹	*Paeonia suffruticosa* Andr. cv.	品种
166				‘争艳’牡丹	*Paeonia suffruticosa* ‘Zhengyan’	品种
167	木通科	Lardizabalaceae	木通属	木通	*Akebia quinata*(Thunb.)Decne.	种
168	小檗科	Berberidaceae	小檗属	细叶小檗	*Berberis poiretii* Schneid.	种
169				大叶小檗	*Berberis amurensis* Rupr.	种
170				日本小檗	*Berberis thunbergii* DC.	种
171				紫叶小檗	*Berberis thunbergii* var. *atropurpurea* Chenault.	种
172			十大功劳属	阔叶十大功劳	*Mahonia bealei* (Fort.) Carr.	种
173				十大功劳	*Mahonia forunei* (Lindl.) Fedde.	种
174			南天竹属	南天竹	*Nandina domestica* Thunb.	种
175				火焰南天竹	*Nandina domestica* ‘Firepower’	种
176	防己科	Menispermaceae	千金藤属	金钱吊乌龟	*Stephania cepharantha* Hayata	种
177	木兰科	Magnoliaceae	木兰属	夜合花	*Magnolia coco* (Lour.) DC.	种
178				荷花玉兰	*Magnolia grandiflora* L.	种
179				望春玉兰	*Magnolia biondii* Pamp.	种
180				‘粉荷’星花玉兰	*Magnolia stellata* ‘*Fenhe*’	品种

续附表 2

序号	科	科学名	属	中文名	学名	分类等级
181	木兰科	Magnoliaceae	木兰属	‘桃实’望春玉兰	*Magnolia biondii* ‘Ovata’	品种
182				‘宛丰’望春玉兰	*Magnolia biondii* ‘Wanfeng’	品种
183				辛夷	*Magnolia liliflora* Desr.	种
184				玉兰	*Magnolia denudata* Desr.	种
185				‘紫霞’玉兰	*Magnolia liliiflora* ‘*Zixia*’	品种
186				红玉兰	*Magnolia denudata* Desr.	品种
187				飞黄玉兰	*Magnolia denutata* ‘Feihuang’	种
188				武当玉兰	*Magnolia sprengeri* Pamp.	种
189			木莲属	木莲	*Manglietia fordiana* Oliv.	种
190			含笑花属	含笑花	*Michelia figo*（*Lour.*）Spreng.	种
191				‘白玉’含笑	*Michelia platypetala* ‘Baiyu’	品种
192				深山含笑	*Michelia maudiae Dunn*	种
193			鹅掌楸属	鹅掌楸	*Liriodendron chinense* Sarg.	种
194				北美鹅掌楸	*Liriodendron tulipifera* Linn.	种
195			八角属	红茴香	*Illicium henryi*	种
196	蜡梅科	Calycanthaceae	蜡梅属	蜡梅	*Chimonanthus praecox*（L.）Link	种
197				馨口蜡梅	*Chimonanthus praecox*（L.）Link cv.	品种
198				素心蜡梅	*Chimonanthus praecox* ‘Concolor’	种
199			夏蜡梅属	美国蜡梅	*Calycanthus floridus* L.	种
200	虎耳草科	Saxifragaceae	绣球属	圆锥绣球	*Hydrangea paniculata* Sieb.	种
201			溲疏属	大花溲疏	*Deutzia grandiflora* Bge.	种
202				小花溲疏	*Deutzia parviflora* Bge.	种
203				溲疏	*Deutzia scabra* Thunb	种
204			山梅花属	太平花	*Philadelphus pekinensis* Rupr.	种
205				山梅花	*Philadelphus incanus* Koehne	种
206			茶藨子属	刺梨	*Ribes burejense* Fr. schmidt	种

续附表2

序号	科	科学名	属	中文名	学名	分类等级
207	海桐科	Pittosporaceae	海桐属	海桐	*Pittosporum tobira*	种
208	金缕梅科	Hamamelidaceae	枫香属	枫香树	*Liquidambar formosana* Hance	种
209				北美枫香	*Liquidambar styraciflua* L.	种
210			木檵属	红花檵木	*Loropetalum chinense* Oliv var. *rubrun* Yieh	种
211			山白树属	山白树	*Sinowilsonia henryi* Hemsl.	种
212			蚊母树属	蚊母树	*Distyllium racemosum* Sieb. et Zucc.	种
213	杜仲科	Eucommiaceae	杜仲属	杜仲	*Eucommia ulmoides* Oliv.	种
214				‘大果1号’杜仲	*Eucommia ulmoides* ‘Da Guo 1’	品种
215				‘华仲1号’杜仲	*Eucommia ulmoides* ‘Hua Zhong 1’	品种
216	悬铃木科	Platanaceae	悬铃木属	三球悬铃木	*Platanus orientalis* Linn.	种
217				‘少球1号’悬铃木	*Platanus acerifolia* ‘Shao Qiu 1’	品种
218				‘少球2号’悬铃木	*Platanus acerifolia* ‘Shao Qiu 2’	品种
219				‘少球3号’悬铃木	*Platanus acerifolia* ‘Shaoqiu No. 3’	品种
220				一球悬铃木	*Platanus occidentalis* L.	种
221				二球悬铃木	*Platanus orientalis* L.	种
222	蔷薇科	Rosaceae	绣线菊属	华北绣线菊	*Spiraea fritschiana* Schneid.	种
223				中华绣线菊	*Spiraea chinensis* Maxim.	种
224				麻叶绣线菊	*Spiraea cantoniensis* lour. Fl. cochinch.	种
225				三裂绣线菊	*Spiraea trilobata* L.	种
226				中华绣线菊	*Spiraea chinensis* Maxim.	种
227				绣线菊	*Spiraea salicifolia* L.	种
228			珍珠梅属	珍珠梅	*Sorbaria sorbifolia*（L.）A. Br.	种
229				华北珍珠梅	*Sorbaria kirilowii*（Regel.）Maxim.	种
230			白鹃梅属	白鹃梅	*Exochorda racemosa*（Lindl.）Rehd.	种
231			栒子属	水栒子	*Cotoneaster multiflorus* Bunge	种
232				平枝栒子	*Cotoneaster horizontalis* Decne.	种

续附表 2

序号	科	科学名	属	中文名	学名	分类等级
233	蔷薇科	Rosaceae	火棘属	全缘火棘	*Pyracantha atalantioides* (Hance) Stapf.	种
234				火棘	*Pyracantha fortuneana* (Maxim.) Yu et Chiang	种
235			山楂属	山楂	*Crataegus pinnatifida* Bunge	种
236				敞口(大红石榴、大敞口、青口、黑头)	*Crataegus pinnatifida* Bunge cv.	品种
237				大红袍	*Crataegus pinnatifida* Bunge cv.	品种
238				大红子	*Crataegus pinnatifida* Bunge cv.	品种
239				大金星	*Crataegus pinnatifida* Bunge cv.	品种
240				大山楂	*Crataegus pinnatifida* Bunge cv.	品种
241				大五楞	*Crataegus pinnatifida* Bunge cv.	品种
242				丹峰	*Crataegus pinnatifida* Bunge cv.	品种
243				短枝金星	*Crataegus pinnatifida* Bunge cv.	品种
244				林县山楂(北楂)	*Crataegus pinnatifida* Bunge cv.	品种
245				双红	*Crataegus pinnatifida* Bunge cv.	品种
246				小糖球	*Crataegus pinnatifida* Bunge cv.	品种
247				山里红	*Crataegus pinnatifida* var. *major* N. E. Brown	种
248				华中山楂	*Crataegus wilsonii* Sarg.	种
249				橘红山楂	*Crataegus aurantia* Pojark.	种
250			石楠属	贵州石楠	*Photinia Bodinieri*	种
251				石楠	*Photinia serrulata* Lindl.	种
252				光叶石楠	*Photinia glabra* (Thunb.) Maxim.	种
253				小叶石楠	*Photinia parvifolia* (Pritz.) Schneid.	种
254				中华石楠	*Photinia beauverdiana* C. K. Schneid.	种
255				红叶石楠	*Photinia* × *fraseri* Dress	种
256			枇杷属	枇杷	*Eriobotrya japonica* (Thunb.) Lindl.	种
257			花楸属	花楸树	*Sorbus pohuashanensis* (Hance) Hedl.	种

续附表 2

序号	科	科学名	属	中文名	学名	分类等级
258	蔷薇科	Rosaceae	木瓜属	皱皮木瓜	*Chaenomeles speciosa* (Sweet) Nakai	种
259				毛叶木瓜	*Chaenmeles cathayensis* (Hemsl.) schneid.	种
260				日本木瓜	*Chaenomeles japonica* (Thunb.) Lindl.	种
261				木瓜	*Chaenomeles sinensis* (Thouin) Koehne	种
262				金苹果木瓜	*Chaenomeles sinensis* 'Jin Pingguo'	品种
263				圆香木瓜	*Chaenomeles sinensis* 'Yuanxiang'	品种
264			梨属	栽培西洋梨	*Pyrus communis var.* sativa	种
265				木梨	*Cydonia oblonga* Mill.	种
266				太行山梨	*Pyrus taihangshanensis* S. Y. Wang	种
267				豆梨	*Pyrus calleryana* Decne.	种
268				白梨	*Pyrus bretschneideri* Rehd.	种
269				爱宕梨	*Pyrus bretschneideri* Rehd. cv.	品种
270				奥冠红梨	*Pyrus bretschneideri* Rehd. cv.	品种
271				巴梨	*Pyrus bretschneideri* Rehd. cv.	品种
272				砀山酥梨	*Pyrus bretschneideri* Rehd. cv.	品种
273				丰水梨	*Pyrus bretschneideri* Rehd. cv.	品种
274				'红宝石'梨	*Pyrus pyrifolia* 'Hongbaoshi'	品种
275				'华山'梨	*Pyrus pyrifolia* 'huasan'	品种
276				皇冠梨	*Pyrus bretschneideri* Rehd. cv.	品种
277				黄金梨	*Pyrus bretschneideri* Rehd. cv.	品种
278				库尔勒香梨	*Pyrus bretschneideri* Rehd. cv.	品种
279				七月酥梨	*Pyrus pyrifolia* 'Qiyuesu'	品种
280				晚秋黄梨	*Pyrus bretschneideri* Rehd. . cv.	品种
281				雪花梨	*Pyrus bretschneideri* Rehd. cv.	品种
282				'圆黄'梨	*Pyrus pyrifolia* 'Wonwhang'	品种
283				早红考蜜思梨	*Pyrus bretschneideri* Rehd.	品种

续附表 2

序号	科	科学名	属	中文名	学名	分类等级
284	蔷薇科	Rosaceae	梨属	早酥梨	*Pyrus bretschneideri* Rehd. cv.	品种
285				‘早酥香’梨	*Pyrus pyrifolia* ‘Zaosuxiang’	品种
286				中华玉梨	*Pyrus bretschneideri* ‘Zhonghuayuli’	品种
287				‘中梨 1 号’	*Pyrus bretschneideri* ‘Zhongli No. 1’	品种
288				‘中梨 2 号’	*Pyrus pyrifolia* ‘Zhongli No. 2’	品种
289				沙梨	*Pyrus pyrifolia*（Burro. f.）Nadai	种
290				杜梨	*Pyrus betulaefolia* Bunge	种
291			苹果属	湖北海棠	*Malus hupehencis*（Pamp.）Rehd.	种
292				垂丝海棠	*Malus haillana* Koehne	种
293				苹果	*Malus pumila* Mill.	种
294				帝国嘎啦	*Malus pumila* Mill. cv.	品种
295				‘富嘎’苹果	*Malus pumila* ‘Fu Ga’	品种
296				‘富华’苹果	*Malus pumila* ‘Fuhua’	品种
297				富士	*Malus pumila* Mill. cv.	品种
298				富士将军	*Malus pumila* Mill. cv.	品种
299				弘前富士	*Malus pumila* Mill. cv.	品种
300				红将军	*Malus pumila* Mill. cv.	品种
301				红露	*Malus pumila* Mill. cv.	品种
302				‘华丹’苹果	*Malus pumila* ‘Huadan’	品种
303				‘华冠’苹果	*Malus pumila* Mill. cv.	品种
304				‘华佳’苹果	*Malus pumila* ‘Huajia’	品种
305				‘华美’苹果	*Malus pumila* ‘Huamei’	品种
306				‘华瑞’苹果	*Malus pumila* ‘Huarui’	品种
307				‘华硕’苹果	*Malus pumila* ‘Huashuo’	品种
308				‘华玉’苹果	*Malus pumila* ‘Huayu’	品种
309				皇家嘎啦	*Malus pumila* Mill. cv.	品种

续附表2

序号	科	科学名	属	中文名	学名	分类等级
310	蔷薇科	Rosaceae	苹果属	金冠	*Malus pumila* Mill. cv.	品种
311				金帅	*Malus pumila* Mill. cv.	品种
312				‘锦秀红’苹果	*Malus pumila* ‘Jinxiuhong’	品种
313				丽嘎啦	*Malus pumila* Mill. cv.	品种
314				灵宝短富	*Malus pumila* Mill. cv.	品种
315				美国八号	*Malus pumila* Mill. cv.	品种
316				乔纳金	*Malus pumila* Mill. cv.	品种
317				润太一号	*Malus pumila* Mill. cv.	品种
318				藤牧1号	*Malus pumila* Mill. cv.	品种
319				新红星	*Malus pumila* Mill. cv.	品种
320				烟富系列	*Malus pumila* Mill. cv.	品种
321				早红苹果	*Malus pumila* ‘Zaohong’	品种
322				花红	*Malus asiatica* Nakai	种
323				楸子	*Malus prunifolia*（Willd.）Borkh.	种
324				海棠花	*Malus spectabilis*（Ait.）Borkh.	种
325				西府海棠	*Malus micromalus* Makino	种
326				河南海棠	*Malus honanensis* Rehd.	种
327				三叶海棠	*Malus sieboidii*（Regel.）Rehd.	种
328				北美海棠	*North American* Begonia	种
329			棣棠花属	棣棠花	*Kerria japonica*（L.）DC.	种
330				重瓣棣棠花	*Kerria japonica* f. *pleniflora*（Witte.）Rehd.	种
331			鸡麻属	鸡麻	*Rhodotypos scandens*（Thunb.）Makino	种
332			悬钩子属	光滑高粱泡	*Rubus lambertianus* var. glaber	种
333				三花悬钩子	*Rubus trianthus*	种
334				覆盆子	*Rubus idaeus* L.	种
335			蔷薇属	木香花	*Rosa banksiae* Ait.	种

续附表 2

序号	科	科学名	属	中文名	学名	分类等级
336	蔷薇科	Rosaceae	蔷薇属	小果蔷薇	*Rosa cymosa*	种
337				香水月季	*Rosa odorata* (Andr.) Sweet.	种
338				月季	*Rosa chinensis* Jacq.	种
339				‘东方之子’月季	*Rosa chinensis* ‘Dong Fang Zhi Zi’	品种
340				‘粉扇’月季	*Rosa chinensis* ‘Fen Shan’	品种
341				‘锦上添花’月季	*Rosa chinensis* ‘Jinshangtianhua’	品种
342				小月季	*Rosa chinensis* var. minima	种
343				紫月季花	*Rosa chinensis* var. semperflorens	种
344				野蔷薇	*Rosa multiflora* Thunb.	种
345				粉团蔷薇	*Rosa multiflora* var. cathayensis	种
346				七姊妹	*Rosa multiflora*‘*Grevillei*’	种
347				白玉堂	*Rosa multiflora var.* albo-plena	种
348				缫丝花	*Rosa roxburghii* Tratt.	种
349				黄刺玫	*Rosa xanthina* Lindl.	种
350				单瓣黄刺玫	*Rosa xanthina f.* normalis	种
351				玫瑰	*Rosa rugosa* Thunb.	种
352				粉红单瓣玫瑰	*Rosa rugosa f.* rosea	种
353				紫花重瓣玫瑰	*Rosa rugosa f.* plena	种
354				刺梗蔷薇	*Rosa corymbulosa*	种
355				华西蔷薇	*Rosa moyesii* Hemsl. et Wils.	种
356				钝叶蔷薇	*Rosa sertata* Rolfe	种
357			桃属	榆叶梅	*Prunus triloba* Lindl.	种
358				重瓣榆叶梅	*Amygdalus triloba* ‘Multiplex’	种
359				山桃	*Prunus davidiana* (Carr.) Franch	种
360				红花山桃	*Amygdalus davidiana var.* rubra	种
361				桃	*Amygdalus persica* L.	种

续附表 2

序号	科	科学名	属	中文名	学名	分类等级
362	蔷薇科	Rosaceae	桃属	安农水蜜	*Amygdalus persica* L. cv.	品种
363				白凤	*Amygdalus persica* L. cv.	品种
364				北农早艳	*Amygdalus persica* L. cv.	品种
365				仓方早生	*Amygdalus persica* L. cv.	品种
366				春蕾	*Amygdalus persica* L. cv.	品种
367				‘春美’桃	*Amygdalus persica* ‘Chunmei’	品种
368				‘春蜜’桃	*Amygdalus persica* ‘Chunmi’	品种
369				春晓	*Amygdalus persica* L. cv.	品种
370				大红桃	*Amygdalus persica* L. cv.	品种
371				大久保	*Amygdalus persica* L. cv.	品种
372				丰白	*Amygdalus persica* L. cv.	品种
373				‘红菊花’桃	*Amygdalus persica* L. cv.	品种
374				红雪桃	*Amygdalus persica* L. cv.	品种
375				‘黄金蜜桃 3 号’桃	*Prunus persica* ‘Huangjinmitao No. 3’	品种
376				黄水蜜桃	*Amygdalus persica* ‘Huangshuimi’	品种
377				金童 5 号	*Amygdalus persica* L. cv.	品种
378				锦绣黄桃	*Amygdalus persica* L. cv.	品种
379				九九桃王	*Amygdalus persica* L. cv.	品种
380				莱山蜜	*Amygdalus persica* L. cv.	品种
381				农神蟠桃	*Amygdalus persica* L. cv.	品种
382				蟠桃皇后	*Amygdalus persica* L. cv.	品种
383				‘秋甜’桃	*Amygdalus persica* ‘Qiu Tian’	品种
384				日本大沙红	*Amygdalus persica* L. cv.	品种
385				‘洒红龙柱’桃	*Amygdalus persica* L. cv.	品种
386				沙红	*Amygdalus persica* L. cv.	品种
387				曙光	*Amygdalus persica* L. cv.	品种

续附表 2

序号	科	科学名	属	中文名	学名	分类等级
388	蔷薇科	Rosaceae	桃属	五月鲜	*Amygdalus persica* L. cv.	品种
389				夏之梦	*Amygdalus persica* L. cv.	品种
390				新川中岛	*Amygdalus persica* L. cv.	品种
391				‘兴农红’桃	*Amygdalus persica* ‘Xing Nong Hong’	品种
392				映霜红	*Amygdalus persica* L. cv.	品种
393				豫白	*Amygdalus persica* L. cv.	品种
394				豫桃 1 号(红雪桃)	*Amygdalus persica* ‘Yutao No. 1’	品种
395				早超红	*Amygdalus persica* L. cv.	品种
396				早凤王	*Amygdalus persica* L. cv.	品种
397				早露蟠桃	*Amygdalus persica* L. cv.	品种
398				中华寿桃(风雪桃)	*Amygdalus persica* L. cv.	品种
399				‘中蟠桃 10 号’	*Amygdalus persica* L. cv.	品种
400				‘中蟠桃 11 号’	*Amygdalus persica* L. cv.	品种
401				中秋王桃	*Amygdalus persica* L. cv.	品种
402				‘中桃 21 号’	*Prunus persica* ‘Zhong Tao 21’	品种
403				‘中桃 22 号’	*Amygdalus persica* L. cv.	品种
404				‘中桃 4 号’	*Prunus persica* ‘Zhong Tao. 4’	品种
405				‘中桃 5 号’	*Prunus persica* ‘Zhongtao No. 5’	品种
406				‘中桃红玉’	*Prunus persica* ‘Zhongtaohongyu’	品种
407				‘中桃紫玉’	*Amygdalus persica* L. cv.	品种
408				‘中油桃 16 号’	*Amygdalus persica* L. cv.	品种
409				离核毛桃	*Amygdalus persica var.* aganopersica	种
410				油桃	*Amygdalus persica var.* nectarine	种
411				‘千年红’油桃	*Amygdalus persica* var. nectarine ‘Qiannianhong’	品种
412				‘中油桃 10 号’	*Amygdalus persica* var. nectarine ‘Zhongyoutao No. 10’	品种
413				‘中油桃 12 号’	*Amygdalus persica* var. nectarine ‘ZhongYouTao No. 12’	品种

续附表 2

序号	科	科学名	属	中文名	学名	分类等级
414	蔷薇科	Rosaceae	桃属	‘中油桃 13 号’	*Prunus persica* var. nectarine ‘Zhongyoutao No. 13’	品种
415				‘中油桃 14 号’	*Amygdalus persica* var. nectarine ‘Zhongyoutao No. 14’	品种
416				‘中油桃 4 号’	*Amygdalus persica* var. nectarine ‘Zhongyoutao No. 4’	品种
417				‘中油桃 5 号’	*Amygdalus persica* var. nectarine ‘Zhongyoutao No. 5’	品种
418				‘中油桃 8 号’	*Prunus persica* var. nectarine ‘Zhongyoutao No. 8’	品种
419				‘中油桃 9 号’	*Amygdalus persica* var. nectarine ‘Zhongyoutao No. 9’	品种
420				蟠桃	*Amygdalus persica var.* compressa	种
421				紫叶桃	*Amygdalus persica* ‘Atropurpurea’	种
422				碧桃	*Amygdalus persica* ‘Duplex’	种
423				红叶碧桃	*Amygdalus persica* ‘Duplex’ cv.	品种
424				寿星桃	*Amygdalus persica* ‘Densa’	种
425				千瓣白桃	*Amygdalus persica* ‘albo-plena’	种
426				垂枝碧桃	*Amygdalus persica f.* pendula	种
427			杏属	杏	*Armeniaca vulgaris* Lam.	种
428				超仁	*Armeniaca vulgaris* Lam. cv.	品种
429				‘大红’杏	*Armeniaca vulgaris* Lam. cv.	品种
430				丰仁	*Armeniaca vulgaris* Lam. cv.	品种
431				贵妃杏	*Armeniaca vulgaris* ‘Guifei’	品种
432				金太阳	*Armeniaca vulgaris* Lam. cv.	品种
433				凯特杏	*Armeniaca vulgaris* Lam. cv.	品种
434				麦黄八达杏	*Armeniaca vulgaris* Lam. cv.	品种
435				麦黄杏	*Armeniaca vulgaris* Lam. cv.	品种
436				密香杏	*Armeniaca vulgaris* Lam. cv.	品种
437				‘内选 1 号’杏	*Armeniaca vulgaris* ‘Neixuan No. 1’	品种
438				‘濮杏 1 号’	*Armeniaca vulgaris* ‘Pu Xing 1’	品种
439				仰韶杏	*Armeniaca vulgaris Lam. cv.*	品种

续附表 2

序号	科	科学名	属	中文名	学名	分类等级
440	蔷薇科	Rosaceae	杏属	‘早红蜜’杏	*Armeniaca vulgaris* ‘Zaohongmi’	品种
441				‘中仁 1 号’杏	*Armeniaca vulgaris* ‘Zhongren No. 1’	品种
442				野杏	*Armeniaca vulgaris var.* ansu	种
443				山杏	*Prunus rsibirica* L.	种
444				梅	*Armeniaca mume* Sieb.	种
445				红梅	*Armeniaca mume f.* alphandii	种
446				‘垂枝’梅	*Armeniaca mume* ‘Pendula’	种
447			李属	白梅	*Prunus mume f.* alba	种
448				杏李	*Prunls simonii* Carr.	种
449				‘味厚’杏李	*Prunls domestica* × *armeniaca*‘Weihou’	品种
450				紫叶李	*Prunus cerasifera* ‘Pissardii’	种
451				李	*Prunus salicina* Lindl.	种
452				安哥雷洛	*Prunus salicina* Lindl. cv.	品种
453				大玫瑰	*Prunus salicina* Lindl. cv.	品种
454				大石早生	*Prunus salicina* Lindl. cv.	品种
455				黑宝石	*Prunus salicina* Lindl. cv.	品种
456				红美丽	*Prunus salicina* Lindl. cv.	品种
457				红肉李	*Prunus salicina* Lindl. cv.	品种
458				‘黄甘李 1 号’李	*Prunus salicina* ‘Huangganli No. 1’	品种
459				美国大李	*Prunus salicina* Lindl.	品种
460				紫叶稠李	*Prunus virginiana* ‘Canada Red’	种
461				欧洲李	*Prunus domestica* L.	种
462				美人梅	*Prunus* × *blireana cv.* Meiren	种
463				紫叶矮樱	*Prunus* × *cistena*	种
464			樱属	多毛樱桃	*Cerasus polytricha*	种
465				樱桃	*Prunus pseudocerasus* Lindl.	种

续附表 2

序号	科	科学名	属	中文名	学名	分类等级
466	蔷薇科	Rosaceae	樱属	布鲁克斯	*Prunus pseudocerasus* Lindl. cv.	品种
467				黑珍珠	*Prunus pseudocerasus* Lindl. cv.	品种
468				红灯	*Prunus pseudocerasus* Lindl. cv.	品种
469				红艳	*Prunus pseudocerasus* Lindl. cv.	品种
470				‘红叶’樱花	*Prunus pseudocerasus* Lindl. cv.	品种
471				‘红樱’樱桃	*Prunus pseudocerasus* Lindl. cv.	品种
472				美早	*Prunus pseudocerasus* Lindl. cv.	品种
473				‘赛维’樱桃	*Prunus pseudocerasus* Lindl. cv.	品种
474				‘万寿红’樱桃	*Prunus pseudocerasus* Lindl. cv.	品种
475				东京樱花	*Prunus pseudocerasus* Lindl. cv.	种
476				山樱花	*Prunus serrulata* Lindl.	种
477				日本晚樱	*Cerasus serrulata* var. lannesiana	种
478				华中樱桃	*Cerasus conradinae*	种
479				毛樱桃	*Prunus tonentosa* Thunb	种
480				郁李	*Cerasus japonica*（Thunb.）Lois.	种
481				麦李	*Cerasus glandulosa*（Thunb.）Lois.	种
482				欧李	*Cerasus humilis*（Bge.）Sok.	种
483			稠李属	稠李	*Padus racemosa* L.	种
484			臭樱属	臭樱	*Maddenia hypoleuca*	种
485	豆科	Leguminosae	合欢属	山槐	*Albizia kalkora*（Roxb.）Prain	种
486				合欢	*Albizia julibrissin* Durazz.	种
487				‘朱羽’合欢	*Albizia julibrissin* ‘Zhuyu’	品种
488			肥皂荚属	肥皂荚	*Gymnocladus chinensis* Baill.	种
489			皂荚属	皂荚	*Gleditsia sinensis* Lam.	种
490				‘金叶’皂荚	*Gleditsia sinensis* ‘Jinye’	品种
491				‘密刺’皂荚	*Gleditsia sinensis* ‘Mi Ci’	品种

续附表2

序号	科	科学名	属	中文名	学名	分类等级
492	豆科	Leguminosae	皂荚属	‘嵩刺1号’皂荚	*Gleditsia sinensis* ‘Songci No. 1’	品种
493				‘无刺’皂荚	*Gleditsia sinensis* ‘Wu Ci’	品种
494				野皂荚	*Gleditsia microphylla* Gordon ex Y. T. Lee	种
495				山皂荚	*Gleditsia japonica* Miq.	种
496				美国皂荚	*Gleditsia triacanthos* Linn.	种
497			紫荆属	湖北紫荆	*Cercis glabra* Pampan.	种
498				紫荆	*Cercis chinensis* Bunge.	种
499				‘晚霞’加拿大紫荆	*Cercis canadensis* ‘Wanxia’	品种
500				‘樱桐’巨紫荆	*Cercis gigantea* ‘Ying Tong’	品种
501				‘重阳’紫荆	*Cercis canadensis* ‘*Chongyang*’	品种
502				‘紫叶’加拿大紫荆	*Cercis canadensis* ‘Ziye’	品种
503				短毛紫荆	*Cercis chinensis* f. pubescens	种
504				白花紫荆	Cercis chinensis Bunge f. alba Hsu	种
505				加拿大紫荆	*Cercis canadensis L.*	种
506			槐属	白刺花	*Sophora davidii* (Franch) Pavilini	种
507				槐	*Sophora japonica* L.	种
508				龙爪槐	*Sophora japonica* Linn. var. japonica f. pendula Hort	种
509				五叶槐	*Sophora japonica* Linn. var. japonica f. oligophylla Franch.	种
510				毛叶槐	*Sophora japonica var.* pubescens	种
511				金叶国槐	*Sophora japonica* cv. Jinye	种
512				金枝槐	*Sophora japonica* ‘Golden Stem’	种
513			香槐属	香槐	*Cladrastis wilsonii*	种
514				小花香槐	*Cladrastis sinensis* Hemsl.	种
515			马鞍树属	马鞍树	*Maackia hupehenisis*	种
516			木蓝属	河北木蓝	*Indigofera bungeana* Steud.	种
517			紫穗槐属	紫穗槐	*Amorpha fruticosa* L.	种

续附表2

序号	科	科学名	属	中文名	学名	分类等级
518	豆科	Leguminosae	紫藤属	紫藤	*Wisteria sinensis* (Sims) Sweet.	种
519				藤萝	*Wisteria villosa* Rehd.	种
520			刺槐属	刺槐	*Robinia pseudoacacia* L.	种
521				二度红花刺槐	*Robinia pseudoacacia* 'Bella-rosea'	品种
522				'黄金'刺槐	*Robinia pseudoacacia* L.	品种
523				'箭杆'刺槐	*Robinia pseudoacacia* 'Jian Gan'	品种
524				'豫刺槐 1 号'	*Robinia pseudoacacia* 'Yucihuai No. 1'	品种
525				'豫刺槐 2 号'	*Robinia pseudoacacia* 'Yucihuai No. 2'	品种
526				'豫刺槐 3 号'	*Robinia pseudoacacia* 'Yucihuai No. 3'	品种
527				'豫引 1 号'刺槐	*Robinia pseudoacacia* 'Yuyin No. 1'	品种
528				毛刺槐	*Robinia hispida* L.	种
529				红花刺槐	*Robinia pseudoacacia* 'decaisneana'	种
530			锦鸡儿属	红花锦鸡儿	*Caragana rosea* Turcz.	种
531				锦鸡儿	*Caragana sinica* (Buchholz) Rehd.	种
532				树锦鸡儿	*Caragana arborescens* (Atom.) Lam.	种
533			小槐花属	小槐花	*Ohwia caudata*	种
534			胡枝子属	胡枝子	*Lespedeza bicolor* Turcz.	种
535				截叶铁扫帚	*Lespedeza cuneata* (Dum. —Caurs.) G. Don	种
536				中华胡枝子	*Lespedeza chinensis* G. Don	种
537			杭子梢属	杭子梢	*Campylotropis macrocarpa* (Bunge) Rehd.	种
538			葛属	葛	*Pueraria lobata* (Willd.) Ohwi.	种
539			黄檀属	黄檀	*Dalbergia hupeana* Hance.	种
540	芸香科	Rutaceae	吴茱萸属	臭檀吴萸	*Evodia daniellii* (Benn.) Hemsl.	种
541			花椒属	刺异叶花椒	*Zanthoxylum ovalifolium var.* spinifolium	种
542				竹叶花椒	*Zanthoxylum armatum* DC.	种
543				花椒	*Zanthoxylum bungeanum* Maxim.	种

续附表 2

序号	科	科学名	属	中文名	学名	分类等级
544	芸香科	Rutaceae	花椒属	大红椒(油椒、二红袍、二性子)	*Zanthoxylum bungeanum* Maxim. cv.	品种
545				大红袍花椒	*Zanthoxylum bungeanum* Maxim. cv.	品种
546				‘林州红’花椒	*Zanthoxylum bungeanum* ‘Linzhouhong’	品种
547				小红袍(小椒子、米椒、马尾椒、枸椒)	*Zanthoxylum bungeanum* Maxim. cv.	品种
548				毛叶花椒	*Zanthoxylum bungeanum var.* pubescens	种
549				朵花椒	*Zanthoxylum molle* Rehd.	种
550				小花花椒	*Zanthoxylum* micranthum Hemsl.	种
551			枳属	枳	*Poncirus trifoliate* (1.) Raf.	种
552			柑橘属	柑橘	*Citrus reticulata*	种
553	苦木科	Simarubaceae	臭椿属(樗属)	刺臭椿	*Ailanthus vilomoriniana* Dode.	种
554				老臭椿	*Ailanthus giraldii*	种
555				臭椿	*Ailathus altissima* (Mill.) Swingle.	种
556				‘白皮千头’椿	*Ailathus altissima* ‘Baipi Qiantou’	品种
557	楝科	Meliaceae	香椿属	香椿	*Toona sinensis* (A. Juss.) Roem.	种
558				‘豫林 1 号’香椿	*Toona sinensis* ‘Yulin No. 1’	品种
559				红椿	*Toona microcarpa* (C. DC.) Harms	种
560			楝属	楝	*Melia azedarach* L.	种
561	大戟科	Euphorbiaceae	雀儿舌头属	雀儿舌头	*Leptopus chinensis* (Bunge) Pojark.	种
562			重阳木属	重阳木	*Bischofia polycarpa* (Levl.) Airy Shaw	种
563			野桐属	野梧桐	*Mallotus japonicus* (Thunb.) Muell. Arg.	种
564			乌桕属	乌桕	*Sapium sebiferum* (L.) Roxb.	种
565	黄杨科	Buxaceae	黄杨属	锦熟黄杨	*Buxus sempervirens* Linn.	种
566				黄杨	*Buxus sinica* Cheng	种
567				彩叶北海道黄杨	*Euonymus japonicus* ‘Caiye’	品种

续附表2

序号	科	科学名	属	中文名	学名	分类等级
568	黄杨科	Buxaceae	黄杨属	小叶黄杨	*Buxus sinica*（Rehd. et Wils.）Cheng subsp. *sinica* var. *parvifolia* M. Cheng	种
569				尖叶黄杨	*Buxus sinica*（Rehd. et Wils.）Cheng ex M. Cheng subsp. aemulans（Wils.）M. Cheng	种
570				雀舌黄杨	*Buxus bodinieri* Levl.	种
571	漆树科	Anacardiaceae	黄连木属	黄连木	*Pistacia chinensis* Bunge	种
572			盐肤木属	盐肤木	*Rhus chinensis* Mill.	种
573				火炬树	*Rhus typhina* L.	种
574				青麸杨	*Rhus potaninii* Maxim.	种
575			漆属	漆树	*Toxicodendron vernicifluum*（Stokes.）F. A. Barkley	种
576			黄栌属	粉背黄栌	*Cotinus coggygria* var. *glaucophylla* C. Y. Wu	种
577				‘紫叶’黄栌	*Cotinus coggygria* ‘Ziye’	品种
578				毛黄栌	*Cotinus coggygria* var. *pubescens* Engl.	种
579				美国黄栌	*Cotinus obovatus*	种
580	冬青科	Aquifoliaceae	冬青属	无刺枸骨	*Ilex cornuta* var fortunei	种
581				细刺枸骨	*Ilex* hylonoma Hu & T. Tang	种
582				大叶冬青	*Ilex latifolia* Thunb.	种
583				冬青	*Ilex chinensis* Sims	种
584				大果冬青	*Ilex macrocarpa* Oliv.	种
585				齿叶冬青	*Ilex crenata* Thunb.	种
586				枸骨	*Ilex cornuta* Lindl.	种
587	卫矛科	Celastraceae	卫矛属	卫矛	*Euonymus alatus*（Thunb.）Sieb.	种
588				白杜	*Euonymus maackii* Rupr.	种
589				西南卫矛	*Euonymus hamiltonianus* Wall. ex Roxb.	种
590				角翅卫矛	*Euonymus cornutus*	种
591				陕西卫矛	*Euonymus schensianus* Maxim.	种

续附表 2

序号	科	科学名	属	中文名	学名	分类等级
592	卫矛科	Celastraceae	卫矛属	小果卫矛	*Euonymus microcarpus*	种
593				大果卫矛	*Euonymus myrianthus*	种
594				冬青卫矛	*Euonymus japonicus* L.	种
595				扶芳藤	*Euonymus fortunei* (Turcz.) Hand. -Mazz.	种
596				胶东卫矛	*Euonymus kiautschovicus* Loes.	种
597				大叶黄杨	*Euonymus japonicus* L.	种
598			南蛇藤属	南蛇藤	*Celastrus orbiculatus* Thunb.	种
599				刺苞南蛇藤	*Celastrus flagellaris* Rupr.	种
600				苦皮滕	*Celastrus angulatus* Maxim.	种
601	省沽油科	Staphyleaceae	省沽油属	省沽油	*Staphylea bumalda* DC.	种
602			野鸦椿属	野鸦椿	*Euscaphis japonica* (Thunb.) Dippel	种
603	槭树科	Aceraceae	槭属	元宝槭	*Acer truncatum* Bunge	种
604				五角枫	*Acer mono* Maxim.	种
605				三尖色木枫	*Acer pictum subsp.* tricuspis	种
606				鸡爪槭	*Acer palmatum* Thunb.	种
607				羽毛枫	*Acer palmatum* 'Dissectum'	种
608				红枫	*Acer palmatum* 'Atropurpureum'	种
609				杈叶枫	*Acer ceriferum*	种
610				茶条槭	*Acer ginnala* Maxim.	种
611				深灰槭	*Acer caesium Wall. ex* Brandis subsp. caesium	种
612				三角槭	*Acer buergerianum* Miq.	种
613				飞蛾槭	*Acer oblongum*	种
614				青榨槭	*Acer davidii* Franch.	种
615				葛罗枫	*Acer davidii subsp.* grosseri	种
616				血皮槭	*Acer griseum* (Franch.) Pax	种
617				建始槭	*Acer henryi* Pax	种

续附表 2

序号	科	科学名	属	中文名	学名	分类等级
618	槭树科	Aceraceae	槭属	梣叶槭	*Acer negundo* L.	种
619				‘花叶’复叶槭	*Acer negundo* ‘Huaye’	品种
620				‘金叶’复叶槭	*Acer negundo* ‘Jinye’	品种
621				中豫青竹复叶槭	*Acer negundo* ‘Zhongyu Qingzhu’	品种
622				挪威槭	*Acer platanoides* L.	种
623				糖槭	*Acer saccharum* Marsh	种
624	七叶树科	Hippocastanaceae	七叶树属	七叶树	*Aesculus chinensis* Bge.	种
625				红花七叶树	*Aesculus* × *carnea* Zeyh.	种
626	无患子科	Sapindaceae	无患子属	无患子	*Sapindus saponaria*	种
627			栾树属	栾树	*Koelreuteria paniculata* Laxm.	种
628				复羽叶栾树	*Koelreuteria bipinnata* Franch.	种
629				黄山栾树	*Koelreuteria bipinnata* Franch. var. *integrifoliola* (Merr.) T. Chen	种
630			黄梨木属	黄梨木	*Boniodendron minus* (Hemsl.) T. Chen	种
631			文冠果属	文冠果	*Xanthoceras sorbifolia* Bge.	种
632	清风藤科	Sabiaceae	泡花树属	垂枝泡花树	*Meliosma flexuosa* Pamp.	种
633	鼠李科	Rhamnaceae	鼠李属	卵叶鼠李	*Rhamnus bungeana* J. Vass.	种
634				小叶鼠李	*Rhamnus parvifolius* Bge.	种
635				鼠李	*Rhamnus davurica* Pall.	种
636				冻绿	*Rhamnus utilis* Decne.	种
637			枳椇属	枳椇	*Hovenia acerba*	种
638			勾儿茶属（牛儿藤属）	勾儿茶	*Berchemia* sinica Schneid.	种
639			枣属	枣	*Ziziphus jujuba* Mill.	种
640				扁核酸枣	*Ziziphus jujuba* ‘Bianhesuan’	品种
641				冬枣	*Ziziphus jujuba* Mill. cv.	品种

续附表 2

序号	科	科学名	属	中文名	学名	分类等级
642	鼠李科	Rhamnaceae	枣属	灰枣(若羌枣)	*Ziziphus jujuba* Mill. cv.	品种
643				鸡心枣(小枣)	*Ziziphus jujuba* Mill. cv.	品种
644				‘尖脆’枣	*Ziziphus jujuba* ‘Jian Cui’	品种
645				九月青	*Ziziphus jujuba* Mill. cv.	品种
646				灵宝大枣	*Ziziphus jujuba* ‘Lingbao Dazao’	品种
647				新郑灰枣	*Ziziphus jujuba* ‘Xinzheng Huizao’	品种
648				‘新郑早红’枣	*Ziziphus jujuba* ‘Xinzhengzaohong’	品种
649				豫枣 1 号(无刺鸡心枣)	*Ziziphus jujuba* ‘Yuzao No. 1’	品种
650				长红枣	*Ziziphus jujuba* Mill. cv.	品种
651				‘中牟脆丰’枣	*Ziziphus jujuba*‘Zhongmoucuifeng’	品种
652				酸枣	*var. spinosa* (Bunge) Hu ex H. F. Chow	种
653				葫芦枣	*f. lavgeniformis* (Nakai) Kitag.	种
654				龙爪枣	*f. tortuosa* C. Y. Cheng et M. J. Liu	种
655	葡萄科	Vitaceae	葡萄属	秋葡萄	*Vitis romanetii*Roman.	种
656				小叶葡萄	*Vitis sinocinerea*	种
657				华北葡萄	*Vitis bryoniaefolia* Bge.	种
658				毛葡萄	*Vitis quinquangularis* Rehd.	种
659				葡萄	*Vitis vinifera* L.	种
660				‘黑巴拉多’葡萄	*Vitis vinifera* ‘Kurobaladi’	品种
661				红巴拉多	*Vitis vinifera* L. cv.	品种
662				红宝石无核	*Vitis vinifera* L. cv.	品种
663				红地球	*Vitis vinifera* L. cv.	品种
664				‘红美’葡萄	*Vitis vinifera* ‘Hongmei’	品种
665				户太八号	*Vitis vinifera* L. cv.	品种
666				‘金手指’葡萄	*Vitis vinifera* ‘Goldfinger’	品种
667				京亚	*Vitis vinifera* L. cv.	品种

续附表 2

序号	科	科学名	属	中文名	学名	分类等级
668	葡萄科	Vitaceae	葡萄属	巨峰	*Vitis vinifera* L. cv.	品种
669				巨玫瑰	*Vitis vinifera* L. cv.	品种
670				可瑞森无核	*Vitis vinifera* L. cv.	品种
671				美人指	*Vitis vinifera* L. cv.	品种
672				摩尔多瓦	*Vitis vinifera* L. cv.	品种
673				藤稔	*Vitis vinifera* L. cv.	品种
674				维多利亚	*Vitis vinifera* L. cv.	品种
675				‘夏黑’葡萄	*Vitis vinifera* ‘Summerblack’	品种
676				‘夏至红’葡萄	*Vitis vinifera* ‘Xiazhihong’	品种
677				‘阳光玫瑰’葡萄	*Vitis vinifera* ‘Bailey’	品种
678				郑佳葡萄(郑果大无核)	*Vitis vinifera* ‘Zhengjia’	品种
679				山葡萄	*Vitis amurensis* Rupr.	种
680				华东葡萄	*Vitis pseudoreticulata* W. T. Wang	种
681			蛇葡萄属	蛇葡萄	*Ampelopsis sinica*(Mig.)W. T. Wang.	种
682				掌裂蛇葡萄	*var. glabra* Diels et Gilg	种
683			地锦属（爬山虎属）	地锦	*Parthenocissus tricuspidata*	种
684				异叶地锦	*Parthenocissus dalzielii* Gagnep.	种
685				三叶地锦	*Parthenocissus semicordata* (Wall. ex Roxb.) Planch.	种
686				五叶地锦	*Parthenocissus quinquefolia* (L.) Planch.	种
687	椴树科	Tiliaceae	椴树属	辽椴	*Tilia mandschurica* Rupr. et Maxim.	种
688				蒙椴	*Tilia mongolica* Maxim.	种
689				光叶糯米椴	*Tilia henryana* Szyszyl. var. *subglabra* V. Engl.	种
690			扁担杆属	扁担杆	*Grewia biliba* G. Don	种
691	锦葵科	Malvaceae	木槿属	木芙蓉	*Hibiscus mutabilis* L.	种
692				木槿	*Hibiscus syriacus* L.	种
693	梧桐科	Sterculiaceae	梧桐属	梧桐	*Firmiana platanifolia* (L. f.) Marsili	种

续附表 2

序号	科	科学名	属	中文名	学名	分类等级
694	猕猴桃科	Actinidiaceae	猕猴桃属	河南猕猴桃	*Actinidia henanensis*	种
695				中华猕猴桃	*Actinidia chinensis* Planch.	种
696	山茶科	Theaceae	山茶属	山茶	*Camellia japonica* L.	种
697	藤黄科	Guttiferae	金丝桃属	金丝桃	*Hypericum chinensis*	种
698	柽柳科	Tamaricaceae	柽柳属	柽柳	*Tamarix chinensis* Lour.	种
699	大风子科	Flacourtiaceae	山拐枣属	山拐枣	*Poliothyrsis sinenis* Oliv.	种
700	胡颓子科	Elaeagnaceae	胡颓子属	牛奶子	*Elaeagnus umbellata* Thunb.	种
701				佘山羊奶子	*Elaeagnus argyi* Levl.	种
702				翅果油树	*Elaeagnus mollis* Diels	种
703	石榴科	Punicaceae	石榴属	石榴	*Punica granatum* L.	种
704				白花重瓣	*Punica granatum* L. cv.	品种
705				薄皮	*Punica granatum* L. cv.	品种
706				大白甜	*Punica granatum* L. cv.	品种
707				大果青皮酸	*Punica granatum* L. cv.	品种
708				大红甜	*Punica granatum* L. cv.	品种
709				‘冬艳’石榴	*Punica granatum* L. cv.	品种
710				范村软籽	*Punica granatum* L. cv.	品种
711				粉红花重瓣	*Punica granatum* L. cv.	品种
712				河阴软籽	*Punica granatum* L. cv.	品种
713				红如意	*Punica granatum* L. cv.	品种
714				‘绿丰’石榴	*Punica granatum* ‘Lvfeng’	品种
715				牡丹花	*Punica granatum* L. cv.	品种
716				青皮	*Punica granatum* L. cv.	品种
717				泰山红	*Punica granatum* L. cv.	品种
718				突尼斯软籽石榴	*Punica granatum* L. cv.	品种
719				小红果酸	*Punica granatum* L. cv.	品种

续附表 2

序号	科	科学名	属	中文名	学名	分类等级
720	石榴科	Punicaceae	石榴属	以色列软籽	*Punica granatum* L. cv.	品种
721				月季	*Punica granatum* L. cv.	品种
722				白石榴	*Punica granatum* ‘Albescens’	种
723				月季石榴	*Punica granatum* ‘Nana’	种
724				重瓣白石榴	*Punica granatum* ‘Multiplex’	种
725				重瓣红石榴	*Punica granatum* ‘Planiflora’	种
726				玛瑙石榴	*Punica granatum* ‘Lagrellei’	种
727	千屈菜科	Lythraceae	紫薇属	紫薇	*Lagerstroemia indica* L.	种
728				国旗红	*Lagerstroemia indica* L. cv.	品种
729				红火箭	*Lagerstroemia indica* L. cv.	品种
730				红火球	*Lagerstroemia indica* L. cv.	品种
731				‘红云’紫薇	*Lagerstroemia indica* L. cv.	品种
732				银薇	*Lagerstroemia indica* var. *alba* Nichols.	种
733				南紫薇	*Lagerstroemia subcostata* Koehne	种
734				云南紫薇	*Lagerstroemia entrmedia* Koehne	种
735				川黔紫薇	*Lagerstroemia excelsa* (Dode) Chun	种
736	蓝果树科	Nyssaceae	喜树属	喜树	*Camptotheca acuminata* Decne.	种
737			珙桐属	珙桐	*Davidia involucrata* Baill.	种
738	八角枫科	Alangiaceae	八角枫属	八角枫	*Alangium chinense* (Lour.) Harms	种
739				瓜木	*Alangium platanifolium* (Sieb. et Zucc.) Harms	种
740	五加科	Araliaceae	常春藤属	常春藤	*Hedera nepalensis* K. Koch var. sinensis (Tobl.) Rehd.	种
741			刺楸属	刺楸	*Kalopanax pictus* (Thunb.) Nakai.	种
742			楤木属	楤木	*Aralia chinensis* L.	种
743				辽东楤木	*Aralia elata* (Miq.) Seem.	种
744			八角金盘属	八角金盘	*Fatsia japonica* (Thunb.) Decne. et Planch	种
745	山茱萸科	Cornaceae	灯台树属	灯台树	*Aralia elata* (Miq.) Seem.	种

续附表 2

序号	科	科学名	属	中文名	学名	分类等级
746	山茱萸科	Cornaceae	梾木属	红瑞木	*Swida alba* Opiz	种
747				沙梾	*Swida bretschneideri* (L. Henry) Sojak.	种
748				梾木	*Swida macrophylla* (Wall.) Sojak.	种
749				毛梾	*Swida walteri* (Wanger.) Sojak	种
750			山茱萸属	山茱萸	*Cornus officinalis* Sieb. et Zucc.	种
751	杜鹃花科	Ericaceae	杜鹃花属	河南杜鹃	*Rhododendron henanense* W. P. Fang	种
752				杜鹃花	*Rhododendron simsii* Planch.	种
753			越橘属	越橘	*Vaccinium vitis-idaea* Linn.	种
754	柿树科	Ebeanaceae	柿树属	柿	*Diospyros kaki* Thunb	种
755				‘博爱八月黄’柿	*Diospyros kaki* ‘Bayuehuang’	品种
756				次郎	*Diospyros kaki* Thunb cv.	品种
757				盖柿	*Diospyros kaki* Thunb cv.	品种
758				‘黑柿 1 号’柿	*Diospyros kaki* ‘Heishi No. 1’	品种
759				‘黄金方’柿	*Diospyros kaki* ‘Huangjinfang’	品种
760				斤柿	*Diospyros kaki* Thunb cv.	品种
761				罗田甜柿	*Diospyros kaki* Thunb cv.	品种
762				绵柿	*Diospyros kaki* Thunb cv.	品种
763				‘面’柿	*Diospyros kaki* ‘Mian’	品种
764				磨盘柿	*Diospyros kaki* Thunb	品种
765				牛心柿	*Diospyros kaki* ‘Niuxin’	品种
766				‘七月燥’柿	*Diospyros kaki*‘Qiyuezao’	品种
767				前川次郎	*Diospyros kaki* Thunb cv.	品种
768				‘四瓣’柿	*Diospyros kaki* ‘SiBan’	品种
769				小方柿	*Diospyros kaki* Thunb cv.	品种
770				‘小红’柿	*Diospyros kaki* ‘XiaoHong’	品种
771				小柿	*Diospyros kaki* Thunb cv.	品种

续附表 2

序号	科	科学名	属	中文名	学名	分类等级
772	柿树科	Ebeanaceae	柿树属	新秋	*Diospyros kaki* Thunb cv.	品种
773				血柿	*Diospyros kaki* Thunb cv.	品种
774				‘中柿 1 号’柿	*Diospyros kaki* ‘Zhongshi No. 1’	品种
775				‘中柿 2 号’柿	*Diospyros kaki* ‘Zhongshi No. 2’	品种
776				油柿	*Diospyros oleifera* Cheng	种
777				野柿	*Diospyros kaki* Thunb. var. *silvestris* Makino	种
778				君迁子	*Diospyros lotus* L.	种
779	山矾科	Symplocaceae	山矾属	山矾	*Symplocos sumuntia* Buch. -Ham. ex D. Don	种
780	野茉莉科	Styracaceae	秤锤树属	秤锤树	*Sinojackia xylocarpa* Hu	种
781	木犀科	Oleaceae	雪柳属	雪柳	*Fontanesia fortunei* Carr.	种
782			白蜡树属	小叶白蜡树	*Fraxinus bungeana* DC.	种
783				白蜡树	*Fraxinus chinensis* Roxb.	种
784				大叶白蜡树	*Fraxinus rhynchophylla* Hance	种
785				美国白蜡树	*Fraxinus americana* L.	种
786				水曲柳	*Fraxinus mandshurica* Rupr.	种
787				光蜡树	*Fraxinus griffithii*	种
788			连翘属	连翘	*Forsythia suspensa*(Thunb.) Vahl	种
789				‘金脉’连翘	*Forsythia suspensa* ‘Goldvein’	品种
790				‘金叶’连翘	*Forsythia suspensa* ‘Sauon Gold’	品种
791				金钟花	*Forsythia viridissima* Lindl.	种
792			丁香属	北京丁香	*Syringa pekinensis* Rupr.	种
793				暴马丁香	*Syringa reticulata* var. *amurensis*(Rupr.) Pringle	种
794				华北丁香	*Syringa oblata*	种
795				花叶丁香	*Syringa*‘ × ’persica L.	种
796				小叶丁香	*Syringa pubescens* Turcz.	种
797				紫丁香	*Syringa oblata* Lindl.	种

续附表 2

序号	科	科学名	属	中文名	学名	分类等级
798	木樨科	Oleaceae	木樨属	木樨	*Osmanthus frsgrans* (Thunb.) Lour.	种
799				丹桂	*Osmanthus frsgrans* ‘Aurantiacus’	品种
800				‘潢川金’桂	*Osmanthus frsgrans* ‘Huang Chuan Thunbergii’	品种
801				金桂	*Osmanthus frsgrans* ‘Jingui’	品种
802				银桂	*Osmanthus frsgrans* ‘latifolius’	品种
803			流苏树属	流苏树	*Chionanthus retusus* Lindl. et Paxt.	种
804			女贞属	女贞	*Ligustrum lucidum* Ait.	种
805				花带女贞	*Ligustrum lucidum* Ait. cv.	品种
806				辉煌女贞	*Ligustrum lucidum*‘Excelsum Superbum’	品种
807				金森女贞	*Ligustrum japonicum* ‘Howardii’	品种
808				‘平抗 1 号’金叶女贞	*Ligustrum lucidum* ‘Pingkang No. 1’	品种
809				日本女贞	*Ligustrum japonicum* Thunb.	种
810				小蜡	*Ligustrum sinense* Lour.	种
811				小叶女贞	*Ligustrum quihoui* Carr.	种
812				水蜡树	*Ligustrum obtusifolium* Sieb. et Zucc.	种
813				卵叶女贞	*Ligustrum* ovalifolium Hassk.	种
814			茉莉属（素馨属）	探春花	*Jasminum floridum* Bunge	种
815				迎春花	*Jasminum nudiflorum* Lindl.	种
816	马钱科	Loganiaceae	醉鱼草属	醉鱼草	*Buddleja lindleyana* Fortune	种
817	夹竹桃科	Apocynaceae	夹竹桃属	夹竹桃	*Nerium indicum* Mill.	种
818	萝藦科	Asclepiadaceae	杠柳属	杠柳	*Periploca sepium* Bunge	种
819	紫草科	Boraginaceae	厚壳树属	粗糠树	*Ehretia macrophylla*	种
820	马鞭草科	Verbenaceae	紫珠属	紫珠	*Callicarpa japonica* Thunb.	种
821			牡荆属	黄荆	*Vitex negundo* L.	种
822				荆条	*Vitex negundo var. heterophylla*(Franch.) Rehd.	种
823			大青属（桢桐属）	臭牡丹	*Clerodendrum bungei* Steud.	种
824				海州常山	*Clerodendrum trichotomum* Thunb.	种

续附表 2

序号	科	科学名	属	中文名	学名	分类等级
825	茄科	Solanaceae	枸杞属	枸杞	*Lycium chinense* Mill.	种
826				宁夏枸杞	*Lycium barbarum* L.	种
827	玄参科	Scrophulariaceae	泡桐属	毛泡桐	*Paulownia tomentosa*(Thunb.)Steud.	种
828				‘白四’泡桐	*Paulownia fortunei* ‘BaiSi’	品种
829				‘兰四’泡桐	*Paulownia elongate* ‘LanSi’	品种
830				光泡桐	*Paulownia tomentosa* var. *tsinlingensis* (Pai) Gong Tong	种
831				兰考泡桐	*Paulownia elongata* S. Y. Hu	种
832				楸叶泡桐	*Paulownia catalpifolia* Gong Tong	种
833				白花泡桐	*Paulownia fortunei*(Seem.)Hemsi.	种
834	紫葳科	Bignoniaceae	梓树属	梓树	*Catalpa ovata* G. Don	种
835				楸树	*Catalpa bungei* C. A. Mey.	种
836				‘百日花’楸树	*Catalpa bungei* ‘Bairihua’	品种
837				‘金楸 1 号’	*Catalpa bungei* ‘Jinqiu No. 1’	品种
838				‘金丝楸 0432’	*Catalpa bungei* ‘Jinsiqiu No. 0432’	品种
839				‘豫楸 1 号’	*Catalpa bungei* ‘Yuqiu No. 1’	品种
840				灰楸	*Catalpa fargesii* Bur.	种
841			凌霄属	凌霄	*Gampsis grandiflora*(Thunb.)Schum.	种
842				美洲凌霄	*Campsis radicans*(L.)Seem.	种
843	茜草科	Rubiaceae	水团花属	水冬瓜	*Adina pilulifera*	种
844			栀子属	栀子	*Gardenia jasminoides* Ellis.	种
845				栀子花	*Gardenia jasminoides* var. grandflora	种
846			野丁香属	薄皮木	*Leptodermis oblonga* Bunge	种
847			鸡矢藤属	鸡矢藤	*Paederia scandens*(Lour.)Merr.	种
848	忍冬科	Caprifoliaceae	接骨木属	接骨木	*Sambucus williamsii* Hance	种
849				‘金羽’接骨木	*Sambucus racemosa* ‘Plumosa Aurea’	品种
850				‘紫云’接骨木	*Sambucus nigra* ‘Thunder Cloud’	品种

续附表 2

序号	科	科学名	属	中文名	学名	分类等级
851	忍冬科	Caprifoliaceae	荚蒾属	绣球荚蒾	*Viburnum macrocephalum* Fort.	种
852				琼花	*Viburnum macrocephalum* Fort. f. keteleeri (Carr.) Rehd.	种
853				陕西荚蒾	*Viburnum schensianum* Maxim.	种
854				皱叶荚蒾	*Viburnum rhytidophyllum* Hemsl.	种
855				珊瑚树	*Viburnum odoratissimum* Ker-Gawl.	种
856				北方荚蒾	*Vinurnum hupehense* Rehd. subsp. septentrionale Hs	种
857				荚蒾	*Viburnum dilatatum* Thunb.	种
858				鸡树条荚蒾	*Viburnum opulus* var. *calvescens*(Rehd.)Hara	种
859			蝟实属	蝟实	*Kolkwitzia amabilis* Graebn.	种
860			六道木属	糯米条	*Abelia chinensis* R. Br.	种
861				六道木	*Abelia biflora* Turcz.	种
862			锦带花属	锦带花	*Weigela florida* (Bunge) A. DC.	种
863			忍冬属	华北忍冬	*Lonicera tatarionwill* Maxim.	种
864				郁香忍冬	*Lonicera fragrantissima* Lindl. ct Paxt.	种
865				金银忍冬	*Lonicera maackii* (Rupr.) Maxim.	种
866				忍冬	*Lonicera japonica* Thunb.	种
867				金银花	*Lonicera japonica* Thunb.	种
868				‘金丰 1 号’金银花	*Lonicera japonica* ‘Jinfeng No. 1’	品种
869	菊科	Compositae	蚂蚱腿子属	蚂蚱腿子	*Myripnois dioica* Bunge	种
870	禾本科	Graminae	刚竹属	毛竹	*Phyllostachys heterocycla* cv. ‘Pubescens’	种
871				刚竹	*Phyllostachys sulpurea var. viridis* R. A. Yong	种
872				早园竹	*Phyllostachys propinqua* McClure	种
873				淡竹	*Phyllostachys glauca* McClure	种
874				紫竹	*Phyllostachys nigra* (Lodd. ex Lindl.) Munro	种
875				罗汉竹	*Phyllostachys aurea* Carr. ex A. et C. Riv.	种
876			箬竹属	阔叶箬竹	*Indocalamus latifolius* (Keng) McClure	种
877			刺竹属	箬叶竹	*Indocalamus longiauritus* Hand. -Mazz.	种
878				凤凰竹	*Bambusa multiplex* (Lour.) Raeusch. *ex Schult.* ‘Fernleaf’ R. A. Young	种
879	棕榈科	Palmae	棕榈属	棕榈	*Trachycarpus fortunei* (Hook. f.) H. Wendl.	种
880	百合科	Liliaceae	丝兰属	凤尾丝兰	*Yucca gloriosa* L.	种

附表3　安阳市野生林木种质资源名录

序号	科	科学名	属	中文名	学名	分类等级
1	银杏科	Ginkgoaceae	银杏属	银杏	*Ginkgo biloba* L.	种
2	松科	Pinaceae	雪松属	雪松	*Cedrus deodara*（Roxb.）G. Don	种
3			松属	白皮松	*Pinus bungeana* Zucc.	种
4				油松	*Pinus tabulaeformis* Carr.	种
5	杉科	Taxodiaceae	杉木属	杉木	*Cunninghamia lanceolata*（Lamb.）Hook.	种
6	柏科	Cupressaceae	侧柏属	侧柏	*Platycladus orientalis*（L.）Franco	种
7			圆柏属	龙柏	*Sabina chinensis*（L.）Ant. cv. Kaizuca	种
8	红豆杉科	Taxaceae	红豆杉属	南方红豆杉	*Taxus mairei*（Leme. et Levl.）S. Y. Hu ex liu	种
9	杨柳科	Salicaceae	杨属	银白杨	*Populus alba* L.	种
10				毛白杨	*Populus tomentosa* Carr.	种
11				山杨	*Populus davidiana* Dode	种
12				小叶杨	*Populus simonii* Carr.	种
13			柳属	旱柳	*Salix matsudana* Koidz.	种
14				垂柳	*Salix babylonica* L.	种
15				中国黄花柳	*Salix sinica*（Hao）C. Wang et C. F. Fang—S. caprea L. var. *sinica* Hao	种
16				腺柳	*Salix chaenomeloides* Kimura	种
17	胡桃科	Juglandaceae	枫杨属	枫杨	*Pterocarya stenoptera* DC.	种
18			胡桃属	胡桃	*Juglans regia* L.	种
19				野胡桃	*Juglans cathayensis* Dode	种
20				胡桃楸	*Juglans mandshurica* Maxim.	种
21	桦木科	Betulaceae	桦木属	白桦	*Betula platyphylla* Suk.	种
22				坚桦	*Betula chinensis* Maxim.	种
23				糙皮桦	*Betula utilis* D. Don	种
24				红桦	*Betula albo-sinensis* Burk.	种
25			榛属	榛	*Corylus heterophylla* Fisch. ex Trautv.	种

续附表 3

序号	科	科学名	属	中文名	学名	分类等级
26	桦木科	Betulaceae	榛属	角榛	*Corylus mandshurica*	种
27			鹅耳枥属	千金榆	*Carpinus cordata* Bl.	种
28				川鄂鹅耳枥	*Carpinus hupeana* Hu var. *henryana*（H. Winkl.）P. C. Li	种
29				鹅耳枥	*Carpinus turczaninowii* Hance	种
30				小叶鹅耳枥	*Carpinus turczaninowii* var. *stipulata*（Winkl.）H. Winkl.	种
31				河南鹅耳枥	*Carpinus funiushanensis*	种
32			虎榛属	虎榛	*Ostryopsis davidiana* Decne.	种
33	壳斗科	Fagaceae	栗属	茅栗	*Castanea seguinii* Dode	种
34			栎属	栓皮栎	*Quercus variabilis* Bl.	种
35				麻栎	*Quercus acutissima* Carr.	种
36				短柄枹树	*Quercus glandulifera* var. *brevipetiolata*（DC.）Nakai	种
37				槲栎	*Quercus aliena* Bl.	种
38				锐齿栎	*Quercus aliena* var. *acuteserrata* Maxim. ex wenz.	种
39				槲树	*Quercus dentata* Thunb.	种
40				蒙古栎	*Quercus mongolica* Fisch. ex Turcz.	种
41				辽东栎	*Quercus liaotungensis* Koidz.	种
42				橿子栎	*Quercus baronii* Skan	种
43	榆科	Ulmaceae	榆属	大果榆	*Ulmus macrocarpa* Hance	种
44				脱皮榆	*Ulmus iamellosa* T. Wang et S. L. Chang	种
45				太行榆	*Ulmus taihangshanensis* S. Y. Wang	种
46				榆树	*Ulmus pumila* L.	种
47				黑榆	*Ulmus davidiana* Planch.	种
48				春榆	*Ulmus propinqua* var. *japonica*（Rehd.）Nakai.	种
49				旱榆	*Ulmus glaucescens* Franch.	种
50			榉树属	大果榉	*Zelkova sinica* Schneid.	种
51			朴属	大叶朴	*Celtis koraiensis* Nakai	种

续附表3

序号	科	科学名	属	中文名	学名	分类等级
52	榆科	Ulmaceae	朴属	毛叶朴	*Celtis pubesces* S. Y. Wang et C. L. Chang	种
53				小叶朴	*Celtis bungeana* Bl.	种
54				紫弹树	*Celtis biondii* Pamp.	种
55				朴树	*Celtis sinensis* Pers. (Celtis tetrandra Roxb. ssp. *sinensis* (Pers.) Y. C. Tang)	种
56			青檀属	青檀	*Pteroceltis tatarinowii* Maxim.	种
57	桑科	Moraceae	桑属	华桑	*Morus cathayana* Hemsl.	种
58				桑	*Morus alba* L.	种
59				花叶桑	*Morus alba* 'Laciniata'	种
60				蒙桑	*Morus mongolica* (Bur.) Schneid.	种
61				山桑	*Morus mongolica* var. *diabolica* Koidz.	种
62				鸡桑	*Morus australis* Poir.	种
63			构属	构树	*Broussonetia papyrifera* (L.) L' Hérit. ex Vent.	种
64			柘树属	柘树	*Cudrania tricuspidata* (Carr.) Bureau ex Lavall.	种
65	桑寄生科	Loranthaceae	栎寄生属	欧洲栎寄	*Hyphear europaeum* Dans.	种
66			桑寄生属	毛桑寄生	*Viscum diospyrosicola* Hayata	种
67	马兜铃科	Aristolochiaceae	马兜铃属	木通马兜铃	*Aristolochia mandshuriensis* Komar.	种
68	领春木科	Eupteleaceae	领春木属	领春木	*Euptelea pleiosperma* Hook. f. et Thoms.	种
69	毛茛科	Ranunculaceae	芍药属	牡丹	*Paeonia suffruticosa* Andr.	种
70			铁线莲属	钝齿铁线莲	*Clematis apiifolia*var. Obtusidentata	种
71				钝萼铁线莲	*Clematis peterae* Hand. -Mazz.	种
72				粗齿铁线莲	*Clematis argentilucida* (Levi. et Vant.) W. T. Wang	种
73				短尾铁线莲	*Clematis brevicaudata* DC.	种
74				威灵仙	*Clematis chinensis* Osbeck	种
75				太行铁线莲	*Clematis kirilowii* Maxim.	种
76				狭裂太行铁线莲	*Clematis kirilowii* Maxim. var. *chanetii* (Lévl.) Hand. -Mazz	种

续附表 3

序号	科	科学名	属	中文名	学名	分类等级
77	毛茛科	Ranunculaceae	铁线莲属	黄花铁线莲	*Clematis intricata* Bunge	种
78				大叶铁线莲	*Clematis heracleifolia* DC.	种
79				长瓣铁线莲	*Clematis macropetala* Ledeb.	种
80	木通科	Lardizabalaceae	木通属	三叶木通	*Akebia trifoliata* (Thunb.) Koidz.	种
81	小檗科	Berberidaceae	小檗属	毛叶小檗	*Berberis brachypoda* Maxim.	种
82				首阳小檗	*Berberis dielsiana* Fedde	种
83				日本小檗	*Berberis thunbergii* DC.	种
84	防己科	Menispermaceae	蝙蝠葛属	蝙蝠葛	*Menispermum dauricum* DC.	种
85			木防己属	木防己	*Cocculus trilobus* (Thunb.) DC.	种
86			防己属	防己	*Stephania tetrandra* S. Moore	种
87	木兰科	Magnoliaceae	五味子属	五味子	*Schisandra chinensis* (Turcz.) Baill.	种
88				华中五味子	*Schisandra sphenanthera* Rehd. et Wils.	种
89	蜡梅科	Calycanthaceae	蜡梅属	蜡梅	*Chimonanthus praecox* (L.) Link	种
90	虎耳草科	Saxifragaceae	绣球属	东陵绣球	*Hydrangea bretschneideri* Dipp.	种
91			溲疏属	大花溲疏	*Deutzia grandiflora* Bge.	种
92				李叶溲疏	*Deutzia hamata* Koehne	种
93				小花溲疏	*Deutzia parviflora* Bge.	种
94				溲疏	*Deutzia scabra* Thunb	种
95			山梅花属	太平花	*Philadelphus pekinensis* Rupr.	种
96				山梅花	*Philadelphus incanus* Koehne	种
97				毛萼山梅花	*Philadelphus dasycalyx* (Rehd.) S. Y. Hu	种
98			茶藨子属	华茶藨子	*Rihes fasciculaturn* var. *chinense* Maxim.	种
99				尖叶茶藨子	*Ribes maximowiczianum* Kom.	种
100	杜仲科	Eucommiaceae	杜仲属	杜仲	*Eucommia ulmoides* Oliv.	种
101	蔷薇科	Rosaceae	绣线菊属	楼斗菜叶绣线菊	*Spiraea aquilegifolia* Pall.	种
102				金丝桃叶绣线菊	*Spiraea hypericifolia* L.	种

续附表3

序号	科	科学名	属	中文名	学名	分类等级
103	蔷薇科	Rosaceae	绣线菊属	绢毛绣线菊	*Spiraea sericea* Turcz.	种
104				土庄绣线菊	*Spiraea pubescens* Turcz.	种
105				毛花绣线菊	*Spiraea dasyantha* Bunge	种
106				中华绣线菊	*Spiraea chinensis* Maxim.	种
107				三裂绣线菊	*Spiraea trilobata* L.	种
108				绣球绣线菊	*Spiraea blumei* G. Don	种
109				中华绣线菊	*Spiraea chinensis* Maxim.	种
110			白鹃梅属	白鹃梅	*Exochorda racemosa*（Lindl.）Rehd.	种
111				红柄白鹃梅	*Exochorda giraldii* Hesse.	种
112			栒子属	水栒子	*Cotoneaster multiflorus* Bunge	种
113				毛叶水栒子	*Cotoneaster submuitiflorus* Popov	种
114				黑果栒子	*Cotoneaster melanocarpus* Lodd.	种
115				灰栒子	*Cotoneaster acutifolius* Turcz.	种
116				西北栒子	*Cotoneaster zabelii* Schneid.	种
117			山楂属	山楂	*Crataegus pinnatifida* Bunge	种
118				野生楂	*Crataegus cuneata* Sieb. et Zucc.	种
119				华中山楂	*Crataegus wilsonii* Sarg.	种
120			花楸属	水榆花楸	*Sorbus alnifolia*（Sieb. et Zucc.）K. Koch.	种
121				北京花楸	*Sorbus discolor*（Maxim.）Maxim.	种
122			梨属	太行山梨	*Pyrus taihangshanensis* S. Y. Wang	种
123				豆梨	*Pyrus calleryana* Decne.	种
124				白梨	*Pyrus bretschneideri* Rehd.	种
125				杜梨	*Pyrus betulaefolia* Bunge	种
126			苹果属	山荆子	*Malus baccata*（L.）Borkh.	种
127				苹果	*Malus pumila* Mill.	种
128				海棠花	*Malus spectabilis*（Ait.）Borkh.	种

续附表 3

序号	科	科学名	属	中文名	学名	分类等级
129	蔷薇科	Rosaceae	苹果属	河南海棠	*Malus honanensis* Rehd.	种
130			悬钩子属	山莓	*Rubus corchorifolius* L. f.	种
131				牛迭肚	*Rubus crataegifolius* Bunge	种
132				粉枝莓	*Rubus biflorus* Buch. —Ham.	种
133				绵果悬钩子	*Rubus lasiostylus* Focke	种
134				茅莓	*Rubus parvifolius* L.	种
135				弓茎悬钩子	*Rubus flosculosus* Focke	种
136			蔷薇属	月季	*Rosa chinensis* Jacq.	种
137				野蔷薇	*Rosa multiflora* Thunb.	种
138				黄刺玫	*Rosa xanthina* Lindl.	种
139				美蔷薇	*Rosa bella* Rehd. et Wils.	种
140				钝叶蔷薇	*Rosa sertata* Rolfe	种
141			桃属	榆叶梅	*Prunus triloba* Lindl.	种
142				山桃	*Prunus davidiana*（Carr.）Franch	种
143				桃	*Amygdalus persica* L.	种
144			杏属	杏	*Armeniaca vulgaris* Lam.	种
145				山杏	*Prunus rsibirica* L.	种
146			李属	李	*Prunus salicina* Lindl.	种
147			樱属	微毛樱桃	*Cerasus clarofolia*	种
148				毛樱桃	*Prunus tonentosa* Thunb	种
149				欧李	*Cerasus humilis*（Bge.）Sok.	种
150	豆科	Leguminosae	合欢属	山槐	*Albizia kalkora*（Roxb.）Prain	种
151				合欢	*Albizia julibrissin* Durazz.	种
152			皂荚属	皂荚	*Gleditsia sinensis* Lam.	种
153				野皂荚	*Gleditsia microphylla* Gordon ex Y. T. Lee	种
154			紫荆属	紫荆	*Cercis chinensis* Bunge.	种

续附表 3

序号	科	科学名	属	中文名	学名	分类等级
155	豆科	Leguminosae	槐属	白刺花	*Sophora davidii* (Franch) Pavilini	种
156				槐	*Sophora japonica* L.	种
157				苦参	*Sophora flavescens* Air.	种
158			木蓝属	花木蓝	*Indigofera kirilowii* Maxim. ex Palibin.	种
159				多花木蓝	*Indigofera amblyantha* Craib.	种
160				木蓝	*Lndigofera tinctoria* L.	种
161				河北木蓝	*Indigofera bungeana* Steud.	种
162			刺槐属	刺槐	*Robinia pseudoacacia* L.	种
163			锦鸡儿属	毛掌叶锦鸡儿	*Caragana leveillei* Kom.	种
164				红花锦鸡儿	*Caragana rosea* Turcz.	种
165				锦鸡儿	*Caragana sinica* (Buchholz) Rehd.	种
166				柄荚锦鸡儿	*Caragana stipitata* Kom.	种
167				北京锦鸡儿	*Caragana penkinensis* Kom.	种
168			长柄山蚂蝗属	长柄山蚂蝗	*Podocarpium podocarpum* (DC.) Yang et Huang	种
169			胡枝子属	胡枝子	*Lespedeza bicolor* Turcz.	种
170				美丽胡枝子	*Lespedeza formosa* (Vog.) Koehne	种
171				短梗胡枝子	*Lespedeza cyrtobotrya* Miq.	种
172				绿叶胡枝子	*Lespedeza buergeri* Miq.	种
173				细梗胡枝子	*Lespedeza virgata* (Thunb.) DC.	种
174				兴安胡枝子	*Lespedeza davurica* (Laxm.) Schindl.	种
175				多花胡枝子	*Lespedeza floribunda* Bunge	种
176				长叶铁扫帚	*Lespedeza caraganae* Bunge	种
177				赵公鞭	*Lespedzea hedysaroides*	种
178				截叶铁扫帚	*Lespedeza cuneata* (Dum. —Caurs.) G. Don	种
179				阴山胡枝子	*Lespedeza inschanica* (Maxim.) Schindl.	种
180			杭子梢属	杭子梢	*Campylotropis macrocarpa* (Bunge) Rehd.	种

续附表3

序号	科	科学名	属	中文名	学名	分类等级
181	豆科	Leguminosae	葛属	葛	*Pueraria lobata* (Willd.) Ohwi.	种
182	芸香科	Rutaceae	吴茱萸属	臭檀吴萸	*Evodia daniellii* (Benn.) Hemsl.	种
183			花椒属	竹叶花椒	*Zanthoxylum armatum* DC.	种
184				野花椒	*Zanthoxylum simulans* Hance	种
185				花椒	*Zanthoxylum bungeanum* Maxim.	种
186	苦木科	Simarubaceae	苦木属	苦木	*Picrasma quassioides*	种
187			臭椿属(樗属)	臭椿	*Ailathus altissima* (Mill.) Swingle.	种
188	楝科	Meliaceae	香椿属	香椿	*Toona sinensis* (A. Juss.) Roem.	种
189			楝属	楝	*Melia azedarach* L.	种
190	大戟科	Euphorbiaceae	白饭树属	一叶萩	*Flueggea suffruticosa* (Pall.) Baill.	种
191			雀儿舌头属	雀儿舌头	*Leptopus chinensis* (Bunge) Pojark.	种
192	黄杨科	Buxaceae	黄杨属	小叶黄杨	*Buxus sinica* (Rehd. et Wils.) Cheng subsp. *sinica* var. *parvifolia* M. Cheng	种
193	漆树科	Anacardiaceae	黄连木属	黄连木	*Pistacia chinensis* Bunge	种
194			盐肤木属	盐肤木	*Rhus chinensis* Mill.	种
195				火炬树	*Rhus typhina* L.	种
196				青麸杨	*Rhus potaninii* Maxim.	种
197			漆属	漆	*Toxicodendron vernicifluum* (Stokes.) F. A. Barkley	种
198				漆树	*Toxicodendron vernicifluum* (Stokes.) F. A. Barkley	种
199			黄栌属	粉背黄栌	*Cotinus coggygria* var. *glaucophylla* C. Y. Wu	种
200				毛黄栌	*Cotinus coggygria* var. *pubescens* Engl.	种
201				红叶	*Cotinus coggygria* var. *cinerea* Engl.	种
202	卫矛科	Celastraceae	卫矛属	卫矛	*Euonymus alatus* (Thunb.) Sieb.	种
203				小卫矛	*Euonymus nanoides* Loes. et Rehd.	种
204				栓翅卫矛	*Euonymus phellomanus* Loes.	种
205				白杜	*Euonymus maackii* Rupr.	种

续附表 3

序号	科	科学名	属	中文名	学名	分类等级
206	卫矛科	Celastraceae	卫矛属	陕西卫矛	*Euonymus schensianus* Maxim.	种
207				石枣子	*Euonymus sanguineus* Loes.	种
208				冬青卫矛	*Euonymus japonicus* L.	种
209			南蛇藤属	南蛇藤	*Celastrus orbiculatus* Thunb.	种
210				短梗南蛇藤	*Celastrus rosthornianus* Loes.	种
211				苦皮藤	*Celastrus angulatus* Maxim.	种
212	省沽油科	Staphyleaceae	省沽油属	膀胱果	*Staphylea holocarpa* Hemsl.	种
213	槭树科	Aceraceae	槭属	元宝槭	*Acer truncatum* Bunge	种
214				五角枫	*Acer mono* Maxim.	种
215				青榨槭	*Acer davidii* Franch.	种
216				葛罗枫	*Acer davidii* subsp. *grosseri*	种
217	无患子科	Sapindaceae	栾树属	栾树	*Koelreuteria paniculata* Laxm.	种
218				黄山栾树	*Koelreuteria bipinnata* Franch. var. *integrifoliola*（Merr.）T. Chen	种
219	鼠李科	Rhamnaceae	雀梅藤属	对刺雀梅藤	*Sageretia pycnophylla* Schneid.	种
220				少脉雀梅藤	*Sageretia paucicostata* Maxim.	种
221			鼠李属	卵叶鼠李	*Rhamnus bungeana* J. Vass.	种
222				小叶鼠李	*Rhamnus parvifolius* Bge.	种
223				锐齿鼠李	*Rhamnus arguta* Maxim.	种
224				圆叶鼠李	*Rhamnus globosa* Bge.	种
225				薄叶鼠李	*Rhamnus leptophylla* Schneid.	种
226				鼠李	*Rhamnus davurica* Pall.	种
227				冻绿	*Rhamnus utilis* Decne.	种
228			枳椇属	北枳椇	*Hovenia dulcis* Thunb.	种
229				枳椇	*Hovenia acerba*	种
230			猫乳属（长叶绿柴属）	猫乳	*Rhamnella franguloides*（Maxim.）Weberb.	种

续附表3

序号	科	科学名	属	中文名	学名	分类等级
231	鼠李科	Rhamnaceae	勾儿茶属（牛儿藤属）	勾儿茶	*Berchemia sinica* Schneid.	种
232			枣属	枣	*Ziziphus jujuba* Mill.	种
233				酸枣	*var. spinosa*（Bunge）Hu ex H. F. Chow	种
234	葡萄科	Vitaceae	葡萄属	变叶葡萄	*Vitis piasezkii* Maxim	种
235				桑叶葡萄	*Vitis ficifola* Bge.	种
236				华北葡萄	*Vitis bryoniaefolia* Bge.	种
237				毛葡萄	*Vitis quinquangularis* Rehd.	种
238				山葡萄	*Vitis amurensis* Rupr.	种
239				桦叶葡萄	*Vitis betulifolia* Diels et Gilg	种
240			蛇葡萄属	蓝果蛇葡萄	*Ampelopsis bodinieri*（Levl. et Vant.）Rehd.	种
241				葎叶蛇葡萄	*Ampelopsis humulifolia* Bge.	种
242				掌裂蛇葡萄	*var. glabra* Diels et Gilg	种
243				乌头叶蛇葡萄	*Ampelopsis aconitifolia* Bge. s	种
244			地锦属（爬山虎属）	地锦	*Parthenocissus tricuspidata*	种
245	椴树科	Tiliaceae	椴树属	蒙椴	*Tilia mongolica* Maxim.	种
246				少脉椴	*Tilia paucicostata* Maxim.	种
247			扁担杆属	扁担杆	*Grewia biliba* G. Don	种
248				小花扁担杆	*Grewia biliba* var. *parviflora*（Bge.）Hand. -Mzt.	种
249	锦葵科	Malvaceae	木槿属	木槿	*Hibiscus syriacus* L.	种
250	梧桐科	Sterculiaceae	梧桐属	梧桐	*Firmiana platanifolia*（L. f.）Marsili	种
251	猕猴桃科	Actinidiaceae	猕猴桃属	软枣猕猴桃	*Actinidia argura*（Sieb. et Zucc.）Planch. ex Miq.	种
252	柽柳科	Tamaricaceae	柽柳属	柽柳	*Tamarix chinensis* Lour.	种
253	胡颓子科	Elaeagnaceae	胡颓子属	牛奶子	*Elaeagnus umbellata* Thunb.	种
254			沙棘属	中国沙棘	*Hippophae rhmnoides* subsp. *sinensis*	种

续附表 3

序号	科	科学名	属	中文名	学名	分类等级
255	千屈菜科	Lythraceae	紫薇属	紫薇	*Lagerstroemia indica* L.	种
256	石榴科	Punicaceae	石榴属	石榴	*Punica granatum* L.	种
257	八角枫科	Alangiaceae	八角枫属	八角枫	*Alangium chinense* (Lour.) Harms	种
258				瓜木	*Alangium platanifolium* (Sieb. et Zucc.) Harms	种
259	五加科	Araliaceae	五加属	糙叶五加	*Acanthopanax henryi* (Oliv.) Harms	种
260	山茱萸科	Cornaceae	梾木属	红瑞木	*Swida alba* Opiz	种
261				毛梾	*Swida walteri* (Wanger.) Sojak	种
262			四照花属	四照花	*Dendrobenthamia japonica* (DC.) Fang var. *chinensis* (A. Osborn) Fang	种
263	杜鹃花科	Ericaceae	杜鹃花属	照山白	*Rhododendron micranthum* Turcz.	种
264	柿树科	Ebeanaceae	柿树属	柿	*Diospyros kaki* Thunb	种
265				君迁子	*Diospyros lotus* L.	种
266	野茉莉科	Styracaceae	野茉莉属	玉铃花	*Styrax obassia* Sieb. et Zucc.	种
267				野茉莉	*Styrax japonica* Sieb. et Zucc.	种
268				老鸹铃	*Styrax hemsleyanus* Diels.	种
269	木樨科	Oleaceae	白蜡树属	小叶白蜡树	*Fraxinus bungeana* DC.	种
270				白蜡树	*Fraxinus chinensis* Roxb.	种
271			连翘属	连翘	*Forsythia suspensa* (Thunb.) Vahl	种
272			丁香属	北京丁香	*Syringa pekinensis* Rupr.	种
273				暴马丁香	*Syringa reticulata* var. *amurensis* (Rupr.) Pringle	种
274				华北丁香	*Syringa oblata*	种
275			流苏树属	流苏树	*Chionanthus retusus* Lindl. et Paxt.	种
276			女贞属	女贞	*Ligustrum lucidum* Ait.	种
277	夹竹桃科	Apocynaceae	络石属	络石	*Trachelospermum jasminoides* (Lindl.) Lem.	种
278	萝藦科	Asclepiadaceae	杠柳属	杠柳	*Periploca sepium* Bunge	种
279	马鞭草科	Verbenaceae	紫珠属	白棠子树	*Callicarpa dichotoma* (Lour.) K. Koch.	种

续附表 3

序号	科	科学名	属	中文名	学名	分类等级
280	马鞭草科	Verbenaceae	紫珠属	紫珠	*Callicarpa japonica* Thunb.	种
281			牡荆属	黄荆	*Vitex negundo* L.	种
282				牡荆	*Vitex negundo var. cannabifolia*(Sieb. et Zucc.) Hand. - Mazz.	种
283				荆条	*Vitex negundo* var. *heterophylla*(Franch.) Rehd.	种
284			大青属（桢桐属）	臭牡丹	*Clerodendrum bungei* Steud.	种
285				海州常山	*Clerodendrum trichotomum* Thunb.	种
286			莸属	光果莸	*Caryopteris tangutica* Maxim.	种
287				三花莸	*Caryopteris terniflora* Maxim.	种
288	唇形科	Labiatae	香薷属	柴荆芥	*Elsholtzia stauntoni* Benth.	种
289	茄科	Solanaceae	枸杞属	枸杞	*Lycium chinense* Mill.	种
290	玄参科	Scrophulariaceae	泡桐属	毛泡桐	*Paulownia tomentosa*(Thunb.) Steud.	种
291				兰考泡桐	*Paulownia elongata* S. Y. Hu	种
292				楸叶泡桐	*Paulownia catalpifolia* Gong Tong	种
293	紫葳科	Bignoniaceae	梓树属	梓树	*Catalpa ovata* G. Don	种
294				楸树	*Catalpa bungei* C. A. Mey.	种
295				灰楸	*Catalpa fargesii* Bur.	种
296			凌霄属	凌霄	*Gampsis grandiflora*(Thunb.) Schum.	种
297	茜草科	Rubiaceae	野丁香属	薄皮木	*Leptodermis oblonga* Bunge	种
298			鸡矢藤属	鸡矢藤	*Paederia scandens*(Lour.) Merr.	种
299	忍冬科	Caprifoliaceae	接骨木属	接骨木	*Sambucus williamsii* Hance	种
300			荚蒾属	陕西荚蒾	*Viburnum schensianum* Maxim.	种
301				蒙古荚蒾	*Viburnum mongolicum*(Pall.) Rehd.	种
302				桦叶荚蒾	*Viburnum betulifolium* Batal.	种
303				荚蒾	*Viburnum dilatatum* Thunb.	种
304			六道木属	六道木	*Abelia biflora* Turcz.	种
305				南方六道木	*Abelia dielsii* (Graebn.) Rehd.	种

续附表3

序号	科	科学名	属	中文名	学名	分类等级
306	忍冬科	Caprifoliaceae	忍冬属	小叶忍冬	*Lonicera microphylla* Willd. ex Roem. et Schult.	种
307				葱皮忍冬	*Lonicera ferdinandii* Franch.	种
308				苦糖果	*Lonicera standishii* Carr.	种
309				金花忍冬	*Lonicera chrysantha* Turcz.	种
310				金银忍冬	*Lonicera maackii* (Rupr.) Maxim.	种
311				金银花	*Lonicera japonica* Thunb.	种
312	菊科	Compositae	帚菊属	华帚菊	*Pertya sinensis* Oliv.	种
313			蚂蚱腿子属	蚂蚱腿子	*Myripnois dioica* Bunge	种
314	禾本科	Graminae	刚竹属	早园竹	*Phyllostachys propinqua* McClure	种
315	百合科	Liliaceae	丝兰属	凤尾丝兰	*Yucca gloriosa* L.	种
316			菝葜属	华东菝葜	*Smilax sieboldii* Miq.	种
317				鞘柄菝葜	*Smilax stans* Maxim.	种
318				短梗菝葜	*Smilax scobinicaulis* C. H. Wright.	种

附表 4　安阳市古树名木资源名录

序号	县(市、区)	乡(镇)	村	树种	拉丁名	树高(m)	胸径(cm)	树龄(年)	冠幅(m)	生长情况
1	林州市	采桑镇	王家庄	槐树	*Sophora japonica* L.	15	45	120	7	一般
2	林州市	采桑镇	呼家窑	枣树	*Ziziphus jujuba* Mill.	11	49	150	8	濒死
3	林州市	采桑镇	宋老峪	侧柏	*Platycladus orientalis* (L.) Franco	11	37	150	6	较差
4	林州市	采桑镇	王家庄	皂荚	*Gleditsia sinensis* Lam.	16	68	300	13	较差
5	林州市	采桑镇	王家庄	皂荚	*Gleditsia sinensis* Lam.	15	65	250	17	一般
6	林州市	采桑镇	王家庄	槐树	*Sophora japonica* L.	11	42	120	8	较差
7	林州市	采桑镇	王家庄	侧柏	*Platycladus orientalis* (L.) Franco	18	33	100	6	一般
8	林州市	茶店乡	仙掌	侧柏	*Platycladus orientalis* (L.) Franco	7	19	100	4	一般
9	林州市	茶店乡	八里沟	栾树	*Koelreuteria paniculata* Laxm.	15	45	100	9.5	一般
10	林州市	茶店乡	八里沟	黄连木	*Pistacia chinensis* Bunge	12	52	200	9	较差
11	林州市	茶店乡	八里沟	黄连木	*Pistacia chinensis* Bunge	17	72	300	18	一般
12	林州市	茶店乡	八里沟	侧柏	*Platycladus orientalis* (L.) Franco	8	41	300	10	一般
13	林州市	茶店乡	仙掌	侧柏	*Platycladus orientalis* (L.) Franco	7	21	120	4	较差
14	林州市	茶店乡	蒿地掌	侧柏	*Platycladus orientalis* (L.) Franco	8	29	100	6	较差
15	林州市	茶店乡	蒿地掌	皂荚	*Gleditsia sinensis* Lam.	15	73	200	18	一般
16	林州市	茶店乡	蒿地掌	苦皮滕	*Celastrus angulatus* Maxim.	12	22	100	37	较差
17	林州市	城郊乡	庙荒	黄连木	*Pistacia chinensis* Bunge	13	66	150	17	旺盛
18	林州市	城郊乡	庙荒	黄连木	*Pistacia chinensis* Bunge	13	53	110	11	旺盛
19	林州市	城郊乡	田西峪	侧柏	*Platycladus orientalis* (L.) Franco	8	27	100	5	一般
20	林州市	城郊乡	止房	皂荚	*Gleditsia sinensis* Lam.	9	43.63	310	9.5	较差
21	林州市	城郊乡	止房	皂荚	*Gleditsia sinensis* Lam.	9	58.59	110	9	一般
22	林州市	城郊乡	崔家庄	皂荚	*Gleditsia sinensis* Lam.	10	92.03	500	9	一般
23	林州市	城郊乡	郭家园	山楂	*Crataegus pinnatifida* Bunge	6	42.99	120	8	一般

续附表 4

序号	县(市、区)	乡(镇)	村	树种	拉丁名	树高(m)	胸径(cm)	树龄(年)	冠幅(m)	生长情况
24	林州市	城郊乡	郭家园	山楂	*Crataegus pinnatifida* Bunge	6	48.4	200	7	濒死
25	林州市	城郊乡	郭家园	柿	*Diospyros kaki* Thunb	13	57.32	100	8.5	一般
26	林州市	城郊乡	四方脑	中国沙棘	*Hippophae rhmnoides* subsp. sinensis	5	19.42	100	3	较差
27	林州市	城郊乡	四方脑	中国沙棘	*Hippophae rhmnoides* subsp. sinensis	3	16.56	120	5	较差
28	林州市	城郊乡	四方脑	油松	*Pinus tabulaeformis* Carr.	3	26.43	120	4	较差
29	林州市	城郊乡	桃园	侧柏	*Platycladus orientalis* (L.) Franco	11	57.96	150	11	一般
30	林州市	城郊乡	桃园	侧柏	*Platycladus orientalis* (L.) Franco	13	69.74	300	9	一般
31	林州市	城郊乡	桑园	板栗	*Castanea mollissima* Bl.	7	85.98	400	14	濒死
32	林州市	城郊乡	庙荒	香椿	*Toona sinensis* (A. Juss.) Roem.	7	57.32	100	8	一般
33	林州市	城郊乡	庙荒	柘树	*Cudrania tricuspidata* (Carr.) Bureau ex Lavall.	7	9.55	110	7	一般
34	林州市	城郊乡	庙荒	皂荚	*Gleditsia sinensis* Lam.	12	105.9	800	18.5	较差
35	林州市	城郊乡	马家庄	紫薇	*Lagerstroemia indica* L.	5	39.8	300	8	较差
36	林州市	城郊乡	南关西	紫薇	*Lagerstroemia indica* L.	5.5	35.66	300	6.5	较差
37	林州市	城郊乡	北关西	槐树	*Sophora japonica* L.	6	63.69	110	14	较差
38	林州市	城郊乡	圪道	皂荚	*Gleditsia sinensis* Lam.	8	44.58	120	9	一般
39	林州市	城郊乡	马地掌	白梨	*Pyrus bretschneideri* Rehd.	12.6	56	100	12.6	旺盛
40	林州市	城郊乡	黄华	侧柏	*Platycladus orientalis* (L.) Franco	14.2	105	200	6.3	一般
41	林州市	城郊乡	黄华	油松	*Pinus tabulaeformis* Carr.	22	200	500	12.4	一般
42	林州市	城郊乡	黄华	侧柏	*Platycladus orientalis* (L.) Franco	14.1	122	300	7.4	一般
43	林州市	城郊乡	止房	毛白杨	*Populus tomentosa* Carr.	24	195	110	12	较差
44	林州市	城郊乡	黄华	银杏	*Ginkgo biloba* L.	18.9	465		20	旺盛
45	林州市	城郊乡	黄华	毛白杨	*Populus tomentosa* Carr.	24	206	110	12	一般

续附表 4

序号	县(市、区)	乡(镇)	村	树种	拉丁名	树高(m)	胸径(cm)	树龄(年)	冠幅(m)	生长情况
46	林州市	东岗镇	南坡	胡桃	*Juglans regia* L.	9	67	110	12	较差
47	林州市	东岗镇	南坡	胡桃	*Juglans regia* L.	14	59	130	18	旺盛
48	林州市	东岗镇	南坡	胡桃	*Juglans regia* L.	12	47	100	7	一般
49	林州市	东岗镇	南坡	胡桃	*Juglans regia* L.	11	40	100	8	一般
50	林州市	东岗镇	南坡	胡桃	*Juglans regia* L.	8	40	100	5	较差
51	林州市	东岗镇	南坡	胡桃	*Juglans regia* L.	11	38	100	8	一般
52	林州市	东岗镇	南坡	胡桃	*Juglans regia* L.	13	44	110	10	一般
53	林州市	东岗镇	南坡	胡桃	*Juglans regia* L.	13	65	110	12	旺盛
54	林州市	东岗镇	上燕科	胡桃	*Juglans regia* L.	13	55	120		一般
55	林州市	东岗镇	下燕科	胡桃	*Juglans regia* L.	11	44	110	7	一般
56	林州市	东岗镇	下燕科	胡桃	*Juglans regia* L.	11	38	110	10	一般
57	林州市	东岗镇	下燕科	胡桃	*Juglans regia* L.	10	42	120	12	旺盛
58	林州市	东岗镇	下燕科	胡桃	*Juglans regia* L.	10	49	130	7	一般
59	林州市	东岗镇	下燕科	胡桃	*Juglans regia* L.	13	67	150	10	一般
60	林州市	东岗镇	东岗	构树	*Broussonetia papyrifera* (L.) L' Hérit. ex Vent.	5	24	100	6	一般
61	林州市	东岗镇	武家水	白梨	*Pyrus bretschneideri* Rehd.	12	79	200	9	一般
62	林州市	东岗镇	武家水	大果榉	*Zelkova sinica* Schneid.	15	57	400	15	一般
63	林州市	东岗镇	东冶	榆树	*Ulmus pumila* L.	17	73	90	16	一般
64	林州市	东岗镇	东冶	槐树	*Sophora japonica* L.	14	67	300	15	一般
65	林州市	东岗镇	东冶	槐树	*Sophora japonica* L.	13	46	300	10	濒死
66	林州市	东岗镇	东冶	槐树	*Sophora japonica* L.	12	121	800	13	较差
67	林州市	东岗镇	东岗	槐树	*Sophora japonica* L.	11	68	200	12	较差

续附表4

序号	县(市、区)	乡(镇)	村	树种	拉丁名	树高(m)	胸径(cm)	树龄(年)	冠幅(m)	生长情况
68	林州市	东岗镇	东岗	槐树	*Sophora japonica* L.	15	86	200	19	一般
69	林州市	东岗镇	东岗	槐树	*Sophora japonica* L.	12	64	101	17	一般
70	林州市	东岗镇	东岗	大果榉	*Zelkova sinica* Schneid.	8	111	1 600	12	一般
71	林州市	东岗镇	北木井	槐树	*Sophora japonica* L.	11	64	600	13	较差
72	林州市	东岗镇	北木井	槐树	*Sophora japonica* L.	11	61	120	15	一般
73	林州市	东岗镇	北木井	槐树	*Sophora japonica* L.	12	51	100	16	一般
74	林州市	东岗镇	东冶	胡桃	*Juglans regia* L.	10	48	105	13	一般
75	林州市	东岗镇	岩峪	黄连木	*Pistacia chinensis*Bunge	14	65	150	12	较差
76	林州市	东岗镇	岩峪	黄连木	*Pistacia chinensis*Bunge	11	75	200	15	一般
77	林州市	东岗镇	岩峪	酸枣	*var. spinosa*（Bunge）Hu ex H. F. Chow	10	61	300	6	一般
78	林州市	东岗镇	岩峪	槐树	*Sophora japonica* L.	10	67	153	13	一般
79	林州市	东岗镇	岩峪	酸枣	*var. spinosa*（Bunge）Hu ex H. F. Chow	14	70	300	8	一般
80	林州市	东姚镇	齐街	香椿	*Toona sinensis*（A. Juss.）Roem.	9	38	150	13	一般
81	林州市	东姚镇	齐街	楸树	*Catalpa bungei* C. A. Mey.	12	32	150	6	一般
82	林州市	东姚镇	齐街	侧柏	*Platycladus orientalis*（L.）Franco	15	33	150	6	一般
83	林州市	东姚镇	齐街	香椿	*Toona sinensis*（A. Juss.）Roem.	16	41	150	9	一般
84	林州市	东姚镇	齐街	香椿	*Toona sinensis*（A. Juss.）Roem.	9	49	150	10	一般
85	林州市	东姚镇	齐街	香椿	*Toona sinensis*（A. Juss.）Roem.	12	53	150	13	一般
86	林州市	东姚镇	齐街	香椿	*Toona sinensis*（A. Juss.）Roem.	10	45	150	11	一般
87	林州市	东姚镇	早阳岗	五角枫	*Acer mono* Maxim.	10	42	100	12	一般
88	林州市	东姚镇	洪河	桑	*Morus alba* L.	15	89	500	20	一般
89	林州市	东姚镇	陈苍沟	五角枫	*Acer mono* Maxim.	14	59	200	20	一般
90	林州市	东姚镇	洪河	五角枫	*Acer mono* Maxim.	14	48	300	16	一般

续附表 4

序号	县(市、区)	乡(镇)	村	树种	拉丁名	树高(m)	胸径(cm)	树龄(年)	冠幅(m)	生长情况
91	林州市	东姚镇	北坡	荆条	*Vitex negundo var. heterophylla*(Franch.) Rehd.	7	19	110	3	一般
92	林州市	东姚镇	北坡	五角枫	*Acer mono* Maxim.	15	43	200	10	一般
93	林州市	东姚镇	北坡	柿	*Diospyros kaki* Thunb	12	47	150	9	一般
94	林州市	东姚镇	北坡	黄连木	*Pistacia chinensis* Bunge	10	42	110	8.5	一般
95	林州市	东姚镇	北巷口	皂荚	*Gleditsia sinensis* Lam.	8	83	500	15	较差
96	林州市	东姚镇	早阳岗	五角枫	*Acer mono*Maxim.	10	54	105	15	一般
97	林州市	东姚镇	辛村	侧柏	*Platycladus orientalis* (L.) Franco	9	24	150	5	较差
98	林州市	东姚镇	辛村	侧柏	*Platycladus orientalis* (L.) Franco	8	37	500	7	一般
99	林州市	东姚镇	陈苍沟	乌桕	*Sapium sebiferum* (L.) Roxb.	7.5	40	80	9	一般
100	林州市	东姚镇	洪河	酸枣	*var. spinosa* (Bunge) Hu ex H. F. Chow	8	36	150	4	濒死
101	林州市	东姚镇	马家山	元宝槭	*Acer truncatum* Bunge	10	71	500	12	一般
102	林州市	东姚镇	马家山	皂荚	*Gleditsia sinensis* Lam.	17	71	110	15	一般
103	林州市	桂林镇	陡峪沟	槐树	*Sophora japonica* L.	9	96	600	10	濒死
104	林州市	桂林镇	河西	槐树	*Sophora japonica* L.	6	68	500	5	濒死
105	林州市	桂林镇	元家庄	皂荚	*Gleditsia sinensis* Lam.	10	96	400	9	濒死
106	林州市	桂林镇	南山	皂荚	*Gleditsia sinensis* Lam.	19	92	200	18	一般
107	林州市	桂林镇	琅沃	槐树	*Sophora japonica* L.	18	48	110	12	一般
108	林州市	桂林镇	古善	杜梨	*Pyrus betulaefolia* Bunge	9.7	53	100	8.6	一般
109	林州市	合涧镇	北小庄	槐树	*Sophora japonica* L.	14	56	110	13	较差
110	林州市	合涧镇	北小庄	皂荚	*Gleditsia sinensis* Lam.	11	61	110	15	一般
111	林州市	合涧镇	三羊	榆树	*Ulmus pumila* L.	22	75	140	6	一般
112	林州市	合涧镇	三羊	皂荚	*Gleditsia sinensis* Lam.	15	115	300	16	较差

续附表 4

序号	县(市、区)	乡(镇)	村	树种	拉丁名	树高(m)	胸径(cm)	树龄(年)	冠幅(m)	生长情况
113	林州市	合涧镇	三羊	桑	*Morus alba* L.	11	77	300	9	濒死
114	林州市	河顺镇	栗家沟	龙爪槐	*Sophora japonica Linn.* var. japonica f. pendula Hort	7	38.21	103	3	较差
115	林州市	河顺镇	栗家沟	龙爪槐	*Sophora japonica Linn.* var. japonica f. pendula Hort	3.5	27.07	190	3.75	一般
116	林州市	河顺镇	王家沟	槐树	*Sophora japonica* L.	11	64.33	500	14.5	较差
117	林州市	河顺镇	王家沟	黄连木	*Pistacia chinensis* Bunge	11	57.32	150	19	一般
118	林州市	河顺镇	王家沟	朴树	*Ceitis sinensis* Pers. (Celtis tetrandra Roxb. Ssp. sinensis(Pers.) Y. C. Tang)	9	50.95	200	13.5	一般
119	林州市	河顺镇	王家沟	黄连木	*Pistacia chinensis* Bunge	12	50.95	100	9.5	一般
120	林州市	河顺镇	王家沟	侧柏	*Platycladus orientalis* (L.) Franco	9	60.5	1 000	11	一般
121	林州市	河顺镇	百石湾	槐树	*Sophora japonica* L.	12.8	50	120	12.5	一般
122	林州市	河顺镇	东马安	栾树	*Koelreuteria paniculata* Laxm.	9	36.62	120	7.1	一般
123	林州市	河顺镇	东马安	黄连木	*Pistacia chinensis* Bunge	10	52.54	110	12.5	一般
124	林州市	河顺镇	东马安	黄连木	*Pistacia chinensis* Bunge	11	54.14	110	13	一般
125	林州市	河顺镇	南韦底	臭椿	*Ailathus altissima* (Mill.) Swingle.	15	47.77	120	8	濒死
126	林州市	河顺镇	南韦底	槐树	*Sophora japonica* L.	15	105.09	600	20	濒死
127	林州市	河顺镇	马家山	野皂荚	*Gleditsia microphylla* Gordon ex Y. T. Lee	12	90.76	300	20	一般
128	林州市	河顺镇	马家山	野皂荚	*Gleditsia microphylla* Gordon ex Y. T. Lee	6	41.4	600	8	濒死
129	林州市	河顺镇	可乐山	槐树	*Sophora japonica* L.	16	124.2	600	18	较差
130	林州市	河顺镇	河湾	槐树	*Sophora japonica* L.	17	63.69	150	16	一般
131	林州市	河顺镇	东马安	黄连木	*Pistacia chinensis* Bunge	11	46.17	150	13	一般
132	林州市	河顺镇	东马安	侧柏	*Platycladus orientalis* (L.) Franco	8	31.84	600	5	较差

续附表 4

序号	县(市、区)	乡(镇)	村	树种	拉丁名	树高(m)	胸径(cm)	树龄(年)	冠幅(m)	生长情况
133	林州市	河顺镇	东马安	栾树	*Koelreuteria paniculata* Laxm.	8	48.4	150	7	一般
134	林州市	河顺镇	百石湾	侧柏	*Platycladus orientalis* (L.) Franco	13	35.98	150	7	一般
135	林州市	河顺镇	百石湾	侧柏	*Platycladus orientalis* (L.) Franco	11	26.43	300	4	较差
136	林州市	河顺镇	百石湾	侧柏	*Platycladus orientalis* (L.) Franco	11	28.66	300	4	较差
137	林州市	河顺镇	河顺	槐树	*Sophora japonica* L.	12	57.32	100	16	一般
138	林州市	横水镇	北台村	槐树	*Sophora japonica* L.	9	86	600	7	较差
139	林州市	横水镇	北台	槐树	*Sophora japonica* L.	13	83	300	17.5	旺盛
140	林州市	横水镇	上台	侧柏	*Platycladus orientalis* (L.) Franco	10	33	123	5	一般
141	林州市	横水镇	吴家井	皂荚	*Gleditsia sinensis* Lam.	12	70	120	15	一般
142	林州市	横水镇	南屯	枣树	*Ziziphus jujuba* Mill.	10	39	120	9.5	一般
143	林州市	横水镇	南屯	槐树	*Sophora japonica* L.	10	70	200	11	较差
144	林州市	横水镇	张家井	槐树	*Sophora japonica* L.	7	67	800	9	濒死
145	林州市	横水镇	西白村	槐树	*Sophora japonica* L.	16	64	120	17	一般
146	林州市	横水镇	西白壁	槐树	*Sophora japonica* L.	9	61	300	17	较差
147	林州市	横水镇	乔家屯	槐树	*Sophora japonica* L.	9	102	500	15	较差
148	林州市	横水镇	横水	槐树	*Sophora japonica* L.	11	57	110	14	较差
149	林州市	横水镇	焦家湾	槐树	*Sophora japonica* L.	9	54	500	14	旺盛
150	林州市	横水镇	东下洹	槐树	*Sophora japonica* L.	6	75	1 600	8	濒死
151	林州市	横水镇	西下洹	槐树	*Sophora japonica* L.	18	99	150	25	一般
152	林州市	横水镇	窑头	槐树	*Sophora japonica* L.	11	72	100	13	较差
153	林州市	横水镇	窑头	槐树	*Sophora japonica* L.	11	74	300	15	较差
154	林州市	横水镇	窑头	槐树	*Sophora japonica* L.	15	84	100	16	较差
155	林州市	横水镇	窑头	槐树	*Sophora japonica* L.	13	53	120	13	一般

续附表4

序号	县(市、区)	乡(镇)	村	树种	拉丁名	树高（m）	胸径（cm）	树龄（年）	冠幅（m）	生长情况
156	林州市	横水镇	窑头	侧柏	*Platycladus orientalis*（L.）Franco	11	39	200	8	一般
157	林州市	横水镇	窑头	槐树	*Sophora japonica* L.	17	59	110	14	较差
158	林州市	横水镇	窑头	枣树	*Ziziphus jujuba* Mill.	8	33	120	9	一般
159	林州市	横水镇	窑头	槐树	*Sophora japonica* L.	13	64	100	14	一般
160	林州市	横水镇	辛庄	枣树	*Ziziphus jujuba* Mill.	12	41	110	8	一般
161	林州市	磊口乡	鹿山	槐树	*Sophora japonica* L.	18.4		400	18.2	较差
162	林州市	磊口乡	鹿山	槐树	*Sophora japonica* L.	18.4		400	18.2	较差
163	林州市	临淇镇	李家寨	桑	*Morus alba* L.	12	73	100	17	旺盛
164	林州市	临淇镇	临淇	垂丝海棠	*Malus haillana* Koehne	9	24	187	5	一般
165	林州市	临淇镇	临淇	垂丝海棠	*Malus haillana* Koehne	9	28	187	7.7	一般
166	林州市	临淇镇	小岭	枳	*Poncirustrifo1iate*（1.） Raf.	3.5	32	300	6.5	一般
167	林州市	临淇镇	李家寨	皂荚	*Gleditsia sinensis* Lam.	16	69	600	18.5	一般
168	林州市	临淇镇	龙泉	槐树	*Sophora japonica* L.	15	43	100	14	一般
169	林州市	临淇镇	龙泉	柿	*Diospyros kaki* Thunb	19	64	200	15.5	一般
170	林州市	临淇镇	黄落池	白梨	*Pyrus bretschneideri* Rehd.	9	13	200	9.5	一般
171	林州市	临淇镇	黄落池	柿	*Diospyros kaki* Thunb	14.5	53	150	13	一般
172	林州市	临淇镇	龙泉	臭椿	*Ailathus altissima*（Mill.）Swingle.	27	65	120	15	一般
173	林州市	临淇镇	龙泉	黄连木	*Pistacia chinensis* Bunge	20	91	300	15	一般
174	林州市	临淇镇	欠十步	元宝槭	*Acer truncatum* Bunge	11	68	300	13	一般
175	林州市	临淇镇	欠十步	黄连木	*Pistacia chinensis* Bunge	13	50	120	12	一般
176	林州市	临淇镇	黄落池	侧柏	*Platycladus orientalis*（L.）Franco	16	39	120	5	一般
177	林州市	临淇镇	黄落池	槐树	*Sophora japonica* L.	4	125	1 000	3	濒死
178	林州市	陵阳镇	沙蒋	刺槐	*Robinia pseudoacacia* L.	15	70	120	20	一般

续附表4

序号	县(市、区)	乡(镇)	村	树种	拉丁名	树高(m)	胸径(cm)	树龄(年)	冠幅(m)	生长情况
179	林州市	陵阳镇	沙蒋	刺槐	*Robinia pseudoacacia* L.	14	62	120	8	一般
180	林州市	陵阳镇	申家泊	槐树	*Sophora japonica* L.	9	64	300	6.5	较差
181	林州市	龙山街道	下庄	槐树	*Sophora japonica* L.	15	68	300	17.5	一般
182	林州市	任村镇	清沙	槲栎	*Quercus aliena* Bl.	12	96	500	25	较差
183	林州市	任村镇	盘龙山	侧柏	*Platycladus orientalis* (L.) Franco	6	30	150	5	一般
184	林州市	任村镇	清沙	槐树	*Sophora japonica* L.	15	51	300	12	一般
185	林州市	任村镇	牛岭山	侧柏	*Platycladus orientalis* (L.) Franco	8	31	120	6	一般
186	林州市	任村镇	牛岭山	桑	*Morus alba* L.	15	83	300	22.5	一般
187	林州市	任村镇	牛岭山	桑	*Morus alba* L.	9.5	96	300	7.5	较差
188	林州市	任村镇	牛岭山	黄连木	*Pistacia chinensis* Bunge	13	50	120	16.5	一般
189	林州市	任村镇	盘龙山	雀梅藤	*Sageretia thea*(Osbeck.)Johnst.	3	19	100	4.2	一般
190	林州市	任村镇	后峪	槐树	*Sophora japonica* L.	14	57	200	15	一般
191	林州市	任村镇	后峪	槐树	*Sophora japonica* L.	20	78	200	14	较差
192	林州市	任村镇	后峪	槐树	*Sophora japonica* L.	21	74	230	24	较差
193	林州市	任村镇	后峪	槐树	*Sophora japonica* L.	14	53	200	12	较差
194	林州市	任村镇	后峪	槐树	*Sophora japonica* L.	18	83	200	22	一般
195	林州市	任村镇	后峪	槐树	*Sophora japonica* L.	16	127	500	20	濒死
196	林州市	任村镇	古城	侧柏	*Platycladus orientalis* (L.) Franco	7	46	150	5	较差
197	林州市	任村镇	白家庄	槐树	*Sophora japonica* L.	15	80	400	15	濒死
198	林州市	任村镇	白家庄	槐树	*Sophora japonica* L.	12	134	600	11	濒死
199	林州市	任村镇	白家庄	圆柏	*Sabina chinensis* (L.) Ant.	16	105	600	12	一般
200	林州市	任村镇	杨耳庄	黄连木	*Pistacia chinensis* Bunge	10	83	500	11	濒死
201	林州市	任村镇	杨耳庄	槐树	*Sophora japonica* L.	11	70	300	6	较差

续附表 4

序号	县(市、区)	乡(镇)	村	树种	拉丁名	树高(m)	胸径(cm)	树龄(年)	冠幅(m)	生长情况
202	林州市	任村镇	石柱	毛白杨	*Populus tomentosa* Carr.	21	78	120	5.5	一般
203	林州市	任村镇	勺铺	槐树	*Sophora japonica* L.	12	88	350	14	较差
204	林州市	任村镇	任村	槐树	*Sophora japonica* L.	10	50	200	7	濒死
205	林州市	任村镇	后峪	槐树	*Sophora japonica* L.	19	86	300	21	较差
206	林州市	任村镇	后峪	黄连木	*Pistacia chinensis*Bunge	13	80	200	15	一般
207	林州市	任村镇	皇后	侧柏	*Platycladus orientalis* (L.) Franco	10	30	120	6	一般
208	林州市	任村镇	牛岭山	白皮松	*Pinus bungeana* Zucc.	7	57	300	3.5	一般
209	林州市	任村镇	皇后	侧柏	*Platycladus orientalis* (L.) Franco	10	32	120	4	一般
210	林州市	任村镇	盘龙山	粉背黄栌	*Cotinus coggygria*var. *glaucophylla* C. Y. Wu	2.5	13	120	3	一般
211	林州市	任村镇	盘龙山	黄连木	*Pistacia chinensis* Bunge	15	75	350	13	一般
212	林州市	任村镇	盘龙山	白皮松	*Pinus bungeana* Zucc.	17	46	350	21	较差
213	林州市	任村镇	皇后	皂荚	*Gleditsia sinensis* Lam.	15	78	150	11	一般
214	林州市	任村镇	皇后	大果榉	*Zelkova sinica* Schneid.	12	39	120	7	一般
215	林州市	任村镇	皇后	大果榉	*Zelkova sinica* Schneid.	8	56	300	6	较差
216	林州市	任村镇	皇后	胡桃	*Juglans regia* L.	6	59	100	5	较差
217	林州市	任村镇	皇后	黄连木	*Pistacia chinensis* Bunge	12	105	500	11	较差
218	林州市	任村镇	牛岭山	槐树	*Sophora japonica* L.	11	48	150	14	一般
219	林州市	任村镇	牛岭山	侧柏	*Platycladus orientalis* (L.) Franco	11	37	300	6	一般
220	林州市	任村镇	牛岭山	白皮松	*Pinus bungeana* Zucc.	11	57	300	11	较差
221	林州市	任村镇	牛岭山	荆条	*Vitex negundo var. heterophylla* (Franch.) Rehd.	2	41	100	5	较差
222	林州市	任村镇	牛岭山	侧柏	*Platycladus orientalis* (L.) Franco	9	31	120	5	一般

续附表 4

序号	县(市、区)	乡(镇)	村	树种	拉丁名	树高(m)	胸径(cm)	树龄(年)	冠幅(m)	生长情况
223	林州市	任村镇	尖庄	女贞	*Ligustrum lucidum* Ait.	15	57	100	10	一般
224	林州市	石板岩镇	朝阳	槐树	*Sophora japonica* L.	18	46	100	17	一般
225	林州市	石板岩镇	朝阳	皂荚	*Gleditsia sinensis* Lam.	19	67	100	16	一般
226	林州市	石板岩镇	朝阳	槲树	*Quercus dentata* Thunb.	22	79	100	17	一般
227	林州市	石板岩镇	马安垴	旱柳	*Salix matsudana* Koidz.	9	92	200	9	较差
228	林州市	石板岩镇	马安垴	旱柳	*Salix matsudana* Koidz.	8	61	100	6	较差
229	林州市	石板岩镇	马安垴	旱柳	*Salix matsudana* Koidz.	7	67	300	6	较差
230	林州市	石板岩镇	马安垴	旱柳	*Salix matsudana* Koidz.	8	74	400	9	较差
231	林州市	石板岩镇	马安垴	旱柳	*Salix matsudana* Koidz.	5	99	300	5.5	濒死
232	林州市	石板岩镇	马安垴	白梨	*Pyrus bretschneideri* Rehd.	6	60	105	8.5	一般
233	林州市	石板岩镇	马安垴	山楂	*Crataegus pinnatifida* Bunge	6	85	150	10	一般
234	林州市	石板岩镇	东垴	旱柳	*Salix matsudana* Koidz.	10	69	130	10	一般
235	林州市	石板岩镇	东垴	旱柳	*Salix matsudana* Koidz.	9	59	130	14.5	一般
236	林州市	石板岩镇	东垴	旱柳	*Salix matsudana* Koidz.	20	59	120	7	一般
237	林州市	石板岩镇	东垴	旱柳	*Salix matsudana* Koidz.	9	60	120	12	一般
238	林州市	石板岩镇	东垴平	侧柏	*Platycladus orientalis* (L.) Franco	12	38	120	8	一般
239	林州市	石板岩镇	东垴平	油松	*Pinus tabulaeformis* Carr.	12	41	150	5	一般
240	林州市	石板岩镇	三亩地	侧柏	*Platycladus orientalis* (L.) Franco	15	45	156	8.5	一般
241	林州市	石板岩镇	高家台	黄连木	*Pistacia chinensis* Bunge	8	39	200	9	一般
242	林州市	石板岩镇	高家台	侧柏	*Platycladus orientalis* (L.) Franco	11	90	150	11	一般
243	林州市	石板岩镇	三亩地	榆树	*Ulmus pumila* L.	18	53	105	16	较差
244	林州市	石板岩镇	三亩地	槐树	*Sophora japonica* L.	20	52	110	16.5	一般
245	林州市	石板岩镇	三亩地	油松	*Pinus tabulaeformis* Carr.	6	33	110	6.5	较差

续附表 4

序号	县(市、区)	乡(镇)	村	树种	拉丁名	树高(m)	胸径(cm)	树龄(年)	冠幅(m)	生长情况
246	林州市	石板岩镇	上坪	皂荚	*Gleditsia sinensis* Lam.	15	86	500	10	较差
247	林州市	石板岩镇	郭家庄	栓皮栎	*Quercus variabilis* Bl.	9	80	300	10.5	一般
248	林州市	石板岩镇	梨元坪	无患子	*Sapindus saponaria*	8	35	400	6	一般
249	林州市	石板岩镇	梨元坪	大果榉	*Zelkova sinica* Schneid.	11	56	150	15.5	一般
250	林州市	石板岩镇	梨元坪	旱柳	*Salix matsudana* Koidz.	9	75	205	17.5	一般
251	林州市	石板岩镇	梨元坪	大果榉	*Zelkova sinica* Schneid.	8	57	400	6.5	一般
252	林州市	石板岩镇	梨元坪	毛梾	*Swida walteri*（Wanger.）Sojak	10	76	300	17.5	一般
253	林州市	石板岩镇	马安垴	槐树	*Sophora japonica* L.	15	76	200	16	较差
254	林州市	石板岩镇	韩家洼	山桑	*Morus mongolica* var. *diabolica* Koidz.	14	63	150	10.5	较差
255	林州市	石板岩镇	韩家洼	油松	*Pinus tabulaeformis* Carr.	7	56	200	13	较差
256	林州市	石板岩镇	梨元坪	大果榆	*Ulmus macrocarpa* Hance	20	181	500	17	濒死
257	林州市	石板岩镇	韩家洼	元宝槭	*Acer truncatum* Bunge	14	75	150	13	濒死
258	林州市	石板岩镇	郭家庄	侧柏	*Platycladus orientalis*（L.）Franco	16	57	300	6	一般
259	林州市	石板岩镇	车佛沟	槐树	*Sophora japonica* L.		55	100	6.5	较差
260	林州市	石板岩镇	车佛沟	皂荚	*Gleditsia sinensis* Lam.	22	59	160	15	一般
261	林州市	石板岩镇	车佛沟	槐树	*Sophora japonica* L.	20	73	100	16.5	一般
262	林州市	石板岩镇	西乡坪	皂荚	*Gleditsia sinensis* Lam.	9	48	100	9.5	一般
263	林州市	石板岩镇	西乡坪	栓皮栎	*Quercus variabilis* Bl.	16	78	500	8.5	一般
264	林州市	石板岩镇	西乡坪	栓皮栎	*Quercus variabilis* Bl.	10	90	500	22.5	一般
265	林州市	石板岩镇	郭家庄	栓皮栎	*Quercus variabilis* Bl.	16	56	300	11	一般
266	林州市	石板岩镇	郭家庄	栓皮栎	*Quercus variabilis* Bl.	15	53	300	7.5	一般
267	林州市	石板岩镇	郭家庄	大果榉	*Zelkova sinica* Schneid.	20	81	260	20	一般
268	林州市	石板岩镇	石板岩	君迁子	*Diospyros lotus* L.	20	52	200	13.5	一般

续附表 4

序号	县(市、区)	乡(镇)	村	树种	拉丁名	树高(m)	胸径(cm)	树龄(年)	冠幅(m)	生长情况
269	林州市	石板岩镇	石板岩	毛梾	*Swida walteri* (Wanger.) Sojak	10	54	200	12.5	一般
270	林州市	石板岩镇	石板岩	毛梾	*Swida walteri* (Wanger.) Sojak	11	62	300	16	一般
271	林州市	石板岩镇	贤马沟	槲栎	*Quercus aliena* Bl.	22	99	500	15	一般
272	林州市	石板岩镇	贤马沟	栓皮栎	*Quercus variabilis* Bl.	9	73	300	14.5	一般
273	林州市	石板岩镇	贤马沟	大果榉	*Zelkova sinica* Schneid.	11	45	300	12.5	一般
274	林州市	石板岩镇	贤马沟	侧柏	*Platycladus orientalis* (L.) Franco	6	54	500	6.5	一般
275	林州市	石板岩镇	贤马沟	油松	*Pinus tabulaeformis* Carr.	11	0	300	10	一般
276	林州市	石板岩镇	贤马沟	槐树	*Sophora japonica* L.	15	62	300	11	较差
277	林州市	石板岩镇	贤马沟	槐树	*Sophora japonica* L.	17	54	150	15	一般
278	林州市	石板岩镇	贤马沟	杏	*Armeniaca vulgaris* Lam.	6	64	150	13.5	一般
279	林州市	石板岩镇	贤马沟	柿	*Diospyros kaki* Thunb	16	76	200	18	一般
280	林州市	石板岩镇	贤马沟	白梨	*Pyrus bretschneideri* Rehd.	12	35	120	10	一般
281	林州市	石板岩镇	三亩地	山楂	*Crataegus pinnatifida* Bunge	7	70	300	10	一般
282	林州市	石板岩镇	三亩地	杏	*Armeniaca vulgaris* Lam.	6	49	200	11	一般
283	林州市	石板岩镇	贤马沟	白梨	*Pyrus bretschneideri* Rehd.	9	57	100	8	一般
284	林州市	石板岩镇	贤马沟	侧柏	*Platycladus orientalis* (L.) Franco	7	33	300	5	濒死
285	林州市	石板岩镇	石板岩	山楂	*Crataegus pinnatifida* Bunge	6.5	64	150	9	一般
286	林州市	石板岩镇	石板岩	槲栎	*Quercus aliena* Bl.	8	57	500	7	濒死
287	林州市	石板岩镇	朝阳	大果榉	*Zelkova sinica* Schneid.	9	76	500	14	一般
288	林州市	石板岩镇	朝阳	槲栎	*Quercus aliena* Bl.	9	86	500	15	较差
289	林州市	石板岩镇	桃花洞	红豆杉	*Taxus chiuensis* Rehd.	10	21	150	5.5	较差
290	林州市	石板岩镇	桃花洞	南方红豆杉	*Taxus chiuensis* Rehd. var. *mairei* (Lemee et Levl.) Cheng et L. K. Fu	12	34	300	7	一般

续附表 4

序号	县(市、区)	乡(镇)	村	树种	拉丁名	树高(m)	胸径(cm)	树龄(年)	冠幅(m)	生长情况
291	林州市	石板岩镇	石板岩	小叶朴	*Celtis bungeana* Bl.	19	84	300	13	一般
292	林州市	石板岩镇	石板岩	油松	*Pinus tabulaeformis* Carr.	10	60	300	14	一般
293	林州市	石板岩镇	韩家洼	榆树	*Ulmus pumila* L.	12	92	200	17.5	较差
294	林州市	石板岩镇	韩家洼	白皮松	*Pinus bungeana* Zucc.	15	85	300	10	一般
295	林州市	石板岩镇	车佛沟	楸树	*Catalpa bungei* C. A. Mey.	11.6	48	100	12	旺盛
296	林州市	五龙镇	七峪	柘树	*Cudrania tricuspidata* (Carr.) Bureau ex Lavall.	7	22.29	100	3	一般
297	林州市	五龙镇	七峪	山楂	*Crataegus pinnatifida* Bunge	6	18.63	150	9.05	较差
298	林州市	五龙镇	七峪	侧柏	*Platycladus orientalis* (L.) Franco	6	38.21	300	4.5	一般
299	林州市	五龙镇	峰峪	槐树	*Sophora japonica* L.	20	99.36	160	12.5	一般
300	林州市	五龙镇	峰峪	白梨	*Pyrus bretschneideri* Rehd.	7	30.25	140	5.5	较差
301	林州市	五龙镇	峰峪	柿	*Diospyros kaki* Thunb	15	71.65	200	6.5	较差
302	林州市	五龙镇	峰峪	槐树	*Sophora japonica* L.	20	65.28	110	19	一般
303	林州市	五龙镇	峰峪	白皮松	*Pinus bungeana* Zucc.	8	41.4	300	9	一般
304	林州市	五龙镇	峰峪	柿	*Diospyros kaki* Thunb	12	50.95	200	6	一般
305	林州市	五龙镇	峰峪	柿	*Diospyros kaki* Thunb	10	60.5	200	8	一般
306	林州市	五龙镇	七峪	山皂荚	*Gleditsia japonica* Miq.	10	30.57	100	5	一般
307	林州市	五龙镇	七峪	青檀	*Pteroceltis tatarinowii* Maxim.	15	62.73	300	15	一般
308	林州市	五龙镇	七峪	侧柏	*Platycladus orientalis* (L.) Franco	6	34.07	300	4.3	较差
309	林州市	五龙镇	七峪	紫薇	*Lagerstroemia indica* L.	6	3.18	115	3	一般
310	林州市	五龙镇	七峪	青檀	*Pteroceltis tatarinowii* Maxim.	12	36.94	300	10	较差
311	林州市	五龙镇	七峪	毛黄栌	*Cotinus coggygria* var. *pubescens* Engl.	4	27.38	100	5	濒死
312	林州市	五龙镇	七峪	大果榉	*Zelkova sinica* Schneid.	6	30.89	200	5	较差

续附表 4

序号	县(市、区)	乡(镇)	村	树种	拉丁名	树高(m)	胸径(cm)	树龄(年)	冠幅(m)	生长情况
313	林州市	五龙镇	七峪	侧柏	*Platycladus orientalis* (L.) Franco	10	34.71	350	5	一般
314	林州市	姚村镇	施家岗	桑	*Morus alba* L.	6	65	200	11	一般
315	林州市	姚村镇	白草坡	栾树	*Koelreuteria paniculata* Laxm.	7	74.84	150	9	较差
316	林州市	姚村镇	水河	黄连木	*Pistacia chinensis* Bunge	15	52.86	150	11	死亡
317	林州市	姚村镇	水河	黄连木	*Pistacia chinensis* Bunge	14	50.95	120	15	一般
318	林州市	姚村镇	水河	黄连木	*Pistacia chinensis* Bunge	10	53.82	150	14	一般
319	林州市	姚村镇	水河	大果榉	*Zelkova sinica* Schneid.	14	85.66	300	18	较差
320	林州市	姚村镇	西张	银杏	*Ginkgo biloba* L.	28	203.82	1 100	25	一般
321	林州市	姚村镇	李家岗	皂荚	*Gleditsia sinensis* Lam.	15	73.24	120	15	一般
322	林州市	姚村镇	赳石板	皂荚	*Gleditsia sinensis* Lam.	18	84.39	250	18	一般
323	林州市	姚村镇	太平	槐树	*Sophora japonica* L.	6.5	17.35	110	8.5	较差
324	林州市	姚村镇	太平	栓皮栎	*Quercus variabilis* Bl.	9	111.46	500	14	濒死
325	林州市	原康镇	九龙	黄连木	*Pistacia chinensis* Bunge	25.3	50.63	100	12.5	一般
326	林州市	原康镇	龙口	栓皮栎	*Quercus variabilis* Bl.	30	61.78	200	9	一般
327	林州市	原康镇	龙口	栓皮栎	*Quercus variabilis* Bl.	27	55.73	100	9.5	一般
328	林州市	原康镇	龙口	柿	*Diospyros kaki* Thunb	41.3	40	150	6.8	一般
329	林州市	原康镇	重兴店	流苏树	*Chionanthus retusus* Lindl. et Paxt.	13	70.06	300	10.3	一般
330	林州市	原康镇	重兴店	侧柏	*Platycladus orientalis* (L.) Franco	10	38.21	200	6.8	一般
331	林州市	原康镇	柏尖沟	毛黄栌	*Cotinus coggygria* var. *pubescens* Engl.	15	79.61	100	14	一般
332	林州市	原康镇	柏尖沟	元宝槭	*Acer truncatum* Bunge	15	66.87	300	11	一般
333	林州市	原康镇	小场	毛黄栌	*Cotinus coggygria* var. *pubescens* Engl.	6	54.14	500	9	濒死
334	林州市	原康镇	柏尖沟	元宝槭	*Acer truncatum* Bunge	10	47.77	200	10	一般
335	林州市	原康镇	龙口	栓皮栎	*Quercus variabilis* Bl.	14	117.83	500	18	较差

续附表4

序号	县(市、区)	乡(镇)	村	树种	拉丁名	树高(m)	胸径(cm)	树龄(年)	冠幅(m)	生长情况
336	林州市	原康镇	龙口	流苏树	*Chionanthus retusus* Lindl. et Paxt.	5	68.78	300	7	较差
337	林州市	原康镇	牛窑沟	槐树	*Sophora japonica* L.	19	77.7	105	22	一般
338	林州市	原康镇	龙口	槲树	*Quercus dentata* Thunb.	13	63.69	300	14	一般
339	林州市	原康镇	龙口	油松	*Pinus tabulaeformis* Carr.	8	43.31	150	12	一般
340	林州市	原康镇	重兴店	槐树	*Sophora japonica* L.	11	40.44	100	8	较差
341	林州市	原康镇	重兴店	桑	*Morus alba* L.	11	38.21	100	7	较差
342	林州市	原康镇	重兴店	小叶朴	*Celtis bungeana* Bl.	7	43.31	300	8	较差
343	林州市	原康镇	重兴店	山楂	*Crataegus pinnatifida* Bunge	6	60.5	505	6	濒死
344	林州市	原康镇	柏尖沟	大果榉	*Zelkova sinica* Schneid.	7	44.58	300	5	一般
345	林州市	原康镇	柏尖沟	元宝槭	*Acer truncatum* Bunge	15	66.87	300	11	一般
346	林州市	原康镇	柏尖沟	大果榉	*Zelkova sinica* Schneid.	22	108.28	1 000	21	一般
347	林州市	原康镇	柏尖沟	元宝槭	*Acer truncatum* Bunge	8	50.95	300	14	较差
348	林州市	原康镇	柏尖沟	白皮松	*Pinus bungeana* Zucc.	15	79.61	200	14	一般
349	林州市	原康镇	柏尖沟	大果榉	*Zelkova sinica* Schneid.	15	73.24	200	7	一般
350	林州市	原康镇	柏尖沟	侧柏	*Platycladus orientalis* (L.) Franco	9	28.02	120	3	较差
351	林州市	原康镇	龙口	侧柏	*Platycladus orientalis* (L.) Franco	10	34.71	120	7	一般
352	林州市	原康镇	龙口	大果榉	*Zelkova sinica* Schneid.	21	87.26	200	20	一般
353	林州市	原康镇	九龙	小叶朴	*Celtis bungeana* Bl.	15	73.56	500	11	较差
354	林州市	原康镇	九龙	大果榉	*Zelkova sinica* Schneid.	14	53.5	150	12	一般
355	林州市	原康镇	牛窑沟	槐树	*Sophora japonica* L.		264	100	22	一般
356	安阳县	北郭乡	南郭村	侧柏	*Platycladus orientalis* (L.) Franco	15	120	600	9	正常株
357	安阳县	北郭乡	南郭村	侧柏	*Platycladus orientalis* (L.) Franco	8.1	90	600	9	正常株
358	安阳县	高庄乡	汪流屯	国槐	*Sophora japonica* L.	13.5	70	500	9	正常株

续附表 4

序号	县(市、区)	乡(镇)	村	树种	拉丁名	树高(m)	胸径(cm)	树龄(年)	冠幅(m)	生长情况
359	安阳县	吕村镇	吕村	国槐	*Sophora japonica* L.	10	80	508	10	正常株
360	安阳县	吕村镇	吕村集大街	国槐	*Sophora japonica* L.	12	80	500	10	正常株
361	滑县	白道口镇	王河京	槐树	*Sophora japonica* L.	9	45	250	8	旺盛
362	滑县	白道口镇	前吾旺	槐树	*Sophora japonica* L.	7	80	600	7	一般
363	滑县	白道口镇	白道口	槐树	*Sophora japonica* L.	8	82	600	6	一般
364	滑县	白道口镇	白道口	槐树	*Sophora japonica* L.	10	74	300	5	一般
365	滑县	白道口镇	王河京	槐树	*Sophora japonica* L.	8	60	200	10	旺盛
366	滑县	半坡店乡	常村西街	皂荚	*Gleditsia sinensis* Lam.	6	40	100	8	一般
367	滑县	城关镇	宣武庄	桑	*Morus alba* L.	12	98	102	14	旺盛
368	滑县	城关镇	宣武庄	槐树	*Sophora japonica* L.	8	64	120	12	旺盛
369	滑县	城关镇	苗固北街	槐树	*Sophora japonica* L.	11	58	100	10	一般
370	滑县	城关镇	大西关	臭椿	*Ailathus altissima* (Mill.) Swingle.	15	58	100	10	一般
371	滑县	城关镇	小西关	槐树	*Sophora japonica* L.	14	60	176	11	一般
372	滑县	慈周寨乡	尹庄	皂荚	*Gleditsia sinensis* Lam.	18	71	400	15	一般
373	滑县	慈周寨乡	阎庄	槐树	*Sophora japonica* L.	7	50	200	8	旺盛
374	滑县	道口镇	五星	五角枫	*Acer mono* Maxim.	8	50	150	8	旺盛
375	滑县	道口镇	五星	皂荚	*Gleditsia sinensis* Lam.	12	79	160	9	一般
376	滑县	道口镇	五星	皂荚	*Gleditsia sinensis* Lam.	12	58	150	12	旺盛
377	滑县	高平镇	张堤	皂荚	*Gleditsia sinensis* Lam.	10	48	110	10	旺盛
378	滑县	高平镇	东起寨	刺槐	*Robinia pseudoacacia* L.	15	66	180	12	一般
379	滑县	老庙乡	东大章	毛白杨	*Populus tomentosa* Carr.	15	60	450	10	一般
380	滑县	留固镇	中信都	槐树	*Sophora japonica* L.	10	42	110	12	旺盛
381	滑县	留固镇	中信都	槐树	*Sophora japonica* L.	9	43	220	7	一般

续附表4

序号	县(市、区)	乡(镇)	村	树种	拉丁名	树高(m)	胸径(cm)	树龄(年)	冠幅(m)	生长情况
382	滑县	四间房乡	王道口	槐树	*Sophora japonica* L.	11	85	200	11.5	一般
383	滑县	瓦岗乡	周道	槐树	*Sophora japonica* L.	7	41	109	7	一般
384	滑县	万古镇	西乔庄	复羽叶栾树	*Koelreuteria bipinnata* Franch.	11	28	120	8	一般
385	滑县	万古镇	寺台	侧柏	*Platycladus orientalis*（L.）Franco	8.5	36	160	8	一般
386	滑县	万古镇	双井	槐树	*Sophora japonica* L.	7	44	180	6	一般
387	滑县	王庄镇	沙店南街	槐树	*Sophora japonica* L.	12	56	100	10	一般
388	滑县	王庄镇	豆庄	槐树	*Sophora japonica* L.	15	55	120	9	旺盛
389	滑县	王庄镇	豆庄	皂荚	*Gleditsia sinensis* Lam.	15	70	100	14	旺盛
390	滑县	小铺乡	东程寨	槐树	*Sophora japonica* L.	7	50	1 700	5	一般
391	滑县	赵营乡	牛寨	槐树	*Sophora japonica* L.	10	98	250	15	一般
392	滑县	赵营乡	玉庄	枣树	*Ziziphus jujuba Mill.*	8	21	110	8	旺盛
393	内黄县	中召乡	北召	皂荚	*Gleditsia sinensis* Lam.	8.3	240	300	9.1	旺盛
394	内黄县	中召乡	李庄	国槐	*Sophora japonica* L.	8.5	130	300	8.9	一般
395	内黄县	中召乡	濮阳监狱	榆树	*Ulmus pumila* L.	20	300	200	20.5	一般
396	内黄县	中召乡	李庄	国槐	*Sophora japonica* L.	7	275	600	7.8	一般
397	内黄县	梁庄镇	二杨庄	乌柏	*Sapium sebiferum*（L.）Roxb.	11	110	80	5.6	旺盛
398	内黄县	梁庄镇	二杨庄	乌柏	*Sapium sebiferum*（L.）Roxb.	11	90	80	2.8	旺盛
399	内黄县	城关镇	西长固	皂荚	*Gleditsia sinensis* Lam.	9.5	220	700	8.2	一般
400	内黄县	马上乡	流庄	国槐	*Sophora japonica* L.	5.5	157	200	2.8	较弱
401	内黄县	马上乡	流庄	国槐	*Sophora japonica* L.	8	154	170	6.6	一般
402	内黄县	马上乡	八里庄	国槐	*Sophora japonica* L.	9	180	210	6.5	一般
403	内黄县	马上乡	北菜村	皂荚	*Gleditsia sinensis* Lam.	12	296	200	13.5	旺盛
404	内黄县	马上乡	东四牌	杜梨	*Pyrus betulaefolia* Bunge	9	260	300	7	旺盛

续附表 4

序号	县(市、区)	乡(镇)	村	树种	拉丁名	树高(m)	胸径(cm)	树龄(年)	冠幅(m)	生长情况
405	内黄县	六村乡	温邢固	国槐	*Sophora japonica* L.	7	234	600	14	一般
406	内黄县	六村乡	千口	枣树	*Ziziphus jujuba* Mill.	6	185	1 000	4.6	一般
407	内黄县	后河乡	七丈固	国槐	*Sophora japonica* L.	10.2	140	150	7.6	一般
408	内黄县	后河乡	七丈固	国槐	*Sophora japonica* L.	11.5	130	200	10.3	一般
409	内黄县	后河乡	七丈固	国槐	*Sophora japonica* L.	7	130	200	6.5	一般
410	内黄县	后河乡	七丈固	国槐	*Sophora japonica* L.	7	120	500	3.4	较弱
411	内黄县	后河乡	七丈固	国槐	*Sophora japonica* L.	7	115	300	6.1	一般
412	内黄县	后河乡	崔张固	白蜡	*Fraxinus chinensis* Roxb.	7	152	100	8.5	旺盛
413	内黄县	楚旺镇	前尹王	柘树	*Cudrania tricuspidata* (Carr.) Bureau ex Lavall.	4.5	40	300	2.6	一般
414	内黄县	东庄镇	三流河	杜梨	*Pyrus betulaefolia* Bunge	9	150	100	11	一般
415	内黄县	东庄镇	旧县	国槐	*Sophora japonica* L.	7	160	500	4.5	一般
416	内黄县	东庄镇	南街	国槐	*Sophora japonica* L.	9.5	165	200	6.9	一般
417	内黄县	东庄镇	南街	国槐	*Sophora japonica* L.	13	260	500	9.5	旺盛
418	内黄县	东庄镇	韩庄	杜梨	*Pyrus betulaefolia* Bunge	8	160	100	7	一般
419	内黄县	井店镇	杜河道	国槐	*Sophora japonica* L.	8	520	150	14.2	旺盛
420	内黄县	城关镇	郭庄	国槐	*Sophora japonica* L.	10	210	500	10.5	一般
421	内黄县	城关镇	胡庄	皂荚	*Gleditsia sinensis* Lam.	8	270	700	10.5	旺盛
422	内黄县	城关镇	张庄	国槐	*Sophora japonica* L.	6	180	300	3.8	一般
423	内黄县	城关镇	张庄	国槐	*Sophora japonica* L.	7	130	100	7.6	一般
424	内黄县	城关镇	北街	国槐	*Sophora japonica* L.	12	207	400	11.5	一般
425	内黄县	城关镇	北街	国槐	*Sophora japonica* L.	11	206	600	14	旺盛
426	内黄县	城关镇	刘庄	国槐	*Sophora japonica* L.	12	234	300	10.8	一般

续附表 4

序号	县(市、区)	乡(镇)	村	树种	拉丁名	树高（m）	胸径（cm）	树龄（年）	冠幅（m）	生长情况
427	内黄县	城关镇	赵庄	国槐	*Sophora japonica* L.	11	210	400	9.8	旺盛
428	内黄县	张龙乡	北羊坞	国槐	*Sophora japonica* L.	9.5	260	500	8.5	旺盛
429	内黄县	张龙乡	马野羊	国槐	*Sophora japonica* L.	12	190	300	13.1	一般
430	内黄县	白条河	四分场	旱柳	*Salix matsudana* Koidz.	15	215	100	14.2	旺盛
431	内黄县	亳城镇	马次范	杜梨	*Pyrus betulaefolia* Bunge	12	240	100	9.8	旺盛
432	内黄县	内黄林场	二分场	构树	*Broussonetia papyrifera*（L.）L' Hérit. ex Vent.	11	200	100	11	一般
433	内黄县	内黄林场	二分场	国槐	*Sophora japonica* L.	16	145	100	7.5	较弱
434	汤阴县	白营乡	西石得	皂荚	*Gleditsia sinensis* Lam.	21.3	285	230	20	一般
435	汤阴县	白营乡	尧石得	臭椿	*Ailathus altissima*（Mill.）Swingle.	17.8	178	220	8	一般
436	汤阴县	菜园镇	南青村	槐树	*Sophora japonica* L.	6.3	160	220	7	一般
437	汤阴县	菜园镇	南街	木梨	*Cydonia oblonga* Mill.	9.8	180	140	12	一般
438	汤阴县	菜园镇	西街	槐树	*Sophora japonica* L.	12.7	250	270	15	一般
439	汤阴县	城关镇	南园	槐树	*Sophora japonica* L.	15	180	280	10	一般
440	汤阴县	城关镇	南园	槐树	*Sophora japonica* L.	9	236	460	9	一般
441	汤阴县	城关镇	南园	皂荚	*Gleditsia sinensis* Lam.	11	248	120	14	一般
442	汤阴县	城关镇	武家庄	槐树	*Sophora japonica* L.	9	268	510	9.1	较差
443	汤阴县	城关镇	南关	侧柏	*Platycladus orientalis*（L.）Franco	11	80	130	8	一般
444	汤阴县	城关镇	南关	侧柏	*Platycladus orientalis*（L.）Franco	9	100	130	7	一般
445	汤阴县	城关镇	东关	侧柏	*Platycladus orientalis*（L.）Franco	10	110	130	6	一般
446	汤阴县	城关镇	南关	河南海棠	*Malus honanensis* Rehd.	9	110	130	7	一般
447	汤阴县	城关镇	南关	河南海棠	*Malus honanensis* Rehd.	9	110	130	8	一般
448	汤阴县	城关镇	武家庄	槐树	*Sophora japonica* L.	7.5	170	190	9	濒死

续附表 4

序号	县(市、区)	乡(镇)	村	树种	拉丁名	树高(m)	胸径(cm)	树龄(年)	冠幅(m)	生长情况
449	汤阴县	城关镇	石家庄	槐树	*Sophora japonica* L.	8.5	250	310	10	一般
450	汤阴县	城关镇	东关	皂荚	*Gleditsia sinensis* Lam.	13	280	310	12	一般
451	汤阴县	城关镇	南关	河南海棠	*Malus honanensis* Rehd.	9.5	130	130	8.5	一般
452	汤阴县	城关镇	南关	河南海棠	*Malus honanensis* Rehd.	9.3	130	130	8.8	一般
453	汤阴县	城关镇	南关	侧柏	*Platycladus orientalis* (L.) Franco	13.3	150	310	10.5	一般
454	汤阴县	城关镇	南关	侧柏	*Platycladus orientalis* (L.) Franco	10.3	140	510	7	一般
455	汤阴县	城关镇	南关	侧柏	*Platycladus orientalis* (L.) Franco	14.8	250	560	8	一般
456	汤阴县	古贤乡	支村	皂荚	*Gleditsia sinensis* Lam.	15.5	190	150	20	一般
457	汤阴县	古贤乡	南周流	侧柏	*Platycladus orientalis* (L.) Franco	9	90	310	3	一般
458	汤阴县	古贤乡	南周流	侧柏	*Platycladus orientalis* (L.) Franco	9	110	310	5	一般
459	汤阴县	古贤乡	南周流	侧柏	*Platycladus orientalis* (L.) Franco	7.5	120	310	5	一般
460	汤阴县	古贤乡	南周流	侧柏	*Platycladus orientalis* (L.) Franco	11	100	310	5	一般
461	汤阴县	古贤乡	南周流	侧柏	*Platycladus orientalis* (L.) Franco	10.5	110	310	4	一般
462	汤阴县	古贤乡	南周流	侧柏	*Platycladus orientalis* (L.) Franco	12.5	120	310	6	一般
463	汤阴县	古贤乡	南周流	侧柏	*Platycladus orientalis* (L.) Franco	10.5	135	310	5	一般
464	汤阴县	古贤乡	南周流	侧柏	*Platycladus orientalis* (L.) Franco	12	120	310	6	一般
465	汤阴县	古贤乡	南周流	侧柏	*Platycladus orientalis* (L.) Franco	8.5	310	310	6	一般
466	汤阴县	古贤乡	南周流	侧柏	*Platycladus orientalis* (L.) Franco	12.3	130	310	10	一般
467	汤阴县	古贤乡	南周流	侧柏	*Platycladus orientalis* (L.) Franco	11	120	310	6	一般
468	汤阴县	古贤乡	南周流	侧柏	*Platycladus orientalis* (L.) Franco	10.5	150	310	6	一般
469	汤阴县	韩庄乡	羑河	槐树	*Sophora japonica* L.	16	185	190	18	一般
470	汤阴县	韩庄乡	羑河	侧柏	*Platycladus orientalis* (L.) Franco	9	180	560	5	较差
471	汤阴县	韩庄乡	羑河	侧柏	*Platycladus orientalis* (L.) Franco	8	210	560	4	较差

续附表 4

序号	县(市、区)	乡(镇)	村	树种	拉丁名	树高(m)	胸径(cm)	树龄(年)	冠幅(m)	生长情况
472	汤阴县	韩庄乡	羑河	侧柏	*Platycladus orientalis* (L.) Franco	8	130	310	5	一般
473	汤阴县	韩庄乡	大云村	槐树	*Sophora japonica* L.	9	260	360	10	一般
474	汤阴县	韩庄乡	康洼	槐树	*Sophora japonica* L.	8	143	160	6	濒死
475	汤阴县	韩庄乡	小庄(小河)	桑	*Morus alba* L.	10.5	231	190	18	一般
476	汤阴县	韩庄乡	东酒寺	柿	*Diospyros kaki* Thunb	7.8	145	260	3.9	一般
477	汤阴县	韩庄乡	东酒寺	柿	*Diospyros kaki* Thunb	7.7	150	270	4.6	一般
478	汤阴县	韩庄乡	东酒寺	柿	*Diospyros kaki* Thunb	5.2	140	300	5.7	一般
479	汤阴县	韩庄乡	庞洼	皂荚	*Gleditsia sinensis* Lam.	16.3	360	320	19.8	一般
480	汤阴县	韩庄乡	樊庄	皂荚	*Gleditsia sinensis* Lam.	14.3	160	160	15	一般
481	汤阴县	韩庄乡	王佐	皂荚	*Gleditsia sinensis* Lam.	14.3	361	350	20	一般
482	汤阴县	韩庄乡	韩庄	槐树	*Sophora japonica* L.	14.3	220	210	14	一般
483	汤阴县	韩庄乡	小庄(小河)	复羽叶栾树	*Koelreuteria bipinnata* Franch.	13.2	190	310	7.3	一般
484	汤阴县	韩庄乡	小庄(小河)	槐树	*Sophora japonica* L.	13	260	310	9	一般
485	汤阴县	韩庄乡	羑河	侧柏	*Platycladus orientalis* (L.) Franco	10.8	170	560	3.8	濒死
486	汤阴县	韩庄乡	羑河	侧柏	*Platycladus orientalis* (L.) Franco	10.8	5	810	5.3	较差
487	汤阴县	韩庄乡	羑河	侧柏	*Platycladus orientalis* (L.) Franco	10.3	160	560	5.4	一般
488	汤阴县	韩庄乡	羑河	侧柏	*Platycladus orientalis* (L.) Franco	8.3	120	560	4	濒死
489	汤阴县	韩庄乡	羑河	侧柏	*Platycladus orientalis* (L.) Franco	10.5	180	560	6.2	一般
490	汤阴县	韩庄乡	羑河	侧柏	*Platycladus orientalis* (L.) Franco	9.3	155	560	6.1	一般
491	汤阴县	韩庄乡	羑河	侧柏	*Platycladus orientalis* (L.) Franco	11.8	140	560	5.1	一般
492	汤阴县	韩庄乡	羑河	侧柏	*Platycladus orientalis* (L.) Franco	12.8	210	560	5.6	一般
493	汤阴县	韩庄乡	羑河	侧柏	*Platycladus orientalis* (L.) Franco	14.3	174	560	6.5	濒死
494	汤阴县	韩庄乡	羑河	侧柏	*Platycladus orientalis* (L.) Franco	15	120	560	2	濒死

续附表 4

序号	县(市、区)	乡(镇)	村	树种	拉丁名	树高(m)	胸径(cm)	树龄(年)	冠幅(m)	生长情况
495	汤阴县	韩庄乡	羑河	侧柏	*Platycladus orientalis* (L.) Franco	12.4	190	560	5.9	较差
496	汤阴县	韩庄乡	羑河	侧柏	*Platycladus orientalis* (L.) Franco	12.3	195	410	4.3	较差
497	汤阴县	韩庄乡	羑河	侧柏	*Platycladus orientalis* (L.) Franco	13.8	160	560	3.7	较差
498	汤阴县	韩庄乡	羑河	侧柏	*Platycladus orientalis* (L.) Franco	13.3	140	560	2	较差
499	汤阴县	韩庄乡	羑河	侧柏	*Platycladus orientalis* (L.) Franco	9.3	130	310	4	一般
500	汤阴县	韩庄乡	羑河	侧柏	*Platycladus orientalis* (L.) Franco	9.3	100	310	5	较差
501	汤阴县	韩庄乡	羑河	侧柏	*Platycladus orientalis* (L.) Franco	11.3	155	310	1	濒死
502	汤阴县	韩庄乡	羑河	侧柏	*Platycladus orientalis* (L.) Franco	9.3	115	310		较差
503	汤阴县	韩庄乡	羑河	侧柏	*Platycladus orientalis* (L.) Franco	8.3	110	310	4.2	较差
504	汤阴县	瓦岗乡	南里于	槐树	*Sophora japonica* L.	12.5	130	120	9	濒死
505	汤阴县	瓦岗乡	龙虎村	皂荚	*Gleditsia sinensis* Lam.	15.9	220	610	17	一般
506	汤阴县	瓦岗乡	南寒泉	槐树	*Sophora japonica* L.	16.3	190	110	12	一般
507	汤阴县	五陵镇	五陵村	槐树	*Sophora japonica* L.	11	176	110	0	较差
508	汤阴县	五陵镇	五陵村	槐树	*Sophora japonica* L.	7.3	180	310	7	较差
509	汤阴县	五陵镇	五陵村	槐树	*Sophora japonica* L.	7.3	194	310	9	一般
510	汤阴县	五陵镇	五陵村	槐树	*Sophora japonica* L.	12.5	220	260	9	较差
511	汤阴县	五陵镇	五陵村	槐树	*Sophora japonica* L.	7.8	219	310	9	一般
512	汤阴县	五陵镇	五陵村	槐树	*Sophora japonica* L.	8.8	165	110	8	一般
513	汤阴县	五陵镇	五陵村	槐树	*Sophora japonica* L.	7.3	210	510	9	
514	汤阴县	五陵镇	水塔河一街	槐树	*Sophora japonica* L.	9.3	200	160	10	一般
515	汤阴县	五陵镇	阎庄	槐树	*Sophora japonica* L.	6.2	200	310	8	濒死
516	汤阴县	五陵镇	五陵村	槐树	*Sophora japonica* L.	7.8	220	360	9	濒死
517	汤阴县	宜沟镇	后李朱	皂荚	*Gleditsia sinensis* Lam.	10	336	400	12	一般

续附表 4

序号	县(市、区)	乡(镇)	村	树种	拉丁名	树高(m)	胸径(cm)	树龄(年)	冠幅(m)	生长情况
518	汤阴县	宜沟镇	前李朱	皂荚	*Gleditsia sinensis* Lam.	14	268	320	18	一般
519	汤阴县	宜沟镇	前李朱	皂荚	*Gleditsia sinensis* Lam.	14	370	320	21	一般
520	文峰区	西南营 37 号墙外		黄连木	*Pistacia chinensis*Bunge	13	241	140	16	一般
521	文峰区	文峰区东南营 37 号		国槐	*Sophora japonica* L.	10	252	260	11	一般
522	文峰区	文峰区西南营 38 号		国槐	*Sophora japonica* L.	12	210	210	14	一般
523	文峰区	文峰区平府街 7 号院外		国槐	*Sophora japonica* L.	9	400	900	11	一般
524	文峰区	文峰区新营街 8 号路边		国槐	*Sophora japonica* L.	14	249	400	15	一般
525	文峰区	文峰区西大街 55 号		国槐	*Sophora japonica* L.	10	190	120	15	一般
526	文峰区	文峰区学巷街 4 号		国槐	*Sophora japonica* L.	13	280	120	15	一般
527	文峰区	文峰区平安街 3 号		国槐	*Sophora japonica* L.	8	189	120	8	一般
528	文峰区	文峰区南门马道 33 号		国槐	*Sophora japonica* L.	13	230	320	15	一般
529	文峰区	文峰区南门东 32 号		国槐	*Sophora japonica* L.	12	191	120	6	一般
530	文峰区	文峰区南门东马道 37 号		国槐	*Sophora japonica* L.	10	211	170	15	一般
531	文峰区	文峰区昼锦堂院东		国槐	*Sophora japonica* L.	15	312	900	13	一般
532	文峰区	文峰区昼锦堂韩王庙院内北		国槐	*Sophora japonica* L.	7	161	900	8	一般
533	文峰区	文峰区韩王庙昼锦堂院南		国槐	*Sophora japonica* L.	7	252	900	9	一般
534	文峰区	文峰区韩王庙昼锦堂院西南		国槐	*Sophora japonica* L.	10	220	900	14	一般
535	文峰区	文峰区仓巷街 16 号路边		国槐	*Sophora japonica* L.	15	251	160	13	一般
536	文峰区	文峰区仁义巷益兴园小区院内		国槐	*Sophora japonica* L.	10	185	120	10	一般
537	文峰区	文峰区南门西 45 号		皂荚	*Gleditsia sinensis* Lam.	14	180	120	12	一般
538	文峰区	文峰区东南营 47 号		国槐	*Sophora japonica* L.	10	249	210	7	一般
539	文峰区	文峰区唐子巷 134 号		皂荚	*Gleditsia sinensis* Lam.	14	211	370	14	一般
540	文峰区	文峰区唐子巷 136 号		皂荚	*Gleditsia sinensis* Lam.	9	160	150	15	一般

续附表 4

序号	县(市、区)	乡(镇)	村	树种	拉丁名	树高(m)	胸径(cm)	树龄(年)	冠幅(m)	生长情况
541	文峰区	文峰区北城墙街 57－6 号		皂荚	*Gleditsia sinensis* Lam.	11	141	120	16	一般
542	文峰区	文峰区平安街 10 号		国槐	*Sophora japonica* L.	12	251	320	14	一般
543	文峰区	文峰区文峰游园内		国槐	*Sophora japonica* L.	9	160	120	10	一般
544	文峰区	文峰区姚家胡同 10 号		国槐	*Sophora japonica* L.	15	184	120	18	一般
545	文峰区	文峰区东南营 67 号		国槐	*Sophora japonica* L.	11	161	120	11	一般
546	文峰区	文峰区东南营 31 号		国槐	*Sophora japonica* L.	10	149	120	9	一般
547	文峰区	文峰区东南营 34 号		石榴	*Crataegus pinnatifida* Bunge	8	230	160	8	一般
548	文峰区	文峰区南门东 33 号		国槐	*Sophora japonica* L.	14	165	320	15	一般
549	文峰区	文峰区平安街中段路西人行道上		皂荚	*Gleditsia sinensis* Lam.	15	295	400	15	一般
550	文峰区	文峰区文峰中路县城隍庙北		国槐	*Sophora japonica* L.	7	245	320	14	一般
551	文峰区	文峰区西关集市街 27 号		槐树	*Sophora japonica* L.	12	238	220	13	一般
552	文峰区	文峰区西关驴市街 36 号		国槐	*Sophora japonica* L.	9	170	170	11	一般
553	文峰区	文峰区西大街小学院内		刺槐	*Robinia pseudoacacia* L.	10	230	130	11	一般
554	文峰区	文峰区育才路平原小区化纺厂家属院内		毛白杨	*Populus tomentosa* Carr.	15	280	100	15	一般
555	文峰区	文峰区文峰北环路中(中山街)		国槐	*Sophora japonica* L.	13	365	500	13	一般
556	文峰区	文峰区西大街小学		国槐	*Sophora japonica* L.	9	230	110	10	一般
557	文峰区	文峰区二道街 9 号		国槐	*Sophora japonica* L.	8	152	200	7	一般
558	文峰区	文峰区头道街 99 号		国槐	*Sophora japonica* L.	9	200	500	7	一般
559	文峰区	文峰区北环南段路边路边平安街口		刺槐	*Robinia pseudoacacia* L.	13	256	120	13	一般
560	文峰区	文峰区文峰中路西端路北侧		国槐	*Sophora japonica* L.	9	171	170	9	一般
561	文峰区	文峰区头道街 40 号院外		国槐	*Sophora japonica* L.	9	141	220	12	一般

续附表4

序号	县(市、区)	乡(镇)	村	树种	拉丁名	树高(m)	胸径(cm)	树龄(年)	冠幅(m)	生长情况
562	文峰区	文峰区头道街40号西院外		国槐	*Sophora japonica* L.	10	171	150	15	一般
563	文峰区	文峰区文峰中路县城隍庙南		国槐	*Sophora japonica* L.	9	170	120	10	一般
564	文峰区	文峰区三道街与文峰南环交叉口东北角		国槐	*Sophora japonica* L.	8	162	120	9	一般
565	文峰区	文峰区红旗渠广场东南角		国槐	*Sophora japonica* L.	13	200	140	13	一般
566	文峰区	文峰区文峰北环226号		国槐	*Sophora japonica* L.	9	130	120	13	一般
567	文峰区	文峰区南下关相州路172号		国槐	*Sophora japonica* L.	10	236	120	15	一般
568	文峰区	文峰区西南营9号		国槐	*Sophora japonica* L.	12	160	120	13	一般
569	文峰区	文峰区高庄乡王柳屯村前大街西头		国槐	*Sophora japonica* L.	12	261	500	12	一般
570	文峰区	文峰区丁家巷3号		石榴	*Crataegus pinnatifida* Bunge	9	130	110	9	一般
571	文峰区	文峰区文峰中路实验小学前院		臭椿	*Ailathus altissima* (Mill.) Swingle.	15	252	110	16	一般
572	文峰区	安阳易园太极湖西侧		雪松	*Cedrus deodara* (Roxb.) G. Don	8	29	100	5	一般
573	文峰区	京林社区居委会		白皮松	*Pinus bungeana* Zucc.	5	22	100	4	一般
574	文峰区	易园太极湖西侧		龙柏	*Sabina chinensis*(L.) Ant. cv. Kaizuca	4	21	100	4	一般
575	文峰区	易园太极湖西侧		龙柏	*Sabina chinensis*(L.) Ant. cv. Kaizuca	5	13	100	5	一般
576	文峰区	易园太极湖西侧		龙柏	*Sabina chinensis*(L.) Ant. cv. Kaizuca	7	16	100	5	一般
577	文峰区	易园太极湖西侧		圆柏	*Sabina chinensis* (L.) Ant.	7	23	100	3	一般
578	文峰区	易园太极湖西侧		雪松	*Cedrus deodara* (Roxb.) G. Don	9	35	100	5	一般
579	文峰区	易园太极湖西侧		雪松	*Cedrus deodara* (Roxb.) G. Don	7	25	100	4	一般
580	文峰区	文峰区三官庙村		槐树	*Sophora japonica* L.	8	230	350	8	一般
581	文峰区	文峰区西冠带巷九府幼儿园院北		国槐	*Sophora japonica* L.	12	150	120	12	一般
582	文峰区	文峰区西冠带巷九府幼儿园院南		国槐	*Sophora japonica* L.	12	180	110	12	一般

续附表 4

序号	县(市、区)	乡(镇)	村	树种	拉丁名	树高(m)	胸径(cm)	树龄(年)	冠幅(m)	生长情况
583	文峰区	文峰区南门东 66 号		国槐	*Sophora japonica* L.	15	150	100	11	一般
584	文峰区	文峰区东南营 74 号		国槐	*Sophora japonica* L.	10	172	150	12	一般
585	文峰区	文峰区南马道 12 号		国槐	*Sophora japonica* L.	11	130	100	11	一般
586	文峰区	文峰区南马道 12 号北		国槐	*Sophora japonica* L.	12	179	150	14	一般
587	文峰区	文峰区一马道 10 号		国槐	*Sophora japonica* L.	10	185	150	6	一般
588	文峰区	文峰区东大街 250 号		酸枣	*var. spinosa* (Bunge) Hu ex H. F. Chow	7	181	200	10	一般
589	文峰区	文峰区头道街 80 号		国槐	*Sophora japonica* L.	13	143	120	9	一般
590	文峰区	文峰区东大街西段路南		国槐	*Sophora japonica* L.	11	162	100	11	一般
591	文峰区	文峰区南门西 32 号院北		国槐	*Sophora japonica* L.	9	172	200	12	一般
592	文峰区	文峰路谢家老院东北角		石榴	*Crataegus pinnatifida* Bunge	9	63	150	6	一般
593	文峰区	文峰路谢家老院西北角		石榴	*Crataegus pinnatifida* Bunge	8	83	120	5	一般
594	文峰区	文峰路谢家老院西南角		石榴	*Crataegus pinnatifida* Bunge	7	82	100	5	一般
595	文峰区	文峰区马市街 77 号		国槐	*Sophora japonica* L.	12	160	150	11	一般
596	文峰区	文峰区		刺槐	*Robinia pseudoacacia* L.	15	140	120	14	一般
597	文峰区	文峰区王村北一街南		国槐	*Sophora japonica* L.	11	189	200	9	一般
598	文峰区	文峰区东关街一街北		国槐	*Sophora japonica* L.	12	167	200	11	一般
599	文峰区	文峰区南下关相州路 17 号		国槐	*Sophora japonica* L.	13	175	100	12	一般
600	文峰区	宝莲寺镇西郭村		槐树	*Sophora japonica* L.	13	64	310	12	一般
601	文峰区	宝莲寺镇郭村集		皂荚	*Gleditsia sinensis* Lam.	15	84	300	15	一般
602	文峰区	宝莲寺镇崇召村		皂荚	*Gleditsia sinensis* Lam.	14	56	102	13	一般
603	北关区	安阳市北关区红旗路社区斜街 12 号		槐树	*Sophora japonica* L.	11	275	370	12	一般
604	北关区	北关区胡家庄 20 号		槐树	*Sophora japonica* L.	9	215	150	8	一般

续附表 4

序号	县(市、区)	乡(镇)	村	树种	拉丁名	树高(m)	胸径(cm)	树龄(年)	冠幅(m)	生长情况
605	北关区	安阳市道路绿化管理者苗圃地		国槐	*Sophora japonica* L.	4	188	120	8	一般
606	北关区	北关区戏院街 9 号		刺槐	*Robinia pseudoacacia* L.	9	211	120	14	一般
607	北关区	北关区北郊乡十里铺		毛白杨	*Populus tomentosa* Carr.	16	520	370	12	一般
608	北关区	彰北街道办事处程村营村民委员会村中心街		国槐	*Sophora japonica* L.	6	88	200	13	一般
609	殷都区	安丰乡		皂荚	*Gleditsia sinensis* Lam.	15	60	300	12	一般
610	殷都区	安丰乡		槐树	*Sophora japonica* L.	18	60	300	10	一般
611	殷都区	安丰乡		槐树	*Sophora japonica* L.	6	93	608	5	濒死
612	殷都区	安丰乡		槐树	*Sophora japonica* L.	6	93	600	5	濒死
613	殷都区	安丰乡		槐树	*Sophora japonica* L.	14	78	200	14	一般
614	殷都区	安丰乡		槐树	*Sophora japonica* L.	13.5	53	170	13	一般
615	殷都区	安丰乡		槐树	*Sophora japonica* L.	13.8	78	200	14	一般
616	殷都区	安丰乡		槐树	*Sophora japonica* L.	15	51	160	11	一般
617	殷都区	安丰乡		槐树	*Sophora japonica* L.	15	51	160	11	一般
618	殷都区	安丰乡		皂荚	*Gleditsia sinensis* Lam.	16	65	500	16	旺盛
619	殷都区	安丰乡		槐树	*Sophora japonica* L.	16	65	500	18	一般
620	殷都区	安丰乡		臭椿	*Ailathus altissima* (Mill.) Swingle.	21	180	101	18	旺盛
621	殷都区	安丰乡		槐树	*Sophora japonica* L.	8	200	340	12	一般
622	殷都区	安丰乡		槐树	*Sophora japonica* L.	8	200	340	0	一般
623	殷都区	安丰乡		槐树	*Sophora japonica* L.	13	170	160	13	一般
624	殷都区	安丰乡		槐树	*Sophora japonica* L.	13	170	160	20	一般
625	殷都区	安丰乡		槐树	*Sophora japonica* L.	11	0	400	13	一般
626	殷都区	安丰乡		槐树	*Sophora japonica* L.	11.8	60	400	13	一般

续附表 4

序号	县(市、区)	乡(镇)	村	树种	拉丁名	树高(m)	胸径(cm)	树龄(年)	冠幅(m)	生长情况
627	殷都区	安丰乡		槐树	*Sophora japonica* L.			300		一般
628	殷都区	都里乡		侧柏	*Platycladus orientalis*（L.）Franco	12	43	130	8	一般
629	殷都区	都里乡		槐树	*Sophora japonica* L.	13	73	300	14	一般
630	殷都区	都里乡		槐树	*Sophora japonica* L.	10	60	608	15	一般
631	殷都区	都里乡		槐树	*Sophora japonica* L.	12	90	608	10	一般
632	殷都区	都里乡		黄连木	*Pistacia chinensis* Bunge	10	37	288	10	一般
633	殷都区	都里乡		槐树	*Sophora japonica* L.	14	61	308	12	旺盛
634	殷都区	都里乡		黄连木	*Pistacia chinensis* Bunge	8	67	260	6	旺盛
635	殷都区	都里乡		槐树	*Sophora japonica* L.	10	75	408	12	一般
636	殷都区	都里乡		青檀	*Pteroceltis tatarinowii* Maxim.	8	76	600	12	旺盛
637	殷都区	都里乡		青檀	*Pteroceltis tatarinowii* Maxim.	10	80	600	12	旺盛
638	殷都区	都里乡		青檀	*Pteroceltis tatarinowii* Maxim.	10	62	600	12	一般
639	殷都区	都里乡		槐树	*Sophora japonica* L.	12	60	508	9	一般
640	殷都区	都里乡		槐树	*Sophora japonica* L.	12	113	808	11	一般
641	殷都区	都里乡		黄连木	*Pistacia chinensis* Bunge	10	37	288	10	一般
642	殷都区	都里乡		槐树	*Sophora japonica* L.	14	61	308	12	旺盛
643	殷都区	都里乡		黄连木	*Pistacia chinensis*Bunge	8	67	260	6	旺盛
644	殷都区	都里乡		槐树	*Sophora japonica* L.	10	75	408	12	一般
645	殷都区	都里乡		槐树	*Sophora japonica* L.	12	60	408	10	一般
646	殷都区	蒋村镇		槐树	*Sophora japonica* L.	14	100	508	16	旺盛
647	殷都区	蒋村镇		皂荚	*Gleditsia sinensis* Lam.	19	84	600	16	旺盛
648	殷都区	蒋村镇		槐树	*Sophora japonica* L.	14	163	800	13	一般
649	殷都区	蒋村镇		皂荚	*Gleditsia sinensis* Lam.	17	60	130	13	旺盛

续附表 4

序号	县(市、区)	乡(镇)	村	树种	拉丁名	树高(m)	胸径(cm)	树龄(年)	冠幅(m)	生长情况
650	殷都区	蒋村镇		紫藤	*Wisteria sinensis*（Sims）Sweet.	16	30	108	6	一般
651	殷都区	蒋村镇		槐树	*Sophora japonica* L.	16	65	130	13	一般
652	殷都区	蒋村镇		槐树	*Sophora japonica* L.	14	37	500	10	一般
653	殷都区	蒋村镇		槐树	*Sophora japonica* L.	11	113	500	9	一般
654	殷都区	曲沟乡		槐树	*Sophora japonica* L.	17	70	308	11	一般
655	殷都区	曲沟乡		榆树	*Ulmus pumila* L.	15	107	408	12	一般
656	殷都区	曲沟乡		圆柏	*Sabina chinensis*（L.）Ant.	7	100	2 000	10	一般
657	殷都区	曲沟乡		圆柏	*Sabina chinensis*（L.）Ant.	5	98	2 000	8	一般
658	殷都区	曲沟乡		西府海棠	*Malus micromalus* Makino	8	23	600	6	一般
659	殷都区	曲沟乡		白梨	*Pyrus bretschneideri* Rehd.	10	47	608	7	一般
660	殷都区	曲沟乡		槐树	*Sophora japonica* L.	16	13	608	17	一般
661	殷都区	纱厂办		槐树	*Sophora japonica* L.	8	76	150	10	一般
662	殷都区	纱厂办		紫藤	*Wisteria sinensis*（Sims）Sweet.	4	80	120	15	旺盛
663	殷都区	纱厂办		槐树	*Sophora japonica* L.	6	80	138		一般
664	殷都区	水冶镇		槐树	*Sophora japonica* L.	15	128	1 000	13	一般
665	殷都区	水冶镇		槐树	*Sophora japonica* L.	10	67	800	9	一般
666	殷都区	水冶镇		槐树	*Sophora japonica* L.	12	130	1 000	17	一般
667	殷都区	水冶镇		槐树	*Sophora japonica* L.	12	60	158	11	一般
668	殷都区	水冶镇		槐树	*Sophora japonica* L.	14	70	160	12	一般
669	殷都区	水冶镇		槐树	*Sophora japonica* L.	12	91	308	12	一般
670	殷都区	水冶镇		槐树	*Sophora japonica* L.	17	53	110	8	一般
671	殷都区	水冶镇		皂荚	*Gleditsia sinensis* Lam.	18	60	109	11	旺盛
672	殷都区	水冶镇		皂荚	*Gleditsia sinensis* Lam.	18	45	108	9	旺盛

续附表 4

序号	县(市、区)	乡(镇)	村	树种	拉丁名	树高(m)	胸径(cm)	树龄(年)	冠幅(m)	生长情况
673	殷都区	水冶镇		槐树	*Sophora japonica* L.	8	75	308	12	一般
674	殷都区	水冶镇		槐树	*Sophora japonica* L.	13	83	208	15	旺盛
675	殷都区	水冶镇		皂荚	*Gleditsia sinensis* Lam.	14	78	150	15	一般
676	殷都区	水冶镇		槐树	*Sophora japonica* L.	0	63	200	15	一般
677	殷都区	水冶镇		槐树	*Sophora japonica* L.	15	60	230	13	旺盛
678	殷都区	水冶镇		槐树	*Sophora japonica* L.	12	76	208	14	一般
679	殷都区	水冶镇		槐树	*Sophora japonica* L.	15	71	210		一般
680	殷都区	水冶镇		槐树	*Sophora japonica* L.	15	63	108	10	一般
681	殷都区	水冶镇		槐树	*Sophora japonica* L.	6	70	120	10	旺盛
682	殷都区	水冶镇		槐树	*Sophora japonica* L.	13	60	108		一般
683	殷都区	水冶镇		槐树	*Sophora japonica* L.	12	60	108	12	旺盛
684	殷都区	水冶镇		槐树	*Sophora japonica* L.	14	60	308	14	一般
685	殷都区	水冶镇		槐树	*Sophora japonica* L.	14	60	310	28	一般
686	殷都区	水冶镇		槐树	*Sophora japonica* L.	16	83	208	15	一般
687	殷都区	水冶镇		槐树	*Sophora japonica* L.	13	55	128	14	一般
688	殷都区	水冶镇		槐树	*Sophora japonica* L.	14	55	130	15	旺盛
689	殷都区	水冶镇		槐树	*Sophora japonica* L.	10	93	408	15	一般
690	殷都区	水冶镇		槐树	*Sophora japonica* L.	10	90	420	18	一般
691	殷都区	水冶镇		槐树	*Sophora japonica* L.	16	90	510	16	一般
692	殷都区	水冶镇		槐树	*Sophora japonica* L.	16	90	510	16	旺盛
693	殷都区	水冶镇		槐树	*Sophora japonica* L.	15	86	308	15	一般
694	殷都区	水冶镇		槐树	*Sophora japonica* L.	15	86	310	16	旺盛
695	殷都区	水冶镇		槐树	*Sophora japonica* L.	11	126	300	11	较差

续附表4

序号	县(市、区)	乡(镇)	村	树种	拉丁名	树高(m)	胸径(cm)	树龄(年)	冠幅(m)	生长情况
696	殷都区	水冶镇		槐树	*Sophora japonica* L.	11	150	350	11	一般
697	殷都区	水冶镇		槐树	*Sophora japonica* L.	15	48	128	15	一般
698	殷都区	水冶镇		槐树	*Sophora japonica* L.	15	50	120	15	一般
699	殷都区	水冶镇		槐树	*Sophora japonica* L.	15	58	208	18	一般
700	殷都区	水冶镇		槐树	*Sophora japonica* L.	15	58	208	19	一般
701	殷都区	水冶镇		槐树	*Sophora japonica* L.	12	78	308	15	一般
702	殷都区	水冶镇		槐树	*Sophora japonica* L.	12	800	310	16	旺盛
703	殷都区	水冶镇		槐树	*Sophora japonica* L.	12	120	800	16	一般
704	殷都区	水冶镇		槐树	*Sophora japonica* L.	12	133	800	16	旺盛
705	殷都区	水冶镇		槐树	*Sophora japonica* L.	8	73	138	13	较差
706	殷都区	水冶镇		槐树	*Sophora japonica* L.	8	73	140	13	一般
707	殷都区	水冶镇		侧柏	*Platycladus orientalis*（L.）Franco					较差
708	殷都区	水冶镇		槐树	*Sophora japonica* L.	18	130	610	22	一般
709	殷都区	水冶镇		槐树	*Sophora japonica* L.	13	65	603	12	旺盛
710	殷都区	铜冶镇		槐树	*Sophora japonica* L.	18	130	600	22	一般
711	殷都区	铜冶镇		槐树	*Sophora japonica* L.	16	140	638	23	一般
712	殷都区	铜冶镇		槐树	*Sophora japonica* L.	16	140	638	23	一般
713	殷都区	铜冶镇		槐树	*Sophora japonica* L.	13	120	618	15.5	一般
714	殷都区	铜冶镇		槐树	*Sophora japonica* L.	13	120	618	15.5	一般
715	殷都区	铜冶镇		槐树	*Sophora japonica* L.	6	95	650	10	一般
716	殷都区	铜冶镇		槐树	*Sophora japonica* L.	6	95	650	10	一般
717	殷都区	铜冶镇		槐树	*Sophora japonica* L.	16	95	613	23	一般
718	殷都区	铜冶镇		槐树	*Sophora japonica* L.	16	77	605	21.5	一般

续附表 4

序号	县(市、区)	乡(镇)	村	树种	拉丁名	树高(m)	胸径(cm)	树龄(年)	冠幅(m)	生长情况
719	殷都区	西郊乡		槐树	*Sophora japonica* L.	11	57	210	12	旺盛
720	殷都区	西郊乡		槐树	*Sophora japonica* L.	11	70	210	12	旺盛
721	殷都区	西郊乡		槐树	*Sophora japonica* L.	9	64	140	8	旺盛
722	殷都区	相台办		槐树	*Sophora japonica* L.	6	58	170	9	旺盛
723	殷都区	相台办		槐树	*Sophora japonica* L.	10	67	120	9	旺盛
724	殷都区	相台办		槐树	*Sophora japonica* L.	11	76	170	11	旺盛
725	殷都区	相台办		槐树	*Sophora japonica* L.	6	60	150	7	一般
726	殷都区	许家沟乡		槐树	*Sophora japonica* L.	13	140	400	16	旺盛
727	殷都区	许家沟乡		槐树	*Sophora japonica* L.	13	140	434	16	一般
728	殷都区	许家沟乡		槐树	*Sophora japonica* L.	18	95	615	13	一般
729	殷都区	许家沟乡		槐树	*Sophora japonica* L.	16		500	11	旺盛
730	殷都区	许家沟乡		槐树	*Sophora japonica* L.	18		615	13	一般
731	殷都区	许家沟乡		槐树	*Sophora japonica* L.	16		550	11	一般
732	殷都区	许家沟乡		侧柏	*Platycladus orientalis*（L.）Franco	18	95	800	6	旺盛
733	殷都区	许家沟乡		侧柏	*Platycladus orientalis*（L.）Franco	18	95	800	6	旺盛
734	殷都区	许家沟乡		枣树	*Ziziphus jujuba* Mill.	10	50	218	6	一般
735	殷都区	许家沟乡		槐树	*Sophora japonica* L.	16	52	415	16	一般
736	龙安区	东风乡		皂荚	*Gleditsia sinensis* Lam.	16	50	260	10	一般
737	龙安区	龙泉镇		桧柏	*Sabina chinensis*（L.）Ant.	6	240	1 100	11	一般
738	龙安区	龙泉镇		圆柏	*Sabina chinensis*（L.）Ant.	10	60	250	7	一般
739	龙安区	马家乡		五角枫	*Acer mono* Maxim.	12	45	610	15	旺盛
740	龙安区	马家乡		槐树	*Sophora japonica* L.	10	60	110	8	一般

续附表4

序号	县(市、区)	乡(镇)	村	树种	拉丁名	树高(m)	胸径(cm)	树龄(年)	冠幅(m)	生长情况
741	龙安区	马家乡		五角枫	*Acer mono* Maxim.	15	60	210	15	旺盛
742	龙安区	马家乡		皂荚	*Gleditsia sinensis* Lam.	10	54	118	6	旺盛
743	龙安区	马家乡		侧柏	*Platycladus orientalis*（L.）Franco	5	40	210	5	一般
744	龙安区	马家乡		油松	*Pinus tabulaeformis* Carr.	10	42	119	6	一般
745	龙安区	马家乡		油松	*Pinus tabulaeformis*Carr.	8	36	119	7	一般
746	龙安区	马家乡		侧柏	*Platycladus orientalis*（L.）Franco	14	30	120	20	旺盛
747	龙安区	马家乡		五角枫	*Acer mono* Maxim.	14	130	240	30	旺盛
748	龙安区	马投涧乡		皂荚	*Gleditsia sinensis* Lam.	14	60	130	12	旺盛
749	龙安区	马投涧乡		皂荚	*Gleditsia sinensis* Lam.	16	60	120	18	旺盛
750	龙安区	马投涧乡		侧柏	*Platycladus orientalis*（L.）Franco	10	46	810	10	旺盛
751	龙安区	马投涧乡		侧柏	*Platycladus orientalis*（L.）Franco	12	34	270	10	旺盛
752	龙安区	马投涧乡		圆柏	*Sabina chinensis*（L.）Ant.	10	50	300	6	一般
753	龙安区	马投涧乡		皂荚	*Gleditsia sinensis* Lam.	10	120	130	11	一般
754	龙安区	马投涧乡		酸枣	*var. spinosa*（Bunge）Hu ex H. F. Chow	13	40	100	10	旺盛
755	龙安区	马投涧乡		酸枣	*var. spinosa*（Bunge）Hu ex H. F. Chow	13	50	400	5	旺盛
756	龙安区	马投涧乡		酸枣	*var. spinosa*（Bunge）Hu ex H. F. Chow	13	50	400	5	旺盛
757	龙安区	善应镇		槐树	*Sophora japonica* L.	10	80	1 100	15	一般
758	龙安区	东风乡		皂荚	*Gleditsia sinensis* Lam.	16	50	260	10	一般

附表 5　安阳市古树群资源名录

序号	县（市、区）	乡（镇）	村	小地名	古树群面积（hm^2）	古树群株数	中文名	拉丁学名	平均年龄	平均胸径（cm）	平均树高（m）	平均枝下高（m）	平均冠幅（m）	生长势	特征描述
1	内黄县	六村乡	千口	村内	8	1 800	扁核酸枣	*Zizypus jujuba*	300	201	6	0	5.5	旺盛	树干粗壮，冠幅大，生长势旺盛，病虫害少发
2	滑县	四间房乡	朱店	朱店	0.2	13	柿	*Diospyros kaki*	200	28	11	0	6	一般	整体生长不太旺盛
3	安阳县	水冶镇	井家庄	珠泉公园	0.2	12	侧柏	*Platycladus orientalis*	1 500	81	13	0	4.5	一般	扶芳藤缠绕树身
4	汤阴县	古贤乡	南周流	岳飞先茔	1.3	12	侧柏	*Platycladus orientalis*	150	150	10.5	0	6	一般	
5	汤阴县	韩庄乡	羑河	羑里城纪念馆	1	23	侧柏	*Platycladus orientalis*	310	115	9.3	0	5.1	一般	
							槐	*Sophora japonica*	190	185	16	0	18	一般	
6	林州市	城郊乡	桑园		400	3 000	板栗	*Castanea mollissima*	560	63	9	0	9.5	旺盛	
									500	61	11	0	13	旺盛	
									480	56	11	0	11	旺盛	
7	林州市	东姚镇	齐街	齐街	0.1	5	香椿	*Toona sinensis*	150	45	10	0	11	一般	
8	安阳县	许家沟	下堡	村内	0.1	3	侧柏	*Platycladus orientalis*	600	55	8	0	4.5	一般	树冠奇特，树形扭曲
9	安阳县	都里乡	东交口	村边东坡	0.3	7	青檀	*Pteroceltis tatarinowii*	600	73	10	0	13	旺盛	树干中空
10	汤阴县	城关镇	南关	岳飞纪念馆	0.6	10	侧柏	*Platycladus orientalis*	560	250	14.8	0	8.8	一般	
							河南海棠	*Malus honanensis*	130	130	9.3	0	8	一般	

续附表 5

序号	县(市、区)	乡(镇)	村	小地名	古树群面积(hm^2)	古树群株数	中文名	拉丁学名	平均年龄	平均胸径(cm)	平均树高(m)	平均枝下高(m)	平均冠幅(m)	生长势	特征描述
11	林州市	原康镇	柏尖沟	柏尖山	0.1	5	大果榉	*Zelkova sinica*	500	58	13	0	8	旺盛	古树群中,有4棵大果榉,古树群中共1棵
							白皮松	*Pinus bungeana*	700	70	12	0	11	旺盛	
12	林州市	东岗镇	东岗	万宝山	30	80	黄连木	*Pistacia chinensis*	200	40	12	0	8	旺盛	树木生长旺盛,树形良好,无病虫害。林下植被好
13	林州市	东岗镇	武家水	北岭	40	180	黄连木	*Pistacia chinensis*	200	42	12.5	0	11	旺盛	生长旺盛,无偏冠,树形良好,处于盛果期,轻微病虫害。林下植被好
14	林州市	东岗镇	南坡	南坡,燕科,北木井,卢寨	1 000	160	胡桃	*Juglans regia*	110	65	13	0	12	一般	胡桃,落叶乔木,树高 10 ~ 15 m,长势良好
15	林州市	东岗镇	大井	大井东坡	25	80	黄连木	*Pistacia chinensis*	150	54	12.3	0	14	一般	范围内古树群和耕地交织在一起
16	林州市	东岗镇	西岗	西岗,后郊	30	30	黄连木	*Pistacia chinensis*	200	57	11.5	0	11	一般	和农地相连,东西走向
17	林州市	任村镇	后峪	村委会旁	10	5	槐	*Sophora japonica*	950	135	22.4	0	18.5	旺盛	落叶乔木,生长较旺盛,村委会旁边
									200	89	18.6	0	23	旺盛	

附录三　安阳市林木种质资源分布图

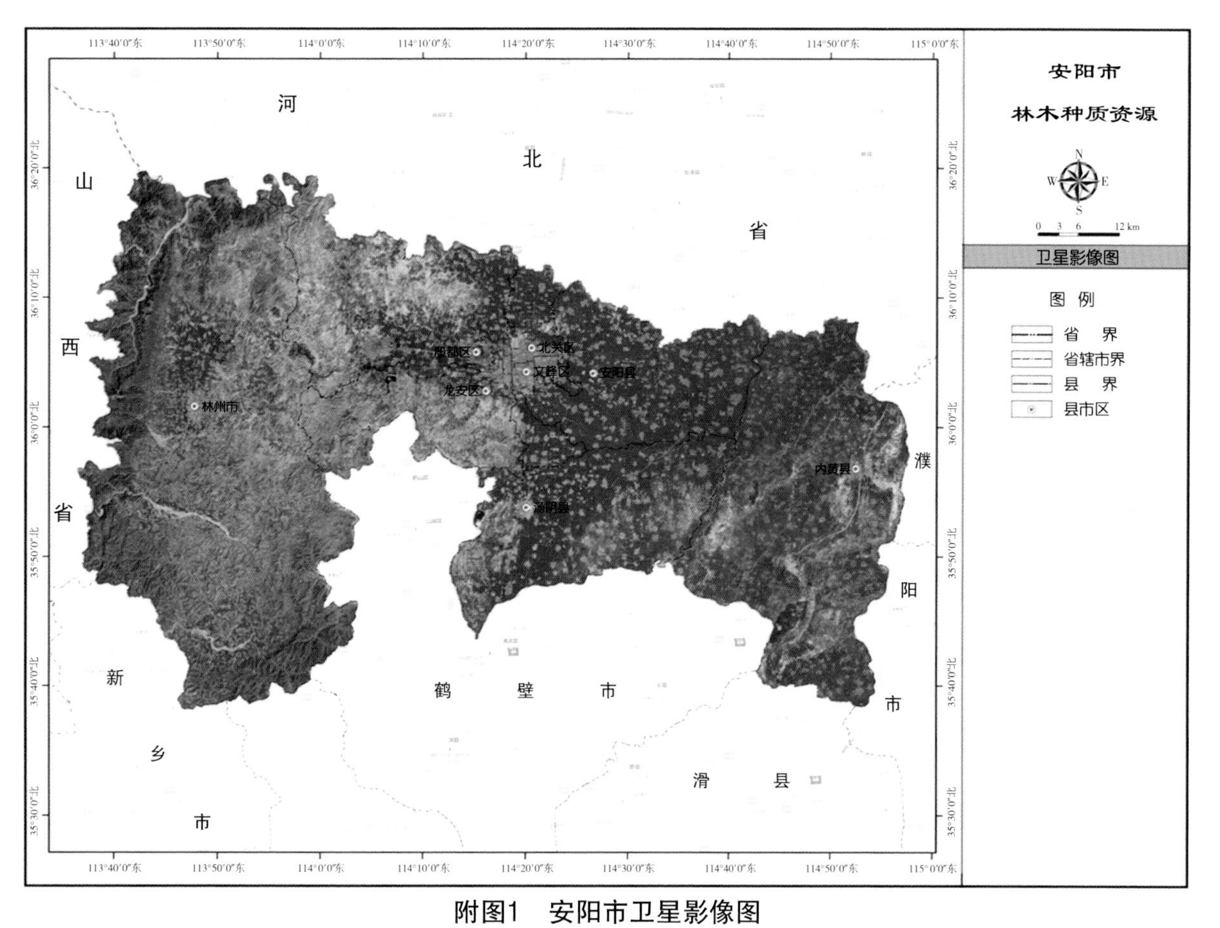

附图1　安阳市卫星影像图

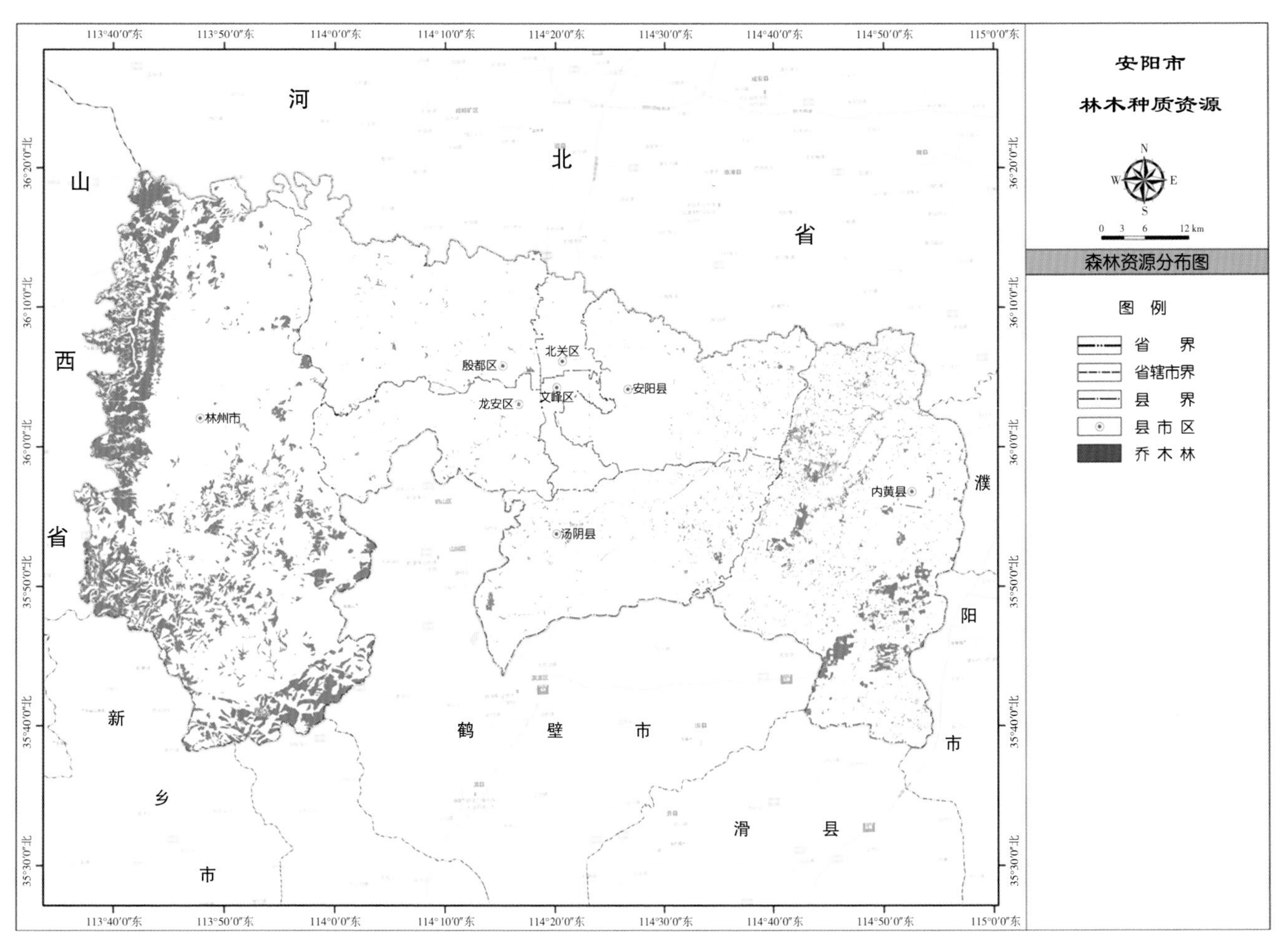

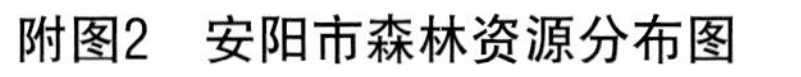
附图2 安阳市森林资源分布图

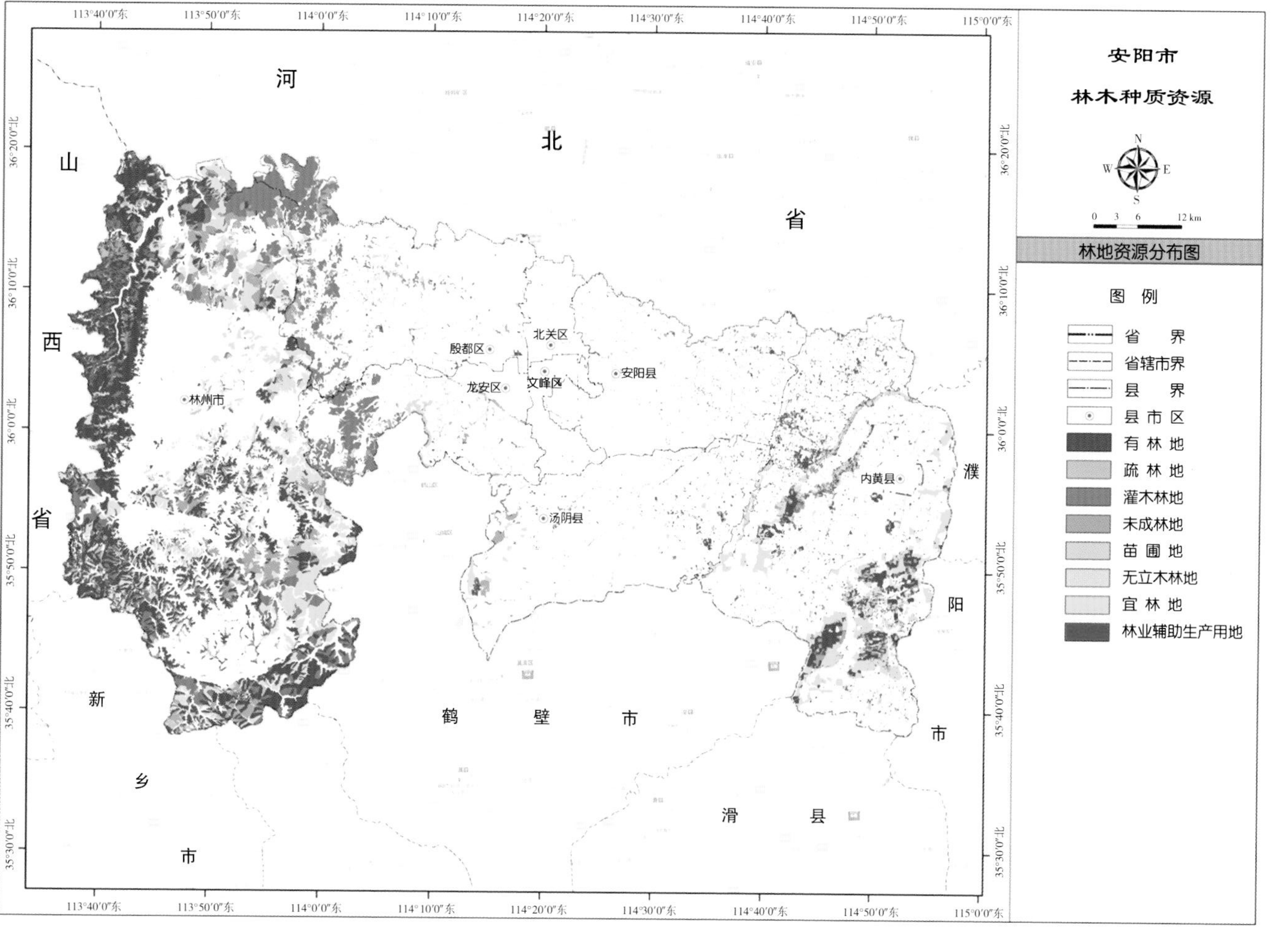

附图3　安阳市林地资源分布图

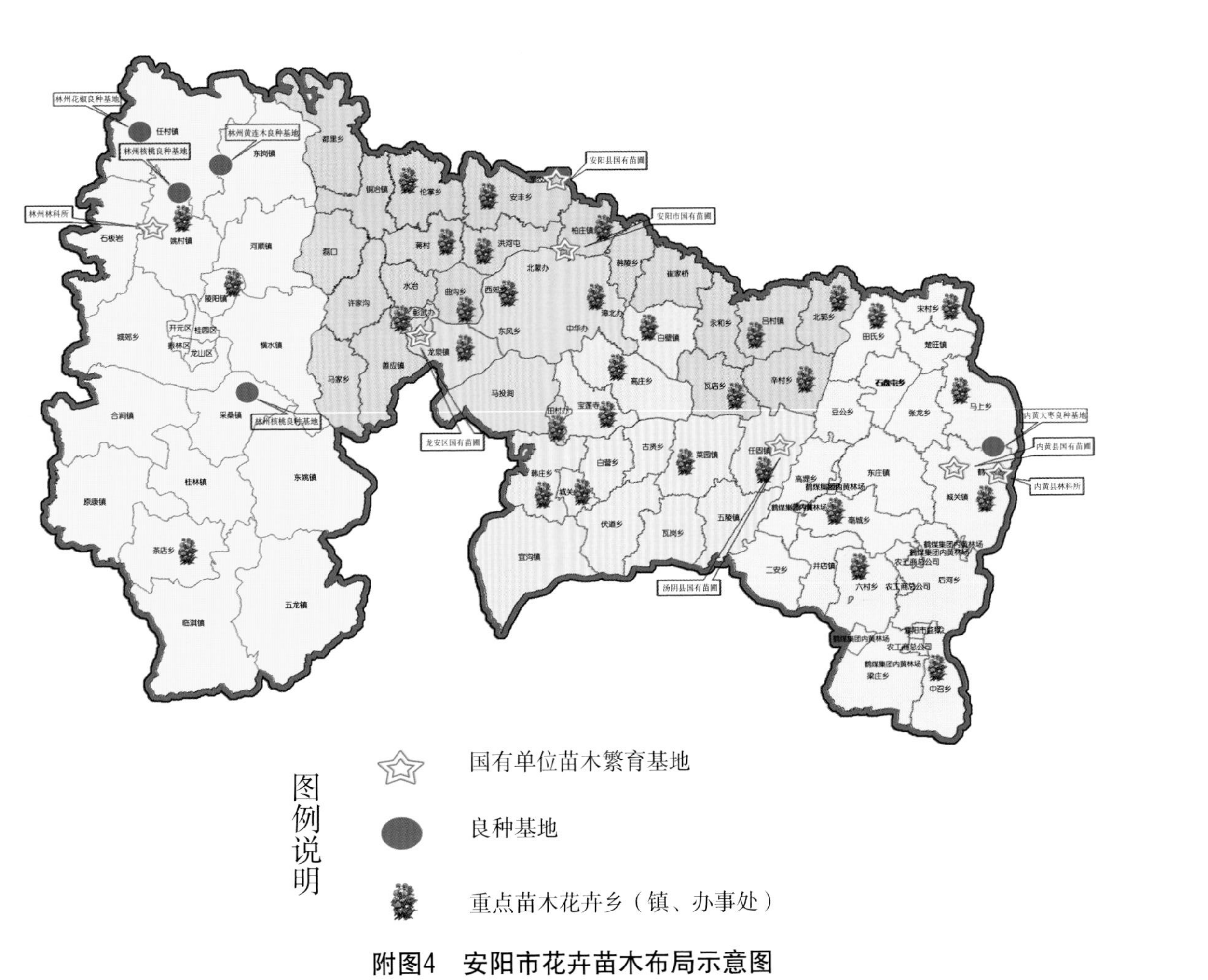

附图4　安阳市花卉苗木布局示意图

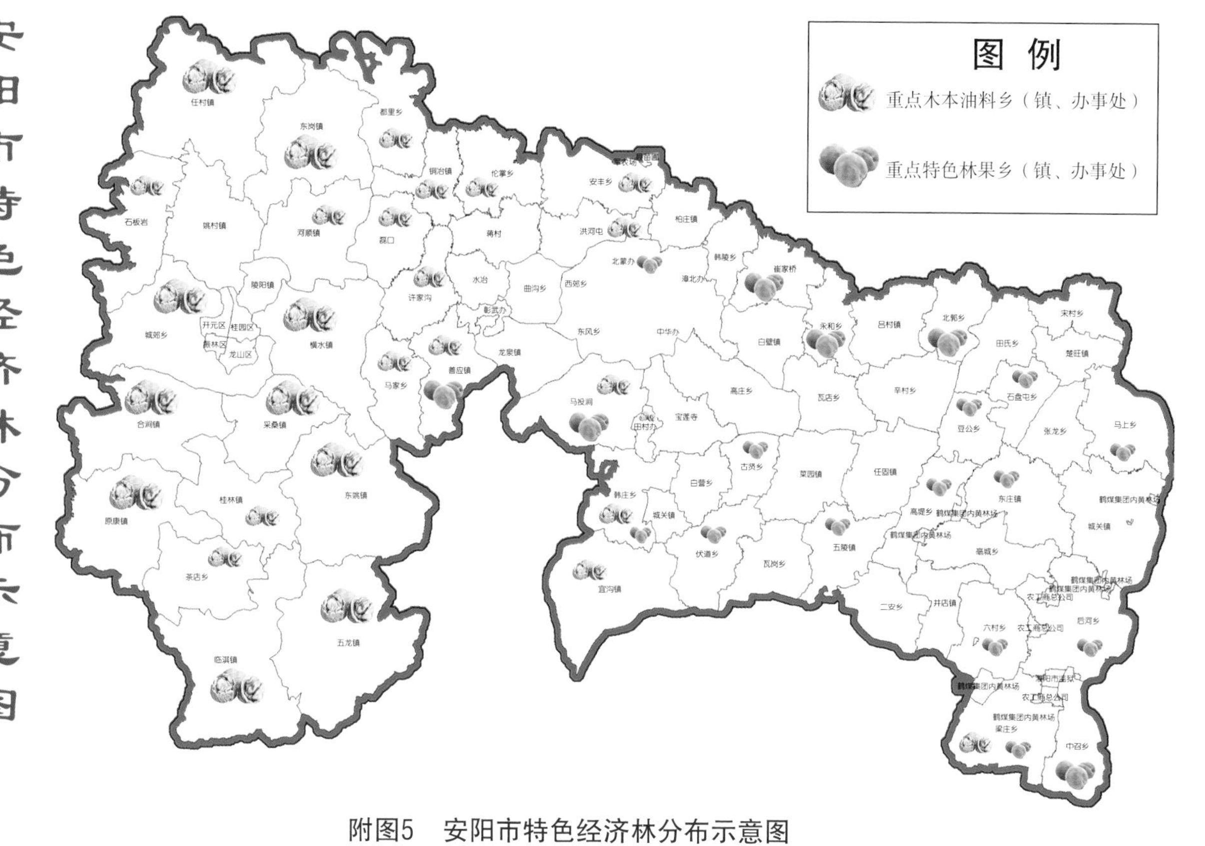

附图5　安阳市特色经济林分布示意图

附录四　安阳市部分林木种质资源照片

柏尖山红叶林

飞播油松林

太行山人工侧柏林

107 杨

107 杨宽窄行农林间作林

毛白杨天然次生林地

黄连木大树群

黄连木果

太行山野生毛梾林

核桃种植园

花椒基地

林州红花椒良种

枣农间作

大枣－扁核酸

桃林

兴农红桃 2 号

内选一号杏

侧柏育苗基地

黄连木育苗基地

毛梾大苗培育基地

新选育红叶毛梾

新选育花叶毛梾

古侧柏

太行山上野生南方红豆杉古树

古银杏

古板栗园板栗

古板栗树

栓皮栎古树

千年古枣园

附录五　参加普查人员名单

安阳市： 侯怀增　曲现婷　郭中华　刘　坦　刘文博　王　莹
牛昉卿　王大昀　田小宁　李启方　姬银雪　郝香璐
吴江岳　宋志芳　王永周　崔茁壮　梁国栋　李晓庆

林州市： 武俊生　王振丰　李晓亮　郗高峰　方　斌　侯明峰
杨钧嵛　郑小瑛　韩晨东　赵菊芳　王建芳　李瑞平
马东芹　常丽平　郝国青　石江伟　李兰平　郭俊杰
王秀平　李相海　李春林　张丽芳　桑伟巍

安阳县： 闫新太　郑思明　郭太生　宋雅坤　武秀利　陈孝伟
王景顺　刘彦珍　杨卫军

滑　县： 卢建民　娄丽平　张庆丽　田群芳　赵常伟　王世全
耿贺群　胡俊娜　高晓静　李全保　杨　倩　李喜玲
耿　玻　焦慧娟　韩胜芳

内黄县： 康秀杰　许俊国　杨　敏　李书红　王平军　刘小虎
任　航　刘东星　申晓艳　王鑫鑫　刘　洁

汤阴县： 毛国平　张卫华　王洪宣　王金琴　索素敏　杜　月
莫璐辉　王玉峰

文峰区： 黄国云　牛志博　翟慧敏　李雪峰　耿利光　刘彦珍
杨卫军

北关区： 杨振刚　郭云霞　卜建新　刘彦珍　杨卫军

殷都区： 王振章　牛瑞刚　卜瑞清　鲁现红　马清文

龙安区： 刘海昌　宋国敬　李晓杭　谢贞贞　祁艳飞　张用花

河南林业职业学院：
路买林　张新权　郭振峰　梁毅莉　陈　莉　王留好
王柯力　陈　晨　周亚爽　彭晓晓　王朝霞　张庆瑞
唐　敏　郜旭芳　赵晓东　杨智超